사과재배

국립원예특작과학원 著

사과는 영년생 작물로 한번 재식하면
오랜 기간 동안 동일한 장소에서 생육하게 되어
생산성과 과실품질은 재배지의
환경조건에 따라 성패가 좌우된다.

21세기사

농업기술길잡이
사과 재배

Contents

제 I 장 일반 현황

제 II 장 품종 및 번식

제 III 장 결실관리

제 IV 장 정지·전정

제 V 장 토양 및 비배관리

제VI장 생리장해

제VII장 병해충 방제

제VIII장 기상재해

제IX장 수확, 선과 및 저장

제X장 월별 핵심 실천사항

제 I 장
일반 현황

1. 일반 사항
2. 우리나라 사과재배 현황
3. 재배환경
4. 사과원의 개원(開園) 및 재식(栽植)

01 일반 사항

가 원산지

사과속(Malus) 식물의 원생종은 유럽, 아시아, 북아메리카의 3대륙에 25종 이상이 분포하고 있으나, 현재 재배되고 있는 사과의 기본종은 유럽 동남부 및 아시아 서부에 분포된 원생종 중에서 개량된 종이다.

프랑스의 식물학자 디 칸돌의 "재배식물 기원(1883)"에서는 사과의 원산지로 코카서스 지방과 북부 페르시아(이란) 지방을 들고 있다. 소련의 식물학자 바빌로브는 "소련, 아시아 지역과 코카서스에 있어서의 과수종의 발상(1931)"에서 코카서스 산맥 북사면의 광대한 지역이 사과의 발상지라고 하였다. 중국의 과수 분류학자 유덕준(俞德浚)은 "중국과수 분류학(1979)"에서 야생사과의 원생림은 톈진 산맥의 표고 1,250m 지대라고 하였다.

이러한 내용을 기초로 하면, 사과는 원생지에서 세계 각국으로 전파되었으며, 유럽으로는 기원전 코카서스 지방에서 고대민족의 이동에 의하여 야생사과가 전해졌고, 북아메리카 대륙으로는 17세기 중엽 영국으로부터 이주자가 전파하였다. 중국 신단지구의 야생종은 린긴(林檎)으로 이것이 중국 전역에 퍼졌다. 일본에는 헤이안시대(平安時代, 8~12세기)에 도래하여 린고가 되고, 일본에서 오랫동안 재배되어 온 와란고, 지린고의 기본이 되었다. 한편 중국에서도 6세기경 실크로드를 통하여 아메리카, 유럽에서 서양 사과가 도입되었는데 이를 평과(苹果)라 하였다.

나 우리나라 사과의 역사

우리나라에서는 예로부터 재래종 사과인 능금을 재배해 온 것으로 알려져 있으며, '계림유사(鷄林類事, 1103)'에 의하면 고려 중엽에는 임금(林檎)으로 표기되기도 하였다.

조선시대에 들어서 일반 농업의 발전과 더불어 과수 재배면적도 늘어났으며, 홍만선(洪萬選)이 저술한 '산림경제(山林經濟)'에 의하면 사과 등의 재배법에 대한 기록이 남아 있다. 사과는 조선 중기 효종 때 중국에서 전래되었다는 기록이 있으나, 개량된 사과가 재배되기 시작한 것은 역사가 그리 깊지 않다. 1884년경부터 선교사들이 몇 그루씩 사과나무를 들여와 재식한 바 있으며, 그 후 1901년 윤병수(尹秉秀)가 미국 선교사를 통하여 다량의 사과 묘목을 들여와 원산 부근에 과수원을 조성하였는데 이것이 경제적 재배의 시작이라고 할 수 있다.

사과 연구는 1906년 뚝섬에 원예모범장을 설치하고, 각국에서 각종 과수의 품종을 도입하여 품종 비교 및 재배시험을 하였다. 그 후 1958년에 원예시험장이 설립되어 과수연구가 수행되었으며, 1991년 말 원예시험장에서 과수연구소가 분리되면서 산하기관으로 대구사과연구소가 설립되어 사과연구를 전담하게 되었다. 현재는 국립원예특작과학원 사과연구소로 변경되어 사과 품종육성, 재배법 개발, 친환경 방제 연구를 하고 있다.

02 우리나라 사과재배 현황

Apple cultivation

가 재배면적 및 생산량

우리나라 사과 재배면적은 1995년 5만ha였으나 이후 크게 감소하여 2005년 2만 6900ha까지 줄었다가, 2010년 이후 재배면적이 완만한 증가 추세에 있으며 2017년 재배면적은 3만 3000ha이다. 이 중 성목면적은 2만 4000ha로 71.4%를 차지하며, 품종갱신이나 밀식재배로의 재개원으로 인해 유목의 면적이 많은 편이다. 한편 생산량은 재배면적의 증감, 병해충 발생 및 기상재해 등에 크게 영향을 받는데, 2011년과 2012년은 태풍과 병 발생으로 40만톤 이하였으나, 2015년 이후는 병해충 발생이나 기상재해가 적어 50만톤 이상을 유지하고 있다

표 1-1 사과 품종별 재배면적

구분	2000	2005	2010	2011	2012	2013	2014	2015	2016	2017
재배면적(천ha)	29.1	26.9	31.0	31.2	30.7	30.4	30.7	31.6	33.3	33.6
성목면적(천ha)	21.3	16.4	20.6	21.4	21.6	21.6	21.4	22.0	23.9	24.0
유목면적(천ha)	7.8	10.5	10.4	9.8	9.1	8.8	9.3	9.7	9.4	9.6
성목단(kg/10a)	2,300	2,244	2,237	1,775	1,801	2,285	2,218	2,654	2,414	2,274
생산량(천톤)	489	368	460	380	395	494	475	583	576	545

* 자료 : 통계청

나 품종 구성

우리나라에서 재배되는 사과 품종은 60년대 국광, 홍옥이 주축을 이루었으나, 70년대 초반 후지 품종이 보급됨에 따라 후지 재배면적이 급격히 증가하기 시작하였다. 또한 스타크림슨, 스퍼어리 브레이즈, 스퍼 골든 딜리셔스 등의 단과지형 품종이 보급됨으로써 품종 구성이 다양화되었다. 2000년 이후 외국 품종인 홍월, 쓰가루는 재배면적이 감소하고 국내에서 육성된 홍로와 감홍 품종의 재배면적이 증가하고 있다. 한편 후지 품종도 기존 후지(동북 7호)는 감소되고 착색계 후지가 증가하고 있으나 여전히 후지 계통이 70% 정도를 차지하고 있다. 2010년 이후 국내에서 개발된 썸머킹, 아리수 및 루비에스 품종 등이 보급되면서 국내 육성품종의 재배비중도 점차 증가하고 있어 품종 구성이 더욱 다양화되고 있는 추세이다.

표 1-2 사과 품종별 재배면적(단위 : ha, %)

연도	후지				쓰가루	홍로	감홍	기타	전체
	계	일반	착색계	조숙계					
1997	31,362 (78.4)	-	-	-	4,800 (12.0)	509 (1.3)	-	3,324 (8.3)	39,995 (100)
2002	21,378 (69.0)	-	-	-	3059 (9.9)	2,065 (6.7)	231 (0.7)	4,270 (13.8)	31,004 (100)
2007	20,315 (63.0)	-	-	-	2,210 (6.9)	3,381 (10.5)	318 (1.0)	6,019 (18.7)	32.244 (100)
2012	21,654 70.5 (70.5)	13,020	6,201	2,433	1,613 (5.2)	4,285 (13.9)	521 (1.7)	2,660 (8.7)	30,734 (100)
2013	21,330 (70.0)	12,477	6,554	2,298	1,534 (5.0)	4,414 (14.5)	535 (1.8)	2,637 (8.6)	30,449 (100)
2014	21,442 (69.8)	12,311	6,912	2,218	1,501 (4.9)	4,558 (14.8)	539 (1.8)	2,664 (8.6)	30,702 (100)
2015	21,999 (69.6)	12,159	7,646	2,194	1,486 (4.7)	4,820 (15.2)	572 (1.8)	2,744 (8.7)	31,620 (100)
2016	22,985 (69.0)	12,122	8,687	2,176	1,496 (4.5)	5,239 (15.7)	635 (1.9)	2,266 (6.8)	33,330 (100)
2017	24,941 (74.2)	12,970	9,668	2,302	531 (1.6)	5,170 (15.4)	252 (0.7)	2,706 (8.1)	33,600 (100)

03 재배환경

Apple cultivation

사과는 영년생 작물로 한번 재식하면 오랜 기간 동안 동일한 장소에서 생육하게 되어 생산성과 과실품질은 재배지의 환경조건에 따라 성패가 좌우된다. 환경 요인 중 사과의 생육, 수량 및 과실품질에 영향을 주는 가장 큰 인자는 기후와 토양이다.

가 기상

(1) 기온

사과는 연평균기온이 8~11℃, 생육기 평균기온이 15~18℃의 비교적 서늘한 기후에서 재배되는 북부 온대과수이다.

휴면기간 중에는 7℃ 이하의 적산기간이 1200~1500시간 정도 경과되어야 자발휴면이 타파되어 발아, 전엽, 개화 등의 생육이 정상적으로 이루어진다. 겨울철 최저 극온은 -30℃ 정도가 재배한계 온도이지만 발아기 전후의 생육 초기에는 쉽게 저온 피해를 받는다. 사과의 생육 초기 꽃눈이 피해를 입는 한계온도는 <표 1-3>과 같다.

봄철에 저온 피해를 받기 쉬운 지역에서는 서리방지 대책으로 살수법, 연소법, 송풍법 등의 대책이 필요하다.

과실비대기에는 20℃ 전후에서 잎의 광합성 능력이 가장 높다. 30℃ 이상이 되면 호흡작용이 왕성해져서 탄수화물 생성량보다 호흡에 의한 소비량이 많아 물질의 축적이 이루어지지 않게 되어 과실비대가 불량해지고, 꽃눈형성도 나빠지게 된다.

성숙기의 적온은 20~25℃가 적당하여 이보다 낮으면 성숙이 늦어지고, 27℃ 전후에서는 빨라지며, 30℃ 이상의 고온에서는 오히려 늦어지는 것으로 알려져 있다.

과실의 생장은, 초기에는 세포분열에 의한 종축생장, 후기에는 세포비대에 의한 횡축생장으로 이루어지는데, 온도가 높은 따뜻한 지역은 후기 생장이 충분히 이루어져 과실 모양이 평원형이 되기 쉽고, 생육 후기 온도가 낮은 지역은 후기 생장이 일찍 정지되어 원형 또는 장원형이 된다. 이 외에도 낮과 밤의 온도교차는 과실의 착색, 당 함량과 관계가 크며 야간의 온도가 낮을수록 호흡에 의한 소모량이 적어 착색과 당의 축적에 효과적이다.

표 1-3 사과 생육 초기 발육단계별 꽃눈 피해 한계온도

구분	꽃눈발육단계								
	은색 선단기	녹색 선단기	녹색기	단단한 화총기	분홍 초기	완전 분홍기	개화 초기	만개기	만개 후기
10% 동사 평균온도	-9.4	-7.8	-5.0	-2.8	-2.2	-2.2	-2.2	-2.2	-2.2
90% 동사 평균온도	-12.0	-9.4	-9.4	-6.1	-4.4	-3.9	-3.9	-3.9	-3.9

(2) 강수량(降水量)

사과나무는 비교적 건조한 기후를 좋아하지만 내건성은 복숭아나무나 포도나무처럼 강한 편이 아니다. 4~9월의 강수량이 450mm 이하이면 관수가 필요한데, 우리나라는 연간 강수량이 900~1300mm로 절대량은 부족하지 않지만 강수량이 일정하게 분포되어 있지 않아 건조기에는 관수가 필요하다.

(3) 일조(日照)

사과나무가 최대의 광합성 작용을 하는 데 필요한 평균광도는 1만 5천Lx 정도이며, 여름철 맑은 날의 햇빛 광도는 10만Lx로 부족하지 않다. 그러나 흐린 날이 계속되어 일조시간이 부족하게 되거나 수관 내부가 복잡하여 햇빛의 투과가 나쁘면 새 가지의 신장이 불량해지고 꽃눈형성, 착과 및 과실발육이 나빠진다.

(4) 지온

사과의 뿌리는 지온이 7℃ 정도에서부터 생장이 개시되어 20℃ 전후에서 왕성하나, 30℃를 넘어가면 생장이 억제된다. 따라서 봄철에 지온이 낮으면 뿌리의 생장이 왕성하지 못하여 발아 등의 초기 생장이 지연되기 쉬우며, 여름철에는 고온에 의해 뿌리가 장해를 받게 된다.

사과나무의 생육에 중요한 지온은 태양의 고도(高度), 경사의 방향과 경사도, 재식밀도, 표토 관리방법, 관수 등의 영향을 받게 된다. 대체로 지온이 낮은 봄에는 보온덮개 등을 피복하여 지온 상승을 꾀하면 세근의 신장이 빨라져 수액의 유동이 활발해지고 발아 및 개화 등의 초기 생육과 과실발육에 유리하다. 여름철 고온기에는 초생재배, 멀칭 등으로 고온에 의하여 뿌리가 장해를 받지 않도록 하는 것이 중요하다.

(5) 바람

적당한 바람은 증산작용을 촉진시켜 양분과 수분흡수를 돕고 이산화탄소의 공급을 원활하게 하여 광합성 작용에 의한 탄수화물의 축적에 효과적이다. 또한 고온 다습기에는 수관 내 습도를 낮추어 병해 발생을 적게 하고 엽소 현상을 방지하며, 휴면기 또는 개화기에는 냉기가 침체되는 것을 방지하여 동해(凍害)나 서리 피해 발생을 억제하는 효과가 있다.

그러나 3m/sec 이상의 바람은 잎의 광합성 작용을 방해하고 잎의 증산작용을 촉진하여 건조해(乾燥害)를 발생시키며, 개화기의 강풍은 화기에 기계적 상해를 입힐 뿐만 아니라 매개곤충의 활동을 저하시켜 수정 상태가 나빠진다. 또한 태풍은 줄기, 가지, 잎, 과일에 기계적 상해를 일으켜 큰 피해를 주게 된다.

나 토양조건

사과나무는 생장에 필요한 양분과 수분을 토양에서 얻으므로 토양은 과수에 필요한 양·수분을 함유하고 있는 모체로서, 또한 뿌리의 생장이나 흡수작용과 관계가 깊은 환경요소로서 중요하다. 이들 토양조건 중 사과재배에 중요한 인자에는 토양깊이, 토성, 통기성, 토양반응, 지형 등이 있다.

(1) 토양깊이

사과나무는 뿌리가 쉽게 자랄 수 있는 토층이 깊어야 뿌리의 발달이 광범위하게 되어 비료분의 흡수 기회가 많아져서 비료를 효과적으로 흡수할 수 있다. 또한 겨울철 동해나 여름철의 고온장해를 받는 일이 적어진다.

(2) 통기성

토양에 공기가 잘 통해야만 토양공기 중에 산소가 충분히 공급되어 뿌리의 신장 및 양분과 수분의 흡수가 잘 되고 지상부의 생육도 좋아진다. 통기가 불량하면 산소가 부족하게 되어 호흡작용이 억제되고, 토양이 환원상태로 되어 여러 가지 유해물질이 축적된다. 또한 뿌리의 생육이 저해되어 결국 양수분의 흡수 감퇴로 지상부의 생육도 불량해진다.

(3) 토성

토양 알갱이의 크기에 따라 점토, 미사, 모래로 나누어지며, 이들의 함량에 따라 사토, 사양토, 식토 등의 토성으로 구분된다. 사과나무의 생육은 토성이 갖는 토양의 물리적 성질에 따라 크게 달라진다. 점토 함량이 많은 식토에서는 보비력과 보수력은 크지만 수분 및 공기의 투과가 불량하기 때문에 사과나무의 생장이 억제된다. 이와 반대로 모래가 많은 사토에서는 수분 및 공기의 투과는 좋지만 보비력과 보수력이 낮아 과수의 생장이 제한을 받게 된다. 따라서 통기성 및 보비력, 보수력의 면에서 사과나무 생장에 이상적인 토성은 점토 함량이 중 정도인 양토~사양토이다.

(4) 토양반응

사과나무의 생육에 적절한 토양반응은 pH 6.0 정도이다. 토양반응은 사과나무의 뿌리활력, 영양분의 용해도<그림 1-1>에 영향을 미쳐 생육에 크게 영향을 준다.

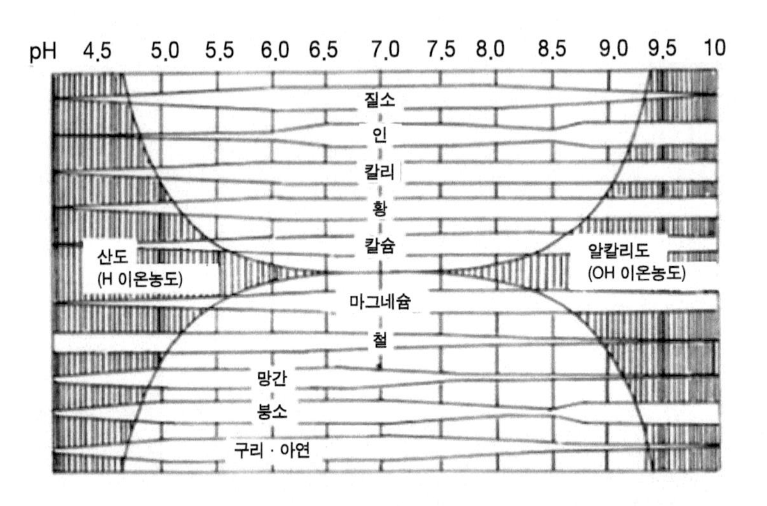

<그림 1-1> 토양반응과 필수원소의 이용되기 쉬운 정도와의 관계(Truog, 1953)

우리나라는 여름 동안의 많은 강우량에 의해 토양 중의 탄산칼슘, 칼륨, 산화마그네슘(MgO), 소다(Na_2O) 등의 염기 유실량이 많아 산성토양이 대부분이다. 이와 같은 산성토양 내에서는 활성 알루미늄의 해작용에 의해 뿌리생육이 억제되고 각종 양이온의 흡수를 방해하며 인산의 효과를 저해하거나 칼슘(Ca)과 마그네슘(Mg)의 결핍을 일으킨다. 또한 망간(Mn)이 과다하게 흡수되어 생리장해를 발생시키는 요인이 된다.

(5) 지형

과수원 조성 시 과수원의 경사 정도에 따라 재배방법이 달라질 수 있다. 평지일수록 기계화가 용이하고 투하노력 절감에 의해 경영에 유리하며, 경사지일수록 자연적 혜택(동해, 서리 피해, 과실 모양)에서 유리한 경향이 있다. 장단점을 요약하면 <표 1-4>와 같다.

표 1-4 평지와 경사지 과수원의 장단점

구분	장점	단점
평지	·기계화 및 재배관리 작업용이 ·토심이 깊고 비옥하며, 보수력이 큼 ·수확물, 농용자재 등 운반용이 ·경영비가 적게 듦	·지하 수위가 높고, 배수 불량 과원이 많음 ·땅값이 비쌈 ·동해 및 서리 피해 발생빈도 높음 ·숙기가 늦어지는 경우가 있음
경사지	·땅값이 쌈 ·배수가 양호함 ·동해 및 서리 피해가 적음	·기계화가 어렵고, 노력이 많이 듦 ·토심이 얕고, 지력이 낮음 ·토양유실이 심함 ·경영비가 많이 듦

지형에서 고려할 사항은 미기상이다. 경사지일지라도 겨울철에 동해 및 봄철에 늦서리 피해가 나타나는 지역이 있다. 이와 같은 피해를 줄이기 위해서는 주변의 지형을 분석하여 냉기가 흐르는 장소는 경지정리 시 지형을 바꾸거나 방상림 설치 등을 통해 냉기가 흘러가는 통로를 변경시키는 작업이 필요하다.

04 사과원의 개원(開園) 및 재식(栽植)

Apple cultivation

가 개원(開園)

(1) 기본계획 수립

과원을 개원하려면 여러 가지 과수원 구성요소들이 잘 부합되게 해야 하므로 관련 요인들을 종합적으로 검토해야 한다. 특히 사과원을 둘러싸고 있는 주변의 입지를 충분히 검토하여 예상되는 문제점을 최소화할 수 있는 방법으로 과수원을 조성하여야 한다.

사과원에서 연간 소요되는 노동력은 농기계 이용, 토양관리 및 기타 제반관리의 편의성이 얼마만큼 고려되어 있는지에 따라 크게 달라진다. 따라서 과수원 조성은 개원 전에 입지여건을 면밀히 분석하여 기계화가 용이하고, 작업효율 향상이 가능하도록 토양정지, 농로배치, 재식거리 및 재식열의 방향, 수원확보 및 관·배수시설 등에 관하여 과수원의 청사진이 그려질 수 있도록 구체적으로 설계되어야 한다.

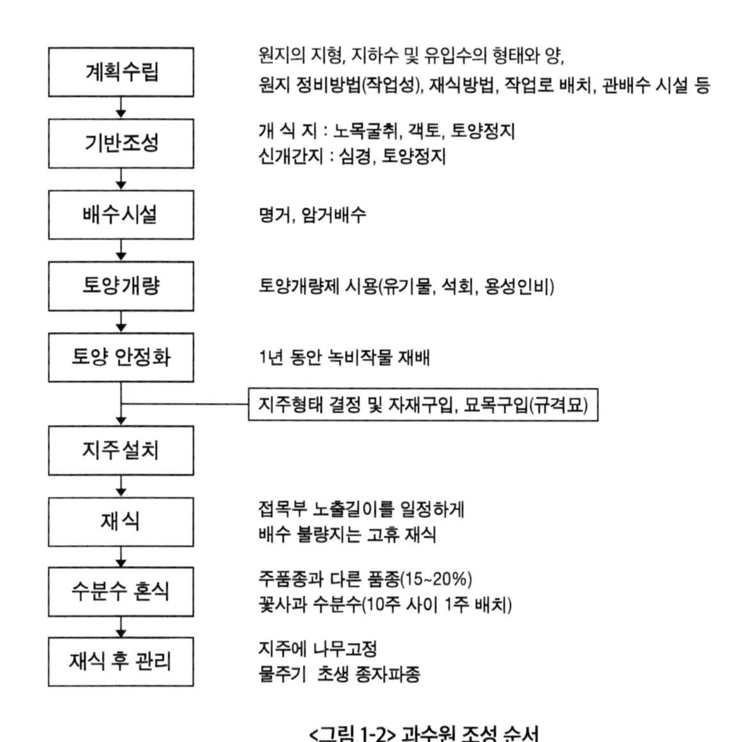

<그림 1-2> 과수원 조성 순서

(2) 과수원 조성

사과나무는 한번 재식하면 한 장소에서 오랫동안 재배하여야 하므로 심기 전에 모든 것을 면밀히 검토하여야 한다. 재식 후 환경이 불량할 경우 각종 장해가 발생되기 쉬우므로 충분한 지력이 뒷받침될 수 있도록 철저한 토양개량이 필요하다. 토양개량 작업은 재식 후에는 불가능하므로 재식 전에 이루어져야 한다. 과수원 조성은 <그림 1-2>와 같은 순서로 실시하며, 순서가 바뀔 경우 이중 작업이 될 수 있다.

가. 기반조성

앞으로의 사과재배는 노동력 절감 및 품질향상이 중요한 문제로 대두될 것이므로 기계화가 가능한 농로정비, 관·배수(灌排水)시설, 용수(用水)의 확보, 바람이 심한 곳은 방풍림 설치 등 개원에 필요한 토지의 기반정비를 철저히 검토하여야 할 것이다.

1) 농로의 배치

과수원 면적이 넓다면 평탄작업 완료 후 기계화 및 작업성을 고려하여 구획을 설정한 다음에 농로를 배치한다. 농로 폭은 주농로는 4m로 하고, 지선농로는 3m 정도로 한다. 지금까지의 사과재배는 공간만 있으면 나무를 재식하여 수량 확보에 모든 노력을 기울여 왔으나, 앞으로는 농기계의 작업 능률을 향상시키고 농자재나 수확물의 운반이 쉽도록 과수원까지 농로를 확보하고 과원 내 작업로를 정비하여야 할 것이다.

2) 암거배수 시설

사과나무는 지하수위가 높은 곳이나 중점토, 식토, 식양토 등 수직배수가 불량한 토양에서는 정상적인 생육을 기대할 수 없다. 생육기에 비가 많은 우리나라에서 배수가 불량하면 초기 수세조절에 어려움이 많을 뿐만 아니라 나무에 생육장해와 병의 발생이 심하고, 생산력 및 과실의 품질저하를 초래하게 된다. 특히 밀식재배에서 배수는 수세관리에 있어 가장 중요한 일이다. 따라서 생산성을 높이고 품질을 향상시키기 위해서는 지하수위가 90cm 이하가 되어야 하므로 배수가 잘 안 되는 곳에서는 다공파이프를 이용한 암거배수 시설이 반드시 필요하다.

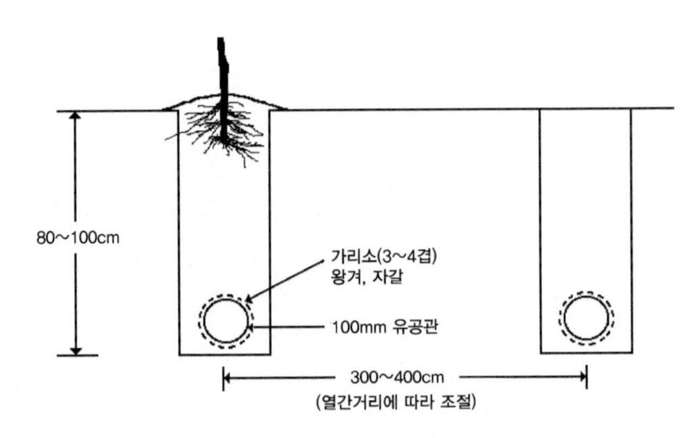

<그림 1-3> 암거배수 시설 모식도

암거배수관의 배치는 포장의 경사방향과 재식계획에 의거하여 나무가 심겨지는 곳(재식열) 바로 아래에 설치한다. 지면이 경사가 없어 설치가 어러운 곳은 재식열을 지면보다 높게 이랑을 만들어 준다.

암거배수 시설이 완료되면 과수원 전체를 깊이 60cm까지 개량을 목표로 하여 파고 다시 메우는 방식으로 심토를 파쇄하여 경반층이 나타나지 않도록 하여야 한다. <표 1-5>는 경반층의 출현 깊이별로 수량성을 비교한 것으로 경반층이 나타나지 않은 곳의 수량을 100으로 볼 때, 40cm 이내에 경반층이 존재하는 경우는 64.4로 크게 감소됨을 알 수 있다.

표 1-5 경반층의 출현 깊이와 사과 수량

구분	경반층의 출현 깊이(cm)			
	없음>100	100~80	80~40	<40
수량(kg/10a)	2,879	2,800	2,500	1,855
수량지수	100.0	97.3	86.8	64.4

* 자료 : 농업과학기술원, 1991~1992

지반이 낮아 배수성을 개선코자 하는 곳이나 개식장해가 예상되는 곳에서는 30cm 정도의 객토를 실시한다. 전면 객토가 어렵다면 나무가 심겨질 자리만이라도 객토를 실시하는 것이 좋다.

객토를 하는 경우는 객토원이 대부분 미숙토양이기 때문에 비옥한 표토를 한 곳으로 걷어내고, 객토하여 평탄작업을 한 후, 걷어낸 표토를 그 위에 깔아주는 것이 좋다. 그러나 유효 토심이 충분히 깊은 곳에서는 객토를 하지 않아도 된다.

3) 용수(用水)확보

우리나라는 생육기에 강우가 고르지 못하기 때문에 강우량이 적은 시기에 대비하여 관정이나 저수용 탱크 설치 등을 통한 수원(水源)확보와 관수시설의 설치가 동시에 필요하다.

나. 토양개량

새로 개간하여 개원하는 땅은 유기물 함량이 낮고, 마그네슘, 붕소와 같은 필수성분이 부족할 뿐 아니라 유용 미생물의 밀도가 낮으므로 작물이 생육하기에는 적합하지 않다. 따라서 사과나무가 자라기에 적합한 땅으로 만들기 위해서는 적지 않은 노력이 필요하다.

1) 유기물 시용(有機物 施用)

유기물을 시용하면 토양구조가 잘 발달하여 삼상비율이 사과나무의 생육에 알맞게 조절되며, 양분과 수분의 보유능력이 증가되고, 각종 유용 미생물의 번식이 조장되는 등 여러 가지 효과를 기대할 수 있다.

퇴비(유기물) 시용량은 객토를 하지 않았거나, 객토한 흙이 경작토(표토)인 경우에는 10a당 5톤 이내로 하고, 척박한 하층토이면 10톤 이내로 한다. 우분, 돈분, 계분 등 농후 유기물의 비율을 낮추고, 톱밥, 수피, 산야초 등의 비율을 높여 질소 함량이 0.3% 이내가 되도록 하여 완전히 부숙시킨 것을 시용한다.

2) 석회시용

우리나라 과수원 토양은 pH 5.5 이하의 산성토양이 많으며, 특히 개간하여 처음 개원하는 곳의 토양은 강한 산성일 뿐만 아니라, 인산과 유기물이 거의 없고 질소의 함량도 매우 적다.

석회는 토양 30cm 깊이까지 pH를 6.0까지 올리는 것을 목표로 하여, 미리 pH를 조사한 다음 석회 시용량을 결정한다. 일반적으로 30cm 깊이까지 pH 1을 올리는 데 요구되는 석회량은 10a당 사양토인 경우는 300kg, 양토인 경우는 450kg, 식양토인 경우는 600kg 정도이다.

인산 시비량은 개식지인 경우 토양검정을 통하여 부족한 양을 보충하고, 신개간지는 10a당 200~400kg 정도를 시용하며, 2~3kg의 붕사도 함께 시용한다.

3) 토양개량 방법

토양개량 방법은 먼저 유기물과 토양 개량제를 반 정도 시용하고 트랙터로 충분한 깊이로 수회 경운한 다음 로터리를 하여 토양과 골고루 섞이도록 한다. 나머지도 같은 방법으로 시용하여 개량한다. 토심이 얕은 개간지는 굴삭기를 이용하여 깊이 60cm 정도까지 개량을 목표로 한다. 작업은 토양이 잘 부서지는 상태에서 하는 것이 개량효과가 크다.

4) 녹비작물 재배

토양개량이 끝난 다음에는 1년 정도 녹비작물을 재배한다. 그 이유는 개량된 부분까지 녹비작물(옥수수, 수수, 콩, 완두, 잠두, 클로버, 해바라기, 호밀, 귀리, 유채 등)의 뿌리가 들어가게 되므로 심토의 개량효과가 높고, 토양특성 유지에 효과적이기 때문이다. 또한 녹비작물의 생육 정도를 보아 개량이 덜 된 부분에 대한 보완이 가능할 뿐 아니라 토양이 충분히 가라앉은 다음에 사과나무를 심게 되므로 초기 활착과 생육이 좋아진다.

다. 위치 조건별 사과원 조성

1) 평탄지

하천주변의 충적지 또는 기존의 밭, 야산의 홍적층 대지를 이용할 경우 토양의 토성, 배수상태 및 수원 등을 고려하여 과수원을 조성하여야 한다. 모든 과수는 배수가 되지 않으면 뿌리가 잘 자랄 수 없으므로 배수시설을 하여 지하수위를 낮추되 90cm 이하가 되도록 하고, 또한 재식 시 두둑재배 즉, 밭의 두둑을 높여 지표면의 물이 잘 빠지도록 해야 한다.

2) 경사지

경사도가 클수록 관리 작업이 불편하고, 생력화가 곤란하여 소득이 떨어지므로 기계화 작업이 가능하도록 평탄작업을 하고 개원을 하는 것이 토지 이용률 및 소득을 높일 수 있다.

경사지 과수원에서 중·대형 농기계를 원활하게 사용할 수 있는 경사각도는 10~12°이므로 가능한 한 경사각도를 낮추어 개원하여야 한다.

재식열은 약제살포용 고속분무기 또는 트랙터 등에 의한 작업능률과 바람, 지형에 따른 냉기류의 이동방향을 고려하여 결정하되, 경사가 급한 경우는 부득이 경사면에 직각으로 등고선 방향에 따라 만든다.

특히 경사가 심한 과수원에서는 여름철 강수량이 많으면 토양 침식이 심하므로 배수로에는 초생재배(草生栽培)가 되도록 하고, 재식열 또는 중간의 작업로를 따라 집수구를 설치한다. 그러나 집수구가 옆으로 너무 길면 물이 모여 토양침식이 더욱 가속화되기 쉽기 때문에 100~200m 기준으로 지형에 따라 수직 배수로를 설치해야 한다.

3) 논 전환지

논을 사과원으로 개원하고자 할 때에는 <표 1-6>에서 보는 바와 같이 지하에 경반층이 나타나는 경우가 많으므로 경반층(硬盤層)을 깨어주고 조성하며, 기존의 논을 성토(盛土)하여 조성하는 경우도 경반층은 깨야 한다. 경반층은 속흙(心土) 부분에 있는 전용적밀도(全容積密度)가 높은 토층으로서 건조할 때에는 매우 단단하고 수분이 있으면 잘 부서진다. 이 경반층은 유기물 함량은 작고, 투수성이 나쁘거나 매우 느리고, 단단하므로 사과나무의 뿌리가 잘 뻗지 못한다. 또한 성토를 하게 되면 토양에 따라 다르겠으나 성토한 토양은 유기물 함량이 대부분 적기 마련이므로 충분한 유기물을 넣어 개량한 후 개원해야 한다.

표 1-6 경반층의 출현 깊이별 분포면적(단위 : ha)

구분	경반층의 출현 깊이(cm)				
	없음>100	100~80	80~40	<40	계
경기 안성	67	-	3	6	76
충남 예산	452	7	6	8	473
경북 봉화	396	-	5	23	424
청송	391	17	13	36	457
금릉	336	25	-	75	436
영풍	519	1	-	6	526
의성	257	-	-	2	259
영천	250	20	2	-	272
계	2,668	700	29	156	2,923

* 자료 : 농업과학기술원, 영남농업시험장, 1991~1992

라. 지주시설

묘목 재식 후 빠른 활착을 위해서는 바람이나 기타 물리적인 힘에 의하여 나무가 흔들리거나 넘어지지 않게 해야 한다. 조기 수세안정을 위하여 전정은 가능한 한 줄이고, 유인 위주로 관리해야 하므로 지주를 반드시 설치하여야 한다. 지주는 개별 지주와 철선울타리(trellis)식 지주 중 과수원의 조건에 맞는 지주를 선택한다. 가능하면 재식 전에 설치하되, 늦어도 재식 후 발아 전까지는 완료되어야 한다.

1) 개별 지주

개별 지주는 각 나무마다 지주를 세워주는 방식으로 경사지나 굴곡지, 사과밭의 규모가 작을 때 이용된다. 나무에 대한 지지가 확실하며, 작업 시 열간 이동이 편리하고, 바람에 쓰러지는 경우 개별적으로 피해를 받는 장점이 있으나, 울타리 지주에 비하여 유인작업이 불편하고, 지주비용이 많이 드는 단점이 있다.

2) 철선울타리(trellis)식 지주

철선울타리식 지주는 여러 가지 방법(1선, 4선, 6선 지주)이 있다. 개별 지주에 비하여 설치비가 절감되며, 유인 작업이 용이하고 평지의 대규모 필지에 적합하다. 그러나 작업 시 열간을 건너다닐 수 없고, 태풍 시 열 전체가 넘어질 수도 있으며, 지형이 복잡하거나 소규모인 장소에는 부적합하다.

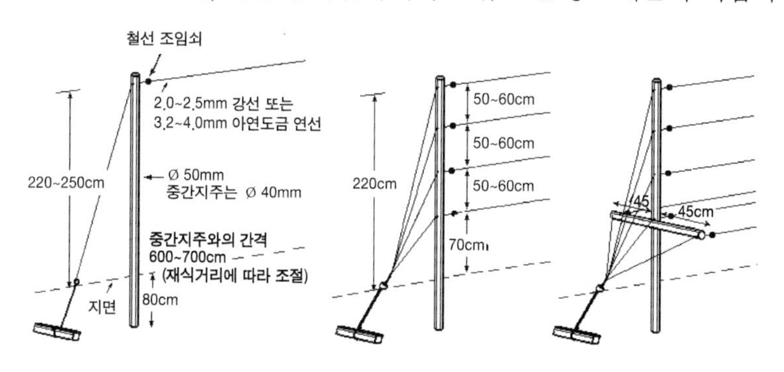

<그림 1-4> 철선울타리 지주설치 모식도(왼쪽부터 1선, 4선, 6선 지주)

나 재식

(1) 묘목의 준비

과수는 한번 심으면 오랜 기간 재배되므로 좋은 묘목을 심어야 한다. 좋은 묘목의 구비조건은 다음과 같다.

가. 품종이 정확하여야 한다.

나. 대목은 자근으로 잔뿌리가 많고, 심을 토양에 알맞아야 한다.

다. 병해충이 없어야 한다. 묘목에 붙어 있는 병해충은 날개무늬병, 근두암종병(根頭癌腫病), 깍지벌레 등을 들 수 있다.

라. 웃자라지 않은 묘목이어야 한다. 즉 마디가 굵고 짧으며, 충실한 잎눈이 붙어 있어야 한다.

그리고 밀식재배용 묘목은 다음의 조건이 추가되어야 한다.

마. 대목은 M.9로 하고, 토양이 척박한 곳에서는 M.26도 이용한다.

바. 재식 후, 토양이 안정된 상태에서 대목을 15~20cm 정도 노출시킬 수 있어야 한다.

사. 묘목은 접목부위 위쪽 10cm 위치의 줄기 직경이 11mm 이상이면 적합하다.

아. 접목부위에서 40cm 윗부분부터 길이 30~60cm의 측지가 10개 이상 발생된 묘목이면 좋다<표 1-7>.

자. 측지는 분지각도가 넓고, 세력이 너무 강하지 않으며, 공간적으로 골고루 위치하면 좋다.

차. 바이러스 무독 묘목이어야 한다.

표 1-7 측지수별 재식 2년차 생육상황

구 분	착과 수(개/주)	화총 수(개/주)	평균 신초생장량(cm)
무측지묘	0	16	70.9
측지묘(측지 1개)	1	19	64.7
측지묘(측지 3개)	5	28	58.8
측지묘(측지 5개)	10	40	51.7
측지묘(측지 7개)	12	53	44.9

* 대구사과연구소, 1997

(2) 재식시기(栽植時期)

묘목의 재식시기는 낙엽이 진 후 땅이 얼기 전에 심는 가을심기와 이듬해 봄에 땅이 풀린 다음 심는 봄심기가 있다. 낙엽과수는 가을이 되면 모든 생리적 활동이 점차 둔해져 겨울 동안에는 거의 정지 상태로 되고 봄이 되면 다시 활발해진다. 따라서 낙엽과수는 가을의 낙엽기부터 봄에 뿌리가 활동하기 전까지가 재식시기라 하겠다.

겨울이 따뜻하고 다습한 지역에서는 늦가을에 심고, 겨울이 춥고 건조한 지역에서는 봄에 심는 것이 무난하다.

가을심기를 하면 봄에 나무가 생육하기 이전에 뿌리가 토양에 자리 잡아 새 뿌리가 잘 내리고 발아가 빠르기 때문에 새 가지가 잘 발육한다. 가을심기에서 유의할 점은 겨울 동안의 가뭄으로 인한 가뭄 피해를 받을 염려가 있으므로 심을 때 착근(着根)이 잘 될 수 있도록 물을 주든가 복토를 하여 주는 것이 좋다는 점이다.

봄심기는 뿌리가 활동하기 이전, 이른 봄에 토양이 해빙되면 즉시 재식해야 하는데 늦어도 3월 중·하순까지는 심어야 한다.

(3) 재식방법

재식방법에는 여러 가지가 있다. 사방이 동일한 거리로 심는 정방형식, 한쪽이 다른 쪽 거리보다 긴 장방형식, 정방형식 또는 장방형식의 대각선 교차점에 한 그루씩 더 심는 5점형식, 정삼각형의 정점에 한 그루씩 심는 정삼각형식 심기 등이 있다.

일반 반밀식 재배의 경우, 정방형식 또는 작업로는 넓고 주간은 좁게 심는 장방형식이 주로 이용되어 왔다. 앞으로의 사과재배는 나무를 크게 키우지 않으므로 기계화와 관리노력, 수량과 품질을 고려할 때 장방형식 심기가 효과적일 것이며, 햇빛의 투사와 품질을 생각했을 때에도 효과적이다.

5점형식이나 정삼각형식은 재식주수가 많지만 기계화가 불편하므로 간벌계획을 수립하지 않으면 이용할 재식방법이 못 된다.

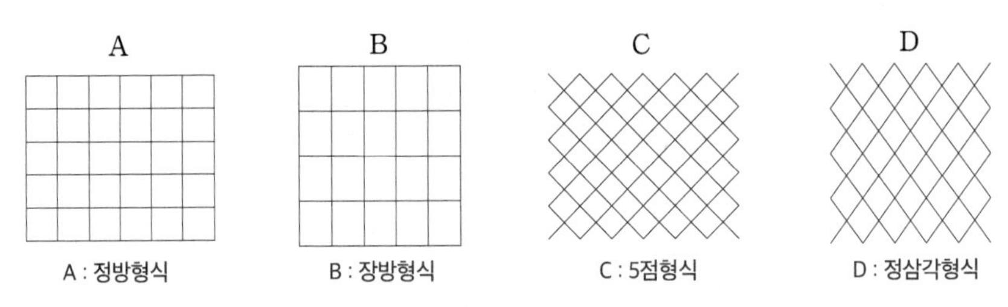

<그림 1-5> 묘목의 재식방법

(4) 재식열의 방향과 구획 설정

재식열의 방향은 원칙적으로 남북으로 하여야 잎이 햇볕을 많이 받는다. 심한 경사지는 등고선식으로 심는 것이 좋으나, 고속분무기(SS기)가 사면으로 다닐 수 있는 정도의 경사라면 평탄지와 마찬가지로 남북으로 재식하도록 한다. 그러나 지형에 따라서 바람이 심한 곳은 바람이 지나가는 방향으로 재식열을 정하고, 봄철에 늦서리 피해가 많이 발생하는 곳은 냉기류가 흘러가는 방향으로 열을 정하여 피해를 줄이도록 해야 한다. 재식열은 바르게 하고, 나무 간의 거리를 일정하게 하여야 제반관리 작업이 용이하다. 열의 가장자리는 트랙터가 작업기를 부착한 상태에서 마음대로 회전할 수 있도록 4~5m의 거리를 두는 것이 좋다.

(5) 재식거리 결정

재식거리는 품종의 수세와 대목의 왜화도, 묘목의 곁가지 발생 정도, 토양의 비옥도, 목표 수형, 작업성(농기계 이용), 생산성, 재배기술 수준 등을 고려하여 작업에 지장이 없는 범위 내에서 최대의 결실면적을 확보하는 방향으로 설계되어야 한다.

표 1-8 M.9 대목 사과나무의 지력과 품종 조합의 추천 재식거리

지력	품종	재식거리 (m)	재식주수 (주/10a)
중	쓰가루 등	3.2×1.2	260
	후지	3.5×1.5	190
고	쓰가루 등	3.8×1.5	190
	후지	3.8×1.8	146

* 지력 - 고 : 유효토층 80㎝ 이상, 지력 - 중 : 유효토층 60㎝ 전·후 경북사과발전협의회, 1999(부분)

(6) 재식 전 묘목의 처리

재식 전에 하루 밤이나 반나절 동안 묘목의 뿌리를 물에 담가두었다가 심되, 반드시 전착제를 가용한 톱신 M 또는 베노밀 1000배액에 10~20분간 담가서 토양전염성 병균을 소독하게 한다.

(7) 재식 구덩이 만들기

기존의 재식 구덩이는 직경 1m, 깊이 60~90cm로 파고, 판 흙을 메울 때 석회를 구덩이당 3~5kg 뿌린 다음 거친 퇴비를 넣은 후, 흙을 12~13cm 정도 넣는다. 이와 같이 3~5회 되풀이한 후 위층의 30cm 정도는 잘 썩은 퇴비 3~5kg 정도를 겉흙과 잘 섞어주었다.

그러나 M.9 대목을 이용한 밀식재배에서는 토양을 전면적으로 충분히 개량한 후 나무를 재식하고, 대목의 지상부 노출을 정확히 해주어야 초기 수세조절에 실패를 하지 않기 때문에 구덩이는 대목노출 길이를 고려하여 뿌리를 충분히 펼쳐 심을 수 있는 크기면 된다.

(8) 재식

묘목 취급 과정에서 뿌리가 마르지 않도록 각별히 주의해야 한다. 젖은 부직포로 뿌리 부분을 항상 덮어두면서 한 나무씩 심어 나가도록 한다.

재식방법은 접목부위가 지면에서 15~20㎝ 정도 노출되게 하여야 한다. 특히 뿌리가 한 곳으로 몰리지 않도록 잘 펴면서 흙을 넣은 후 뿌리 주변에 공간이 생기지 않도록 한다.

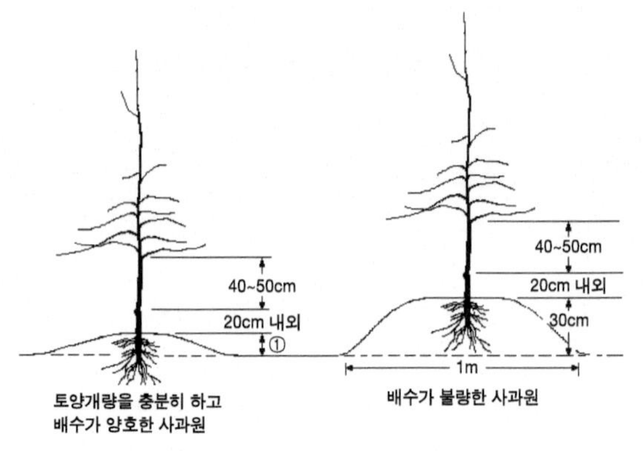

<그림 1-6> 사과 묘목 재식 방법

①은 재식 후 지반침하나 관리 편이성을 위하여 지면보다 약간 높게 심음

(9) 재식 후의 관리

재식 후는 나무 주위에 골을 파고 뿌리 부분에 물기가 충분히 도달할 수 있도록 주당 10~20ℓ의 물을 주고 묘목을 지주에 고정해 준다.

철선울타리식 지주의 경우는 나무마다 대나무 막대 등으로 개별지주를 세우고 철선에 고정한 다음 묘목을 지주에 묶어준다. 재식 후 4~6년이 지나 튼튼해지면 나무를 직접 철선에 고정하고 개별지주는 제거해도 된다.

관수시설은 점적관수 시설이 기본이지만 모래 함량이 많아 수직배수가 잘 되는 토양에서는 미니 스프링클러 등 관수 범위가 넓은 자재를 이용하는 것이 좋다. 주 배관은 작업에 지장을 주지 않도록 재식열의 가장자리를 따라 지면에서 30㎝ 정도 깊이로 설치하고, 재식열마다 관수관을 배치한다.

(10) 수분수 혼식

사과는 제꽃가루받이가 되지 않기 때문에 반드시 친화성이 있는 다른 품종을 수분수로 혼식하여야 한다. 꽃사과를 수분수로 이용할 경우, 심는 간격은 10주 사이에 추가로 심되, 이웃 재식열과는 다이아몬드형(◇)이 되도록 어긋나게 배치한다. 꽃사과는 크게 자라지 않으므로 M.9 또는 M.26 대목 중 어느 대목에 접목하여도 좋다. 수분수가 단일품종일 때는 그해의 기상조건에 따라 개화기가 상이하거나 짧아 수분수의 역할을 다하지 못할 경우가 있으므로 개화시기가 다른 2~3품종을 섞어서 심어 주어야 한다.

우리나라 주 재배 품종인 '후지'는 '감홍', '알프스오토메'와 자가불화합성 유전자형이 같아 수분수로 이용할 수 없다. 최근 보급되고 있는 신품종인 '아리수' 품종은 '쓰가루', '그린볼', '홍금', '홍월'의 수분수로 부적절하다.

표 1-9 사과 주요 품종의 자가불화합성 유전자형

자가불화합인자형	품종명
S1S3	홍로, 새나라, 홍소, 홍안, 시나노골드, 군마명월
S1S5	피크닉
S1S7	천추, 시나노스위트
S1S9	감홍, 알프스오토메, 여홍, 후지, 화랑, 후지조숙계, 후지착색계마
S2S5	갈라
S3S5	서광
S3S7	쓰가루, 아리수, 그린볼, 홍금, 홍월, 미키라이프, 데코벨
S3S9	썸머킹, 황옥, 서홍, 선홍, 양광, 화홍, 추광, 아이카노카오리, 세계일
S5S7	산사
S7S9	썸머드림, 썸머프린스, 홍옥
S9S28	딜리셔스계
S3S16	팅커벨
S21S26	로즈벨
S23S26	골든벨

우리나라에서 선발된 후지 품종에 알맞은 꽃사과 품종으로는 SKK-14, SKK-16이 있으며, 외국에서는 개화시기가 빠른 에버레스트(Everest), 도르고(Dorgo), 개화시기가 중간인 골든 겜(Golden Gem), 그리고 개화시기가 늦은 힐리어리(Hillieri) 등이 알려져 있는데, 국내에서 시험한 결과 개화기가 빠른 주품종에 맞는 꽃사과 품종은 만추리안, 센티넬이, 개화기가 늦은 주품종에 맞는 꽃사과 품종은 고져스, 프로페서 스프렌저, SKK14, SKK16 등이다. 기존 사과품종을 수분수로 이용할 경우는 5~6열마다 1열씩 배치하여 수분수의 비율이 15~20% 정도 되게 한다.

제 II 장

품종 및 번식

1. 주요 품종
2. 품종 갱신
3. 번식

가 사과품종 선택 요령

(1) 사과나무를 심기 전 충분한 시간을 두고 품종을 고르고 묘목을 준비하여 둔다.

사과나무는 대개 가을심기(秋植)나 봄심기(春植) 등 2시기에 한다. 사과묘목을 심는 시기는 곧 겨울이 오거나 발아가 되어 작업에 쫓기는 때이다. 따라서 미리 품종을 결정하거나 심을 준비를 하지 않으면 관수시설, 지주설치 등 심은 후 관리가 소홀하게 되어 묘목 고사율이 높아질 우려가 있다. 더구나 졸속으로 품종을 선택하게 되면 두고두고 후회를 하게 되므로 적어도 심기 1개월 전에 품종선택과 묘목 구입처 혹은 접수나 대목을 준비하지 않으면 안 된다.

(2) 재배 예정 지역에 적합한 품종이 무엇인가 심사숙고한다.

사과는 재배환경, 특히 기상조건(온도)에 따라 품질이 크게 달라지고, 생리장해나 병해충 발생 정도가 달라진다. 따라서 재배지역에서 우량품질이 발휘될 수 있는 품종을 선택하는 것이 바람직하다. 사과재배 주산지 간 경쟁을 피하기 위해서는 다른 지역에서 생산량이 비교적 적고 가격이 높은 품종을 선택하는 것도 중요하다. 재배상 특히 어려운 점은 없는가, 단위수량이 높은가 등도 생각하여 최종 선택한다.

(3) 재배면적을 감안하여 몇 가지 품종을 선택할 것인가 결정한다.

재배규모에 따라 품종 수를 결정하는데, 적은 면적에 많은 수의 품종을 심을 경우 작업관리가 매우 어려워질 것이다. 또한 재배면적이 넓은 데도 불구하고 적은 수의 품종을 심으면 적과나 수확작업 등 작업이 일시에 몰리기 때문에 노동력 분산 차원에서라도 수확기가 서로 다른 몇 가지 품종을 선택하여야 할 것이다. 1000평 이내라면 2품종 내외, 1ha(3000평) 미만라면 3품종 내외, 1ha 이상 재배규모가 크면 4~5품종을 고려해야 할 것이다.

(4) 수확기별로 어떤 품종이 있는가 알아본다.

재배면적에 따라 품종 수가 결정되면 어느 시기에 수확하여 출하할 것인가를 결정하여야 한다. 즉, 조·중·만생종별로 어떤 품종이 있는가 알아본다. 대체로 8월 하순까지 수확되는 품종을 조생종, 9월 상순~10월 중순까지 수확되는 품종을 중생종, 10월 하순 이후에 수확되는 품종을 만생종이라고 한다. 이러한 수확기 구분이 꼭 맞는 것은 아니고 때에 따라 조·중생종, 중·만생종으로 나누기도 한다(<표 2-1> 참조).

(5) 수확기를 감안하여 품종별 구성비율, 주력 품종을 결정한다.

수확기별 품종구성 비율은 농가별 재배규모나 또는 지역별, 작목반별 출하 전략에 따라, 어느 시기에 나오는 품종을 주력 품종으로 할 것인가에 따라 달라진다. 예를 들어, 다른 과종이나 다른 작물, 또는 축산 등 복합 영농 시 서로 노동력이 겹치지 않도록 주품종을 조생종으로 또는 중생종으로 할 수도 있다. 대체로 재배규모가 1ha 이상이라면 조생종 10~15%, 중생종 30% 내외, 만생종 50~60% 정도로 하는 것이 무난하다. 추천 사과 품종은 <표 2-1>과 같다.

표 2-1 숙기별 추천 사과품종

구분	주력(기간) 품종	보조품종	검토품종
조생종	쓰가루	산사, 선홍	썸머 킹, 썸머 드림, 서광, 갈라 착색계
중생종	홍로, 감홍, 양광	홍옥, 후지 조숙계 (히로사키 후지, 료카 등)	아리수, 그린 볼, 홍금, 홍소, 홍안, 황옥, 피크닉
만생종	후지	화홍	후지 착색계 (기쿠 8후지, 로열 후지 등)

※ 1. 추천 품종은 재배지역 및 연차에 따라 바뀔 수 있다.
2. 용어해설
- 주력(기간)품종 : 재배의 중심이 되는 품종.
- 보조품종 : 노동력 분산, 출하시기 및 위험 분산 등의 측면에서 보조적인 역할의 품종. 경우에 따라서는 주력품종도 될 수 있음.
- 검토품종 : 유망 시 되지만, 최근 육성 또는 도입된 것으로 지역별 적응성이나 경제성 등에 대해서 좀 더 검토가 요망되는 품종.

표 2-2 주요 품종의 수확기

월별 \ 순별 품종	7월	8월			9월			10월			11월
	하	상	중	하	상	중	하	상	중	하	상
썸머 프린스	■										
썸머 드림	■	■									
썸머킹		■									
서광		■	■								
선홍			■	■							
산사			■	■							
갈라				■							
쓰가루				■							
루비에스				■							
그린볼				■	■						
홍로					■	■					
아리수					■	■					
홍소						■					
피크닉						■	■				
후지조숙계 (고을, 히로사키 등)						■	■				
홍금							■				
황옥							■				
홍안								■			
양광								■			
홍옥								■			
감홍								■	■		
골든 딜리셔스								■	■		
화홍									■	■	
후지										■	■

(6) 수분(受粉)관계를 알아본다.

사과는 타가수정작물이기 때문에 반드시 서로 다른 품종을 섞어 심어야만 안정적인 결실을 기대할 수 있다. 예를 들어 후지 4줄에 홍로 1줄과 같은 식으로 20% 정도는 다른 품종을 섞어 심어야 결실이 잘 되며 과실 내에 종자가 충분히 확보되어 품질도 좋아진다. 기존의 과수원은 대부분 재배 품종을 수분수로 이용하고 있으나 수확기 및 병해충 발생 정도 등이 서로 달라 관리상 어려운 점이 많은 실정이다. 최근 꽃사과를 수분수로 이용하는 재배농가가 늘어나고 있는데 품종별로 몰아서 심고 사과나무 사이에 꽃사과를 심어서 수분을 도모하도록 한다. 이렇게 할 경우 품종별로 적정한 관리가 가능하여 생력 재배에도 큰 도움이 된다. 꽃사과를 이용할 경우는 꽃사과 2~3품종을 섞어 심되 주품종의 7~10%(주품종 10~13주에 꽃사과 1주 비율) 정도로 심는다. 주요 재배품종의 수분수용 꽃사과 품종은 다음과 같다.

- 만추리안, 호파에이, 프로페서 스프렌저, 아트로스, 아담스, SKK14, SKK16, 메이폴

(7) 어느 정도 재배 경력을 가진 품종을 선택한다.

외국에서 과실 외관만 보거나, 현지 종묘상의 얘기만 듣고 증식하여 판매하는 경우가 많은데 국내에서 적응성을 거치지 않은 품종은 실패할 확률이 매우 높다. 사과는 기상이나 토양조건, 재배방법에 따라 착색이나 과실크기 및 생리장해 발생이 크게 좌우되기 때문에 반드시 국내에서 적응성이 검토되어 재배기술이나 장단점이 파악된 품종을 선택하는 것이 안전하다. 신품종에 대한 막연한 기대감은 뜻하지 않은 경제적 손실을 초래할 수 있다.

(8) 대목이 확실한가 알아본다.

사과대목이 어떤 품종인가를 정확히 파악할 필요가 있다. 대목의 종류에 따라 재식거리, 정지·전정 방법 및 기타 작업관리가 달라지기 때문에 대목의 특성을 파악하고 품종이 분명한가를 확인하는 것은 사과재배에 있어서 좋은 사과품종을 선택하는 것 이상으로 중요한 일이다. 또한 대목 길이가 적정한가, 자근대목인가, 이중대목인가도 확인하여야 한다. M.9 자근대목의 경우, 심을 때 대목을 10~20cm 정도 노출시키는 것이 좋다. 대목이 너무 길면 깊이 심어지거나 대목 노출이 과다하여 수세가 지나치게 쇠약해질 우려가 있다. 짧을 경우는 노출부족으로 접수품종 자체에서 뿌리가 발생하여 나무가 크게 자라거나, 적정 왜화 효과를 보지 못할 경우가 있다. 대체로 지하부를 포함하여 대목 길이는 40cm 내외가 좋은데 재식 후 지상부 대목 길이가 20cm 내외이면 적당하다.

이중접목묘인 경우는 자근대목묘에 비하여 왜화 효과가 떨어지고 더구나 근계(根系)대목이 실생인 경우, 나무 간에 수세 차이가 나기 쉬우므로 나무크기가 균일하지 않게 된다. 따라서 자근대목의 묘목을 구입하는 것이 원칙이다.

나 주요 품종의 특성과 재배 시 유의사항

(1) 국내 육성품종

가. 홍로(紅露)

국내에서 육성된 최초의 사과품종으로 국립원예특작과학원에서 1980년 '스퍼어리 브레이즈'에 '스퍼 골든 딜리셔스'를 교배, 1987년 '원교 가-1'로 1차 선발하고 1988년에 최종 선발, 명명하였다.

수확기는 9월 상·중순이나 8월 하순이다. 과실 무게는 300g, 과형은 원추형이며 과피색은 농홍색으로 줄무늬는 거의 없다. 당도는 14~15°Bx, 산도는 0.25~0.31%이며 육질이 단단하고 식미는 양호하나 과즙은 적은 편이다. 저장성은 상온에서 30일 정도이다. 유목기 수세는 강한 편이나 결실 이후에는 급격히 떨어진다.

<재배상 유의할 점>

결실과다에 의한 수세저하 및 해거리가 발생하므로 조기에 적화 또는 적과를 철저히 하여 수세유지에 힘쓴다. 지나치게 큰 과실은 밀(蜜)증상 발생이 많으므로, 적정크기의 과실을 생산하도록 한다. 중심과는 과실꼭지가 짧아 과경부에 닿는 과실의 모양이 좋지 않거나 낙과가 되는 경우가 있으므로 측과를 남기고 적과한다. 잎에 가리거나 그늘 속의 과실은 착색이 불량하므로 수확하기 보름 전쯤 잎 따기나 과실 돌려주기를 한다.

점무늬낙엽병 및 탄저병에 약하므로 낙화 후 10일경부터 장마 전까지의 약제살포에 특히 유의한다. 홍로 품종은 수세가 약해지면 여러 가지 장해가 발생하므로 나무세력을 살려 재배하는 것이 중요하다. 다소 세력이 강한 대목을 쓰고 대목 노출 정도도 후지 품종보다 덜 노출시키는 것이 좋은데 대체로 10cm 정도 노출시켜 심는다. 최근 봄철에 발생이 많은 줄기

괴사현상을 방지하기 위해서는 토양이 건조하지 않도록 물 대기를 잘하는 것이 중요하며, 대책으로는 도포제나 수성페인트를 원줄기에 발라주는 것이 효과가 있다.

* 수성페인트 : 물 = 2 : 1 (바르는 시기는 늦가을~이른 봄)

나. 추광(秋光)

국립원예특작과학원에서 1982년에 '후지'에 '모리스 딜리셔스'를 교배하여 1989년 '원교 가-04'라는 계통명으로 지역적응시험을 거친 후 1992년에 최종 선발, 명명하였다

과실무게는 300g이고 과형은 원~장원형이다. 과피색은 홍색으로 바탕색은 황록색이며 과육색은 백색이다. 당도는 13°Bx, 산도는 0.2% 정도로 산미가 낮아 맛은 다소 싱거운 편이다. 단과지형으로 절간이 짧아 밀식 적응형이다. 수확기는 9월 상·중순이고 저장력은 상온에서 20일 정도이다.

<재배상 유의할 점>

지역에 따라 개화량은 많으나 착과량이 부족한 경우가 있으므로 결실량 확보에 유의한다. 지나치게 큰 과실은 과심곰팡이병이 발생할 우려가 있으므로 300g 내외의 중과(中果)생산을 목표로 한다. 칼슘 부족 시 과정부(꽃받침 주위)에 흑색 반점이 발생하므로 석회를 충분히 뿌려준다. 과숙되면 분질화되기 쉬우므로 적기에 수확한다. 수확 후 저장기간이 길어지면 과실 내 신맛이 거의 없어 싱거운 과실이 되므로 수확 즉시 소비하도록 한다. 과실 균일도가 떨어지므로 정화아를 중심으로 착과시키고 수세가 쇠약할 경우 과실이 매우 잘아지므로 수세유지에 힘쓴다.

다. 감홍(甘紅)

국립원예특작과학원에서 1981년 '스퍼어리 브레이즈'에 '스퍼 골든 딜리셔스'를 교배, 1989년 1차 선발 '원교 가-5'호로 지역적응시험을 거친 후 1992년 최종 선발, 명명하였다.

수확기는 10월 상·중순경으로 중생종이다. 과실크기는 350~400g 정도

로 대과종이며, 과형은 장원형이고 과피색은 선홍색으로 줄무늬가 다소 발현된다. 당도는 15~16°Bx, 산도는 0.4%로 특유의 향기가 있고 식미가 매우 우수한 품종이다. 저장성은 상온에서 2개월 정도로 높다. 단과지형 품종이나 수세는 강한 편이며 개장성이다.

<재배상 유의할 점>

약한 꽃눈의 과실은 과형이 불량하므로 충실한 꽃눈 확보가 중요하다. 감홍 품종은 측지발생이 어렵고 특히 나무세력이 떨어지면 빈가지가 생기기 쉬우므로 나무세력을 살려 재배한다. 유목기나 세력이 강할 경우는 상비과(象鼻果)나 중심과와 측과의 과경이 서로 붙어 있는 경우가 있으므로 2번과를 남기고 적과 한다.

고두병 발생이 많기 때문에 수세를 조기에 안정시키도록 질소시비량과 시비시기에 유의한다. 석회를 충분히 시용하며 과실을 지나치게 키우지 말고 300~350g 정도를 목표로 한다. 고두병 방제는 칼슘제제의 엽면살포 효과가 크므로 적과 후 봉지 씌우기 전에 2회, 봉지 벗긴 후 1~2회 정도 살포한다.

라. 화홍(華紅)

국립원예특작과학원에서 1980년 '후지'에 '세계일'을 교배, 1988년 '원교 가-2'라는 계통명으로 지역적응시험을 거친 후 1992년에 최종 선발, 명명하였다. 숙기는 10월 중·하순경으로 후지 품종보다 다소 빠르다. 과실크기는 300g 정도인데 재배조건에 따라 400g 이상 대과도 생산된다. 과형은 원~장원형이고 과피색은 황록색 바탕에 농홍색으로 착색되며 딜리셔스계 품종과 같이 과정부에 왕관(王冠)현상이 보인다. 당도는 15°Bx, 산도는 0.2%로 산미가 다소 부족하나 식미는 양호한 편이다. 저장성은 강한 편이나, 산도가 낮아 장기저장 시 맛이 싱거운 과실이 될 수 있으므로 연내에 소비하도록 한다. 홍로 품종보다는 수세가 강하고, 직립지에도 비교적 꽃눈이 잘 맺히는 단과지형(spur type) 품종이다.

<재배상 유의할 점>

단과지형 품종으로 과다결실이 우려되므로 충분한 적과가 필요하다.

착색과 과실비대가 빨라 미숙과를 조기 출하하면 맛이 없는 과실로 소비자들에게 알려질 우려가 있으므로 충분히 성숙된 과실을 수확하도록 한다. 밀식 재배형 품종으로 '후지'보다 20% 이상 밀식할 수 있다.

마. 서광(曙光)

국립원예특작과학원에서 1982년 '모리스 딜리셔스'에 '갈라'를 교배, 1992년 1차 선발하여 지역적응시험을 거친 후 1995년에 최종 선발, 명명하였다.

수확기는 8월 상·중순으로 국내 육성품종 중 숙기가 가장 빠르다. 과실크기는 300g, 과형은 원형이고 과피색은 농홍색으로 전면착색되며 바탕색은 황록색이다. 당도는 13°Bx, 산도는 0.48%로 감산(甘酸)이 조화되어 조생종으로서는 비교적 맛이 우수하다. 수세는 중 정도이고 수자는 반개장성이다. 단과지 및 중과지에 꽃눈형성이 잘된다. 상온에서의 저장성은 7일 정도로 약하다.

<재배상 유의할 점>

고온기에 수확되므로 분질화되기 쉽기 때문에 적기에 수확하고, 착색된 것부터 2~3회에 나누어 따낸다. 적과 시 과경이 굵고 긴 것을 남겨야 과실비대가 좋다.

바. 선홍(鮮紅)

국립원예특작과학원에서 1992년 '홍로'에 '추광'을 교배, 1997년 1차 선발하여 '원교 가-22'라는 계통명으로 지역적응시험을 실시, 2001년 최종 선발, 명명하였다.

수확기는 8월 중·하순, 과형은 원추형, 과피색은 황록색 바탕색에 선홍색으로 착색된다. 과실크기는 300~350g으로 조생종으로서는 대과종에 속한다. 당도는 14~15°Bx, 산도는 0.35% 정도로 식미는 양호한 편이다. 저장성은 상온에서 30일 정도이다. 수세는 중 정도이고 수자는 개장성이다. '홍로'와 같이 단과지형 품종이다.

<재배상 유의할 점>

액화아 발생이 잘 되므로 조기적화 및 적과를 충분히 한다. 잎에 가려지는 과실은 착색이 잘 안 되므로 잎 따기, 과실돌리기를 하여 착색을 좋게 한다. 단과지형 품종은 일반적으로 꽃눈착생이 좋은 반면 수세가 일찍 떨어지고 노쇠해지므로, 재식 시 대목 노출을 적게 하는 등 수세유지에 힘쓴다. 유목기에는 과실균일도가 떨어지므로 수세를 조기에 안정시키고, 중심화를 남기고 적과한다. 다른 사과품종과 같이 비교적 지대가 높은 지역에서 고품질의 과실을 수확할 수 있다. 따라서 해발 100m 이하의 온도가 높은 지역에서는 가능한 한 심지 않는 것이 좋을 것이다.

사. 홍금(紅金)

국립원예특작과학원에서 '천추'에 '홍로'를 교배, 2004년 최종 선발, 명명하였다. 수확기는 9월 중·하순, 과형은 장타원형, 과피색은 선홍색으로 착색되며 과실크기는 270~330g 정도의 중·대과 품종이다. 과실의 당도는 14.0~15.0°Bx, 산도는 0.35~0.40%로 감산이 조화되어 맛이 우수하며, 상온에서 저장성은 20일 정도이다.

<재배상 유의할 점>

유목기에 수세가 강하므로 곁가지 확보에 유의하고 단과지형 품종(spur type)이며 풍산성이므로 과다착과의 우려가 있어 수세를 유지시키는 것이 좋다. 기타 관리는 '홍로' 품종에 준해서 실시하는 것이 좋다.

아. 썸머 드림(Summer Dream)

국립원예특작과학원에서 '쓰가루'에 '하록'을 교배, 2005년 최종 선발, 명명하였다. 수확기는 8월 상순, 과형은 편원형, 과피색은 선홍색으로 착색되며, 과실크기는 200~220g 정도의 중과 품종으로 당도는 12.0~14.0°Bx,

산도는 0.30~0.40%이며 조직감이 우수하다. 과실의 상온 저장성은 7일 정도이다.

<재배상 유의할 점>

결가지 발생이 어려우므로 유목기에 아상처리 등을 통하여 적극적으로 곁가지를 확보하여야 하며, 수확기가 늦어지면 수확 전 낙과가 발생하므로 착색 비율이 50% 정도 되었을 때 수확하는 것이 좋다.

자. 홍소(Hongso)

국립원예특작과학원에서 '양광'에 '홍로'를 교배, 2006년 최종 선발하여 '홍소'로 명명하였다. 성숙기는 9월 중·하순이며, 과형은 원원추형, 과피색은 선홍색으로 바탕색은 녹황색이다. 과실크기는 330g으로 대과종이며, 당도는 14.3°Bx, 산도는 0.34%로 감산이 조화되어 식미가 우수하다. 저장성은 상온에서 3주 정도이다. 수자는 반개장성이고, 수세는 약화되기 쉬우며, 조기결실성이고, 단과지 형성이 잘 되어 풍산성이며 밀식재배 적응형 품종이다.

<재배상 유의할 점>

동녹발생이 많으므로 늦서리 피해지역은 재배를 피하고 유과기 때 농약살포에 유의해야 하며, 동녹을 방지하기 위하여 낙화 후 일찍 봉지를 씌우는 것이 좋다. 대과성 품종이므로 과다착과에 따른 수세가 약화되기 쉬우므로 재식 시 대목 노출을 적게 하고 일소과 피해가 발생하지 않도록 유목기 때 가지 및 수관 확보에 노력해야 한다.

차. 홍안(Hongan)

국립원예특작과학원에서 '후지'에 '홍옥'을 교배, 2006년 최종 선발, '홍안'으로 명명하였다. 성숙기는 10월 상순이며 과형은 원형, 과피색은 홍색이며 바탕색은 녹황색이다. 과실크기는 309g으로 대과종이며 당도는 13.7°Bx, 산도는 0.28%이다. 과실 저장성은 상온에서 3주 정도이다. 수자는 반개장성이고 수세는 강한 편이며 중·장과지에 주로 결실된다. 탄저병에는 강한 편이나 점무늬낙엽병 및 갈색무늬병에 비교적 약하며 과점 동녹발생이 많은 편이다.

<재배상 유의할 점>

수세가 강하므로 재식 시 '후지' 품종에 준하여 대목 노출을 하고 유목기에 가지 유인을 철저히 하여 수세를 안정시켜야 한다. 착색보다 과육선숙형이기 때문에 수확기 판정에 유의하여야 하며, 점무늬낙엽병 및 갈색무늬병의 방제에 유의해야 한다.

카. 그린 볼(Green Ball)

국립원예특작과학원에서 '골든 딜리셔스'에 '후지'를 교배하여 2008년 최종 선발, '그린 볼(Green Ball)'로 명명하였다. 성숙기는 9월 상순으로 과피색이 황록색이고, 양광면의 일부가 붉게 착색(Blushing)된다. 과형은 원원추형이고, 과중은 322g 정도로 대과이다. 과실의 당도는 13.6°Bx, 산도는 0.40%로 식미가 우수하다. 단과지형 품종(Spur type)으로 풍산성이다. 나무 꼴(수자)은 반개장성으로 유목기부터 결실이 잘되기 때문에 가지가 늘어지기 쉽다. 상온 저장성은 상온에서 12~15일 정도이나 수확이 늦어지면 보구력이 급격히 약해진다. 특히, 과피색이 녹황색이기 때문에 정확한 성숙기 판단이 어려우므로 주의해야 한다. 녹황색 품종이므로 착색관리가 필요 없고, 전국 재배가 가능하나 여름철 기온이 비교적 낮고 일조량이 많으며 서늘한 지역에서 고품질과가 생산된다.

<재배상 유의할 점>

가지가 늘어지기 쉽고 과실이 커서 여름철 일소과 발생이 있다. 수확기가 늦어지면 과실 연화가 빨라지므로 적기에 수확하여야 한다. 점무늬낙엽병 및 탄저병에 강하지만 수세약화 시 나무좀 피해를 받을 수 있으므로 M.9 자근대목 이용 시 대목 노출을 적게(재식 시 5~10cm 노출) 하여 수세 유지에 힘써야 한다.

타. 피크닉(Picnic)

국립원예특작과학원에서 '후지'에 '산사'를 교배, 2008년 최종 선발하여 '피크닉'으로 명명하였다. 성숙기는 9월 하순이며 과형은 원원추형, 과피색은 선홍색이고, 바탕색은 황색이다. 과중은 223g으로 중과종이나, 과육의 경도가 4.4kg/∮8mm로 높고 치밀하다. 과실의 당도는 14.2°Bx, 산도는 0.43%로 감산이 조화되고 조직감이 우수하다. 저장성은 상온에서 30일 정도이며, 수자는 개장성이고, 수세는 약하다. 조기결실성으로 풍산성이고, 탄저병에 비교적 강하며, 동녹 및 수확 전 낙과 등 생리장해가 거의 없다. 주요 재배품종과는 대부분 교배친화성이 높다.

<재배상 유의할 점>

나무가 개장성이고 세력이 약해지기 쉬운 성질을 가지고 있으므로 적절히 단축 전정 실시하여야 한다. 유목기에 수관을 충분히 확대를 시킨 후 착과시키고, 조기에 적뢰, 적과를 하여 수세저하를 방지하여야 한다. 수세가 약화되면 동해(凍害) 및 나무좀 피해가 발생하므로 수세유지에 힘쓰고, M.9 자근대목 이용 시 대목 노출을 10cm 정도 노출시키는 것이 좋다.

파. 황옥(Hwangok)

국립원예특작과학원에서 '홍월'에 '야다카 후지'를 교배, 2009년 최종 선발, '황옥'으로 명명하였다. 성숙기는 9월 중·하순이며 과형은 원형, 과피색은 황색이다. 과중은 229g으로 중·소과종이나, 과육의 경도가 3.5kg/∮8mm로 높고 치밀하여 크기에 비해 과중이 높은 편이다. 당도는 15.0°Bx, 산도는 0.48%로 모두 높아 맛이 농후하고 조직감이 우수하다. 저장성은 상온에서 20일 정도이다. 수자는 반개장성이고 수세는 중간 정도이며 곁가지 발생이 용이하여 수형구성이 쉽다. 탄저병에 비교적 강하며, 동녹 및 수확 전 낙과 등 생리장해가 거의 없다.

<재배상 유의할 점>

세력이 강하면 착색이 늦어지므로 적정 수세관리에 유의해야 하며, 유

목기부터 착과를 시키면서 수관을 확대시키는 것이 좋다. 왜성 대목노출 정도를 재식 시 15~20cm 내외로 하여 수세를 유지시킨다. 과피색은 황색인데 녹황색의 미숙과 수확 시 산미가 강하므로 적숙기 판정에 유의하여야 한다.

하. 썸머 킹(Summer King)

국립원예특작과학원에서 '후지'에 '골든 딜리셔스'를 교배, 2010년 최종 선발, '썸머 킹'으로 명명하였다. 수확기는 7월 하순~8월 상순, 과형은 원형, 과피색은 선홍색으로 착색된다. 과실크기는 260~280g 정도이며, 당도는 13.0~14.0°Bx, 산도는 0.30~0.40% 내외로 수량성이 높고, 과실 특성이 우수하여 7월 하순~8월 상순의 미숙 쓰가루를 대체할 만한 품종이다.

<재배상 유의할 점>

과실 꼭지가 짧아 과실비대 시 물리적 낙과의 발생 가능성이 높으므로 적과 시 과실 꼭지가 긴 것을 남기는 것이 좋다. 수확기가 늦어질 경우 보구력이 급격히 떨어지므로 만개 90일부터 선별 수확하여 만개 100일 정도에 수확하는 것이 좋다.

거. 아리수(Arisoo)

국립원예특작과학원에서 '양광'에 '천추'를 교배, 2010년 최종 선발, '아리수'로 명명하였다. 수확기는 9월 상순, 과형은 원형, 과피색은 홍색으로 착색되며, 과실크기는 280~300g 정도이고, 당도는 13.5~14.5°Bx, 산도는 0.30~0.35% 내외이다. 착색기에 기온이 높은 지역에서도 착색이 잘되는 장점이 있다.

<재배상 유의할 점>

수세가 약하므로 묘목을 심을 때 왜성대목의 노출을 5cm 내외로 짧게 하여야 한다. 묘목을 심은 후 굵은 곁가지(원줄기의 1/3 이상 되는 굵기)는 제거를 하고 가는 곁가지를 남겨 둔다. 이때, 원줄기를 자르면 남겨진 가는 곁가지가 많이 굵어져서 겨울 전정 시 제거해야 할 가지가 많아지므로 원

줄기는 가급적 자르지 않아야 한다. 유과기 때 저온 피해, 부적절한 약제살포 등으로 인한 동녹이 발생할 수 있으므로 6월 말까지 약제 살포할 때 전착제 혼용을 피하고, 델란이나 베푸란 같은 동녹 유발 의심약제를 사용하지 않는 것이 좋다. 왜성대목 M.26 이용 시 수세 차이가 심하므로 M.9을 이용하는 것이 좋다.

너. 루비에스(RubiS)

국립원예특작과학원에서 '알프스오토메'에 '산사'를 교배 2014년 최종 선발, '루비에스'로 명명하였다. 수확기는 8월 하순이며 과형은 원원추형, 과피색은 홍색으로 착색되며 과실크기는 50~70g 정도이다. 당도는 13.5~14.0%, 산도는 0.40~0.45% 내외이다. 기존 소과종 품종 '알프스오토메'에 비해 과실크기가 더 크고, 수확기가 30일 정도 빠르다. 수확 전 낙과가 거의 없으며, 저장성이 매우 우수하여 '알프스오토메'보다 매우 우수한 품종이다. 또한 '알프스오토메'는 '후지'와 교배친화성이 없으나, '루비에스'는 국내에서 재배되는 대부분의 품종과 교배친화성이 있으므로, 수분수로도 뛰어나다.

<재배상 유의할 점>

'루비에스'는 자가수분이 거의 되지 않으므로 반드시 수분수를 같이 심어야 한다. 추천되는 품종은 같은 소과종 품종인 '알프스오토메'가 좋다. 수세가 약하므로 대목은 왜성대목 M.9나 M.26보다는 MM.106이나 환엽해당을 이용하여야 수관이 확대되어 수량을 확보할 수 있다. 적숙기 이후는 일부 꼭지 부분에 열과가 발생하므로 적숙기에 수확하여야 한다. 붕소 결핍 시 과육이 황변되고 스펀지화되어 상품성이 떨어지므로 미량요소 결핍에 유의한다.

더. 썸머 프린스(Summer Princeg)

국립원예특작과학원에서 '쓰가루'에 'OBIR2T47'을 교배, 2014년 최종 선발, '썸머 프린스'로 명명하였다. 수확기는 7월 중·하순, 과형은 원추형, 과피색은 선홍색으로 착색된다. 과실크기는 280~300g 정도이고 당도는

12.0~12.5%, 산도는 0.45~0.60% 내외이며 수량성이 높다. 수확기가 7월 중순이므로 이 시기에 출하되는 미숙 쓰가루를 대체 가능한 품종이다.

<재배상 유의할 점>

곁가지의 분지 각도가 좁고 생육이 왕성하여 유인을 철저히 하지 않으면 분지각도가 좁은 굵은 가지가 되어 불필요한 가지로 되기 쉽다. 그러므로 묘목을 심은 후 분지 각도가 좁은 가지는 수시로 유인을 하여 분지각도를 넓혀주는 것이 좋다. 수세가 강하므로 왜성대목 이용 시 대목 노출을 10cm 정도로 하여야 한다. 수확기가 늦어질 경우 보구력이 급격히 떨어지므로 만개 85일부터 선별 수확하여 만개 90일 정도에 수확을 끝내는 것이 좋다.

(2) 외국 육성품종

가. 후지

일본 원예시험장 동북지장(현 과수연구소 사과연구부)에서 1939년 '국광'에 '딜리셔스'를 교배하여 1958년에 계통명 '동북 7호'로 선발한 후 1962년에 현재의 명칭인 '후지'로 명명하였다. 최근에는 다양한 많은 아조변이 품종들이 선발되고 있다.

과실크기는 300g 정도이나 재배조건에 따라 400g 이상 대과생산도 가능하다. 과형은 원~장원형으로 과피색은 선홍색이고, 줄무늬가 선명하며, 바탕색은 황색이다. 단맛이 많고, 산미는 중간 정도이며, 과즙이 많아 식미는 매우 양호하다. 당도는 14~15°Bx, 산도는 0.4% 내외, 저장성은 상온에서 90일, 저온저장에서 150일 정도이다.

수세는 강한 편이며, 수자는 반개장성이고, 6월 낙과나 수확 전 낙과가 없다. 해거리가 심한 편이다. 흑성병에는 약하고, 점무늬낙엽병이나 조피병에는 약간 약하다.

<재배상 유의할 점>

기본적으로 착색이 곤란한 품종이므로 착색계 아조변이 품종을 적극 이용한다. 과일이 대과일수록 당도와 경도가 낮아지는 경향이 있으므로 고품

질 과실의 비율을 많게 하기 위해서는 과실 고유의 크기인 300g 정도의 과실을 생산하는 것이 좋다.

과실을 지나치게 크게 만들거나 질소비료를 많이 주었을 경우 고두병 발생이 많으므로 수세를 안정시키고 적정시비를 하도록 한다.

착과량이 과다하면 화아분화율이 떨어져 해거리를 하므로 조기적과와 적정 착과량을 엄수한다. 나무 내부까지 햇볕이 잘 들어가지 않으면 미숙과나 맛이 싱거운 과실이 생산되므로 적정 재식거리를 확보하고 과번무되지 않도록 수세안정에 힘쓴다. 늦게 수확하여 과숙(過熟)될 때는 밀병이 많이 발생하고, 내부 갈변이 나오기 쉬우므로 적기에 수확하되 과숙과는 즉시 판매한다. 대개 장기저장용은 10월 20일~25일경 다소 일찍 수확하고, 단기저장용이나 즉시 판매용은 10월 30일~11월 5일경에 수확한다.

<후지 아조변이 품종들>

후지 품종은 맛이 좋고, 저장성이 우수하여 육성국 일본은 물론 우리나라와 중국에서 가장 많은 면적을 차지하고 있으며, 미국이나 유럽에서도 재배면적이 증가되고 있는 추세이다. 후지 품종은 특성상 착색이 곤란하기 때문에 이를 개선하기 위하여 봉지 씌우기, 반사필름 이용 등 많은 작업노력이 소요되고 있다. 이러한 문제점을 육종적으로 해결하기 위하여 착색이 개선된 돌연변이 육종이 활발히 이루어진 결과 국내외에서 많은 돌연변이 품종들이 선발되고 있다. 후지 아조변이들을 몇 가지 계통으로 구분하고 그 특징 및 문제점을 보면 다음과 같다.

● 후지 아조변이 품종의 계통 구분

후지 아조변이 품종을 크게 3가지 계통으로 구분할 수 있는데 일반 후지에 비하여 숙기가 빠른 조숙계, 가지의 절간장이 짧고, 화아분화가 용이한 단과지계, 착색이 개선된 착색계가 있다. 착색계란 전면착색계 뿐만 아니라, 일반 후지에 비하여 착색이 개선된 후지 아조변이 계통을 통틀어 지칭하는 것이다. 계통별로 주요한 품종은 <표 2-3>과 같다.

표 2-3 후지 아조변이 품종(계통) 구분

구분	품종(계통)명
조숙계	고을, 야다카, 홍장군, 히로사키 후지 등
단과지계	화랑
착색계	라쿠라쿠(=미시마, 2001년 후지) 후지, 미시마 후지, 미야마 후지, 챔피온 후지, 로열 후지, 마이라레드 후지, 키쿠-8 후지, 미야비 후지, 후브락스 후지 등

● 후지 아조변이 품종의 숙기 및 과실 특성

후지 아조변이 품종의 숙기 및 과실 특성을 조사한 결과, 평균적으로 보면 조숙계의 숙기는 9월 중·하순이고, 과중은 300g, 당도는 13°Bx, 산도는 0.4% 내외였다. 단과지 및 착색계의 숙기는 10월 하순에서 11월 상순경이었고 과중은 300g, 당도는 14~15°Bx였으며 산도는 0.4%였다.

과실 특성은 재배지역이나 해에 따라, 관리방법에 의해서도 차이가 있을 수 있으며, 여기서는 평균치를 기재한 것이다. 특히 과중과 당도는 수세나 재배관리, 토양비옥도 및 대목종류 또는 한 나무 내에서도 위치에 따라 변이가 심하다. 따라서 특정지역에서 일부 과실만 가지고 조사한 것을 대표치로 이용해서는 안 되며, 더구나 외국도입품종의 경우 현지에서의 자료를 인용하는 것은 매우 위험하다.

표 2-4 후지 아조변이 품종(계통)별 특성

구분	숙기	과중(g)	당도(°Bx)	산도(%)
조숙 계통	9월 중·하순	300	13~14	0.4
단과지 계통	10월 하순~11월 상순	〃	14~15	〃
착색 계통	〃	〃	〃	〃

과실 특성은 재배지역이나 관리방법에 따라 달리 나타날 수도 있으며, 특히 과중과 당도는 해에 따라, 대목 및 토양비옥도에 따라서도 차이가 크게 나므로 유의해야 한다. 과형지수(종경/횡경)는 마이라레드 후지가 특히 작아 편평과에 가까웠다. 그러나 수령이 오래됨에 따라 점차 과형은 개선되어 원형을 회복하는 경향이었다.

과피에 줄무늬 발현 정도를 보면 연차 간에 차이는 있었으나 홍장군, 나가후 12, 마이라레드 후지는 1~3으로 전면착색계였고 히로사키 후지, 화랑, 나가후 6 및 라쿠라쿠 후지는 5~6으로 중간 정도였으며 기쿠 8 및 후지 로열은 7~9로 선명하였다. 대비 품종인 일반 후지 품종은 줄무늬 발현 정도가 6으로 중간 정도였다. 참고로 조사한 과실은 봉지를 씌우지 않고 재배하였다. 후지 착색계 품종의 경우 과피색 이외의 품질 및 특성은 차이가 없어 일반 후지 품종과 거의 유사하였다.

조숙계인 야다카는 유전적으로 고정이 되지 않았기 때문에 숙기가 여러 시기에 걸쳐 있으며 9월 중·하순에 과실을 수확할 수 있는 나무는 5~10%에 지나지 않았다. 따라서 봉지를 씌워 일반 후지와 같이 관리하였을 때는 수확 전 낙과가 발생하는 경우도 종종 있다. 히로사키 후지는 아직 국내에서 검토가 미흡한 실정으로 변이 발생의 우려가 있다. 홍장군은 전면착색계이고, 해발이 높은 지역에서는 암홍색으로 착색되며 수세가 다소 강한 문제가 있다. 고을은 우리나라에서 발견된 조숙계 아조변이다. 그 밖에 조숙계로 구분할 수 있는 품종으로 료카(涼香, 후지우연실생)는 전면착색계에 가까우나 착색이 양호하고 정형과 비율이 높다. 단과지 계통인 화랑은 일반 후지에 비하여 수폭이 작기 때문에 20% 정도 밀식재배가 가능하다. 문제점으로는 질소 과잉 시 과피 바로 밑에 녹색소가 발현되고 착색이 다소 지연되는 경향이 있다. 착색 계통은 앞에서 언급한 바와 같이 기상이나 재배지에 따라 착색 정도가 달라질 수 있으며 후지 착색계 간에는 수분수로 이용할 수 없다.

<재배상 유의할 점>

후지 아조변이 계통의 특성은 변이된 1~2개의 형질을 제외하고는 일반 후지와 동일하다. 따라서 재배상 유의할 점은 대부분 후지와 같으나 특히 다음 사항에 유의한다. 단과지형 아조변이(화랑 등)의 경우는 화아착생 및 착과가 잘 되므로 과다 착과되지 않도록 충분히 적과를 실시한다. 착색계 후지는 착색만 후지보다 잘 될 뿐 숙기는 동일하므로 후지보다 빨리 수확해서는 안 된다. 기상과 재배지역에 따라 착색 정도가 달라질 수 있으니 유의하고, 후지 아조변이 간뿐만 아니라 일반 후지의 수분수로 이용할 수 없다.

나. 산사

일본 과수시험장 모리오카지장(現 과수연구소 사과연구부)에서 '갈라'에 '아카네'를 교배하여 선발, 1986년에 명명하였다.

수확기는 8월 중·하순으로 과형은 원~원추형이며, 과피색은 홍색~등홍색이다. 줄무늬 발현은 뚜렷하지 않고, 바탕색은 황록색이다. 과실크기는 200~250g으로 소과종이고, 당도는 13°Bx, 산도는 0.4%로 과즙이 많고 향기도 있어 식미는 매우 양호하다. 육질은 치밀하고, 경도는 중간 정도, 저장성은 상온에서 30일 정도이다. 수세는 중 정도이고, 반개장성이며, 잎색은 '골든 딜리셔스'와 같이 담황색으로 다소 연하며 때로 황색 반점이 나타난다.

<재배상 유의할 점>

소과이므로 조기 적과를 실시하여 과실비대를 촉진한다. M.9 대목을 이용하면 과실비대가 좋고, 숙기촉진에 유리하다. 동녹발생이 비교적 많으므로 낙화 후 30일까지 유제, 동제 및 계면활성제 살포를 피한다.

M.26 대목은 접목 혹이 두드러지고 수세가 약화되기 쉬우므로 피한다. 수세가 떨어지면 빈 가지가 생기기 쉬우므로 절단 전정을 적절히 하여 결과지를 확보하고, 수세유지에 노력한다. 새 가지는 찢어지기 쉬우므로 가지 유인 시 주의해야 한다.

다. 쓰가루

일본 아오모리 사과시험장에서 '골든 딜리셔스'에 '홍옥'을 교배하여 '아오리 2호'로 명명되었다가, 1975년에 '쓰가루'란 명칭으로 최종 등록되었다. 우리나라에서 '아오리'라고 불리는 것은 잘못된 명칭이다.

수확기는 8월 중·하순경이고, 과실크기는 300g, 과형은 원형~장원형으로 균일하다. 과피색은 홍색이며 줄무늬가 발현된다. 당도는 13~14°Bx, 산도 0.3%로 산미가 적고 과즙이 많아 식미는 우수하다. 과육은 황백색으로 단단하고 치밀하며, 저장성은 상온에서 2주 정도이다. 수세는 중 정도이며, 개장성이다.

※ 우리나라에서 쓰가루는 제대로 익지 않은 상태로 수확, 출하되어 7월 말부터 8월 중·하순경까지 수확되나, 최근에 에틸렌 발생억제제인 낙과방

지제를 사용하면서 9월 상순경까지 수확기를 연장시킬 수 있게 되었다.

<재배상 유의할 점>

빈 가지가 나오기 쉬우므로 결과모지를 적당히 절단하여 결과지 만들기에 힘쓴다. 수확 전 낙과가 많으므로 낙과방지제를 살포해야 하고 수확은 2~3회 나누어 따기를 한다.

* 낙과방지제 : 2, 4-DP(이층형성 억제제) 및 AVG(에틸렌 발생억제제)

착색이 불량하고, 낙과가 많은 지역은 원칙적으로 다른 품종으로의 갱신을 고려한다. M.26 등 왜성대목을 이용한 재배에서는 수세가 떨어지기 쉬우므로 수세유지에 노력한다. 해발이 낮고 기온이 높은 남부지역은 착색 불량 및 수확 전 낙과가 많으므로 신규 재식은 피한다. 쓰가루 재배 적지라고 볼 수 있는 해발(400~500m)이 높은 지역이라도 '하향(夏香) 쓰가루', '미쓰즈 쓰가루', '방명(芳明) 쓰가루' 등 착색이 개선된 품종을 선택하는 것이 좋다. 동녹이 발생되기 쉬우므로 유과기의 약제살포 시 약제선택에 유의한다.

라. 양광

일본 군마현 원예시험장에서 '골든 딜리셔스'의 자연교잡실생에서 1973년 선발, 1981년 품종 등록하였다.

수확기는 10월 상순경이며, 과실크기는 300g, 과피색은 농홍색으로 줄무늬는 뚜렷하지 않다. 과형은 원~장원형, 당도는 14°Bx, 산도 0.3%이며 특유의 향기가 있어 식미는 양호하다. 저장성은 상온에서 10~15일로 낮다. 수세는 중 정도이고 개장성이며 모본인 '골든 딜리셔스'와 유사하다.

<재배상 유의할 점>

과정부(果頂部)에 동녹발생이 심하여 봉지재배가 필요하다. 과다 시비하면 고두병 발생이 심하므로 질소 과용을 피하고 특히 6월경 추비는 하지 않도록 한다. 왜화재배에서는 수세가 떨어지기 쉬우므로 수세 유지에 노력한다. 유목기에는 측지발생이 어려우므로 아상(芽傷)처리나 가지 끝 자름 전정을 통하여 결과지를 확보한다.

마. 홍옥

미국에서 발견된 오래된 품종으로 교배양친 중 모본(母本)은 '에소푸스 스피첸버그(Esopus Spitzenberg)'이나 부본(父本)은 불명(不明)이다. '홍옥'이 문헌에 보고된 것은 1826년이 최초이다. 품종명에 대한 유래는 최초로 이 품종에 적극적인 관심을 보인 조너선(Jonathan Hasbrouck) 씨를 기념하여 명명하였다.

수확기는 9월 하순~10월 상순경이다. 과실크기는 200~250g, 과형은 원형이고, 과피색은 전면이 농적색이며, 당도는 13°Bx, 산도는 0.6~0.8%로 단맛은 중 정도이고 산미가 강하다. 향기가 많고 씹히는 맛이 좋아 식미는 양호한 편이다. 주스 가공용 및 요리용으로의 적성이 높으며, 저장성은 상온에서 30일 정도이다. 수세는 약하고, 개장성이다.

<재배상 유의할 점>

측과에는 동녹이 잘 발생하므로 중심과를 남긴다. 수확기가 빠르면 산미가 강하고, 늦으면 홍옥반점병 등 생리 장해가 다발생하므로 수확은 충분히 맛이 든 것부터 2~3회 나누어 수확한다. 빈 가지가 생기기 쉬우므로 적절히 절단 전정을 실시하여 결과지 만들기에 힘쓴다. 특유의 향기가 있고 가공적성이 높기 때문에 재배 가치는 충분히 있는 품종이다. 온도가 높은 지역에서는 수확 전 낙과방지제 사용이 필요하다.

(3) 외국에서 많이 재배되는 품종

가. 레드 딜리셔스

미국 아이오와주(州)에서 1870년경 태어난 품종으로 교배양친은 알려져 있지 않으나, 한쪽 친은 '옐로 벨플라워(Yellow Bellflower)'로 추정된다. 본래의 명칭은 '호크아이(Hawkeye)'로 불렸지만, '딜리셔스'를 거쳐 현재는 '레드 딜리셔스'라고 불린다. 수많은 돌연변이 품종이 육성되어 있고 세계적으로 생산량이 가장 많은 품종으로 주로 미국과 유럽에서 재배되고 있다. 우리나라에서는 아조변이 계통으로 '스타킹(Starking Delicious)' 및 '스타크림슨(Starkrimson)'이 있었으나 현재는 거의 재배되지 않고 있다.

수확기는 9월 하순~10월 상순이고, 과형은 장원~장원추형, 과피색은 전면 농홍색으로 착색된다. 과정부가 급격히 좁아지고 꽃자리 쪽에 왕관 모양의 융기 부분이 있는 것이 특징이다. 당도는 높지 않으나 산미가 적어 상대적으로 감미가 강하게 느껴진다. 일찍부터 착색이 시작되기 때문에 충분히 성숙되지 않은 미숙과를 수확하여 출하함으로써 우리나라 소비자들로부터 외면을 받게 되었다.

나. 골든 딜리셔스

미국 웨스트버지니아주의 한 독농가에서 1905년 우연실생(偶然實生)으로 발견되었다. '골든 딜리셔스'의 아조변이 품종으로 단과지형인 '스퍼 골든 딜리셔스'가 있다. 세계적으로 '레드 딜리셔스' 다음으로 많이 재배되고 있는 품종이나 우리나라에서는 현재 거의 재배되지 않고 있다. '골든 딜리셔스'는 육종모본으로 매우 우수하며, 이 품종을 모본으로 하여 많은 품종들이 육성되어 있다.

수확기는 10월 상·중순경이며, 과실크기는 300g, 과형은 원~장원형이고, 과피색은 황색이나 양광면은 연홍색으로 착색된다. 당도는 14°Bx, 산도는 0.3%로 산미는 적고, 단맛이 많으며, 과즙이 많아 식미는 양호하다. 저장력은 약한 편으로 수세는 강하고, 약간 개장성이다.

<재배상 유의할 점>

잎은 약해를 입기 쉬우며 특히 보르도액의 약해로 조기낙엽이 되는 경우가 있다. 유목기에는 주지(主枝)가 직립하므로 정지 전정에 유의한다.

동녹발생이 많으므로 낙화 후 10일 이내에 봉지를 씌우는 것이 좋다. 무대재배를 할 경우에는 동녹방지를 위하여 유과기 약제살포에 유의하여야 한다. 질소비료를 과용하거나, 지나치게 강전정을 하게 되면 미숙과가 많이 나오므로 질소과용을 삼가고 수세를 안정시켜 재배한다. 왜성대목을 이용한 왜화재배에서는 수세가 안정되고 일찍부터 많은 과실을 수확할 수 있는 것이 특징이다.

다. 그라니 스미스

호주 시드니 근처의 과수원(Marie Smith 씨)에서 '프렌치크랩(French Crab)'의 자연교잡 실생에서 발견되었다. 우리나라에서의 숙기는 '후지'와 같거나 다소 늦은 만생 품종이다. 과피색은 녹색~녹황색으로 산미가 강하고, 맛이 좋지 않아 우리나라와 같이 감미가 높은 사과를 생식용으로 하는 곳에서는 재배가치가 적다. 저장력이 매우 강하고, 외국에서는 가공용으로 많이 이용되고 있다. 세계적으로 보면 '레드 딜리셔스', '골든 딜리셔스'에 이어 세 번째로 많은 양이 생산되고 있다.

라. 갈라

뉴질랜드에서 '키즈스 오렌지 레드(Kidd's Orange Red)'에 '골든 딜리셔스'를 교배하여 1960년에 선발하였다. 원래의 '갈라'는 해에 따라 착색이 불안정하여 착색계 아조변이 품종들이 주로 보급되고 있다. '갈라' 품종은 미국이나 유럽, 남미지역에서는 신규 재식이 많고 생산량도 증가하는 유망 품종의 하나이다.

과실크기는 200~250g으로 소과종이고, 과형은 원~원추형이다. 과피색은 원래 황색바탕에 25% 정도 홍색으로 착색되어 선호도가 높지 않으나 아조변이 계통들은 전면 홍색에 줄무늬가 뚜렷한 계통이 대부분이다. 특유의 향기가 있고 과즙이 많으며 당도는 13~14°Bx, 산도는 0.4% 정도로 감산이 조화되어 식미는 매우 양호하다.

수확기는 8월 하순경으로 조생종이고 저장성은 상온에서 10~15일 정도이다. 수세는 중 정도이며, 교배모본인 '골든 딜리셔스'와 닮은 점이 많다. 가지는 발생각도가 넓어 거의 유인이 필요 없으며, 직립지를 제외하고는 꽃눈 착생이 매우 양호하다.

<재배상 유의할 점>

품종선택 시 착색이 개선되고 줄무늬가 잘 발현되는 착색계 아조변이 계통을 이용한다. 액화아 착생이 많고, 과다 결실되기 쉬우므로 조기에 철저한 적과를 하여야 과실비대가 좋다. '골든 딜리셔스'와는 교배 불친화성이므로 수분수로 사용할 수 없다. 수확기가 늦으면 열과가 발생하고, 분질화가 빨라지므로 숙기에 잘 관찰하여 수확기가 늦지 않도록 유의한다. 수세

가 중 정도로 세력이 강하지 않으므로 M.9나 M.26 대목의 왜화재배에 적당한 품종이다. 오래 묵은 가지에 달린 과실은 작고, 착색이 불량하므로 3년 이상 된 열매 가지는 적절히 절단하여 새 가지로 갱신을 한다.

표 2-5 갈라 아조변이 품종들의 과실 특성

품종	과피색	과중 (g)	당도 (°Bx)	산도(%)	비고
퍼시픽 갈라	선홍	229	13.0	0.38	착색 우수, 소과
갤럭시 갈라	선홍	232	13.1	0.39	착색 양호, 소과
스칼렛 갈라	선홍	228	13.5	0.38	착색 우수, 소과
갈라 일반계	담갈홍	221	12.0	0.37	착색 불량, 소과

(4) 최근 외국에서 육성된 품종

가. 시나노 스위트

일본 나가노현 과수시험장에서 '후지'에 '쓰가루'를 교배하여 육성한 것으로 1993년 품종 등록되었다. 우리나라에서의 숙기는 9월 하순경이고, 과실크기는 300g 정도이며, 과형은 원형이다. 과피색은 홍~농홍색이며 줄무늬가 발현되고, 바탕색은 녹황색이다. 당도는 14°Bx, 산도는 0.3%로 과즙이 많고, 식미는 양호한 편이다. 저장성은 상온에서 2주 정도이다. 조기결실성이고 풍산성이며, 수확 전 낙과는 거의 없다. '천추'와는 불친화성을 나타낸다. 해발이 낮고 온도가 높은 지역은 착색이 다소 불량하고, 착과량이 많으면 수세 쇠약이 심하다. 지나친 대과는 맛이 떨어지고, 착색이 불량해지므로 적정크기의 과실을 생산해야 할 것으로 판단된다.

나. 시나노 골드

일본 나가노현 과수시험장에서 '골든 딜리셔스'에 '천추'를 교배하여 1999년에 품종 등록하였으나 우리나라에서는 아직 검토되지 않았다. 숙기는 9월 하순으로 추정되며, 과실크기는 300g, 과형은 원~장원형, 과피색은 녹황~황색이다. 당도는 14~15°Bx, 산도 0.4~0.5%이며 과즙이 많아 식미는 양호하다. 상온 저장력은 3주 정도이다. 수세는 중 정도이고, 수자는 개장과 직립의 중간이다. 수확 전 낙과는 적고, '추영(秋映)' 품종과 M.9과는 불화합성이라고 한다.

고랭지에서는 산미가 잘 빠지지 않아 식미가 불량하고, 과실비대가 나빠 표고가 낮은 난지(暖地)가 재배이다.

다. 추영

일본 나가노현의 독농가 오다(小田切建男) 씨가 '천추'에 '쓰가루'를 교배하여 육성한 것으로 1991년 품종 등록하였다. 우리나라에서는 일부 재식되었지만 그 특성이 아직 제대로 검토되지 않았다. 숙기는 9월 중순경이고, 과실크기는 300g 정도, 과형은 원~원추형, 과피색은 농홍~암홍색에 가깝다. 당도는 14~15°Bx, 산도는 0.4~0.5%이고, 과즙이 많아 식미는 비교적 양호하다. 해발고도가 높은 지역은 착색이 지나치게 짙은 문제가 있고, '조나골드'와 같이 과면에 끈적끈적한 진이 나오고 열과가 발생한다. 동녹발생이 비교적 많고, 특히 유목기에 발생이 많다. 수세가 강하면 좋은 품질의 과실 생산이 어렵고, 조기에 수확하면 신맛이 강하므로 수세안정과 적숙기 수확이 중요하다.

라. 핑크 레이디

호주에서 '골든 딜리셔스'에 '레이디 윌리엄스(Lady Williams)'를 교배하여 육성한 품종이다. 1980년대 중반부터 보급되기 시작하였다고 한다. 우리나라에서의 숙기는 11월 중순으로 '후지'보다 10~15일 후에 수확되는 극만생 품종이다. 과실크기는 250~300g 정도이고, 과형은 원~원통형, 과피색은 농홍색으로 특유의 핑크빛을 가지고 있어 매우 아름답다. 당도는 14~15°Bx, 산도는 0.8~0.9%로 산미가 극히 강하여 국내 소비용으로는 적당하지 않을 것으로 판단된다. 해발이 낮은 온난지에서도 착색이 잘되며 저장성은 매우 강하다. 국내에서 일반적인 재배품종으로는 부적당하나, 주한 외국인 또는 산미가 강한 과실을 선호하는 소비자 등 특수층을 겨냥한 소규모 재배는 가능한 품종으로 생각된다.

마. 알프스오토메

일본 나가노현의 독농가에서 육성된 꽃사과의 일종(Crab Apple)으로 '후지'와 '홍옥'의 혼식원에서 발견된 우연 실생이다. 수확기는 10월 상·중순이고, 과실크기는 40g이고, 산미가 다소 있어 맛은 양호한 편이지만 '크랩 애플' 특유의 떫은맛이 다소 남는다. 수세는 좋은 편이며 조기 결실성이고 풍산성이다.

과실이 작고, 꼭지가 가늘고 길어서 한 과총에 2~3과를 착과시켜도 과실 상호 간에 압박은 주지 않으나 과다 착과 시 해거리가 발생하기 때문에 얼마간 솎아 주어야 한다. 병해로는 그을음병이 다소 발생하므로 이에 따른 방제가 필요하다.

바. 아이카향

일본 나가노현의 독농가인 후지마키(藤牧秀夫) 씨가 '후지' 자연교잡 실생에서 선발하였다. 우리나라에서의 적응성은 아직 검토되지 않았다. 숙기는 '후지'보다 1주일 정도 빠르며, 과실크기는 400~500g으로 대과종이다. 과형은 장원추형이고, 과피색은 홍적색이고, 줄무늬가 명료하다고 한다. 당도는 15°Bx, 산도는 0.25%로 산미가 다소 낮고, 경도도 낮은 편이다. 저장성은 상온에서 2주 정도이다. 해발이 낮고 온도가 높은 지역은 착색이 다소 곤란하며, 햇볕이 잘 들어가지 않는 부위는 특히 착색불량과가 많다고 한다. 기존의 '후지' 품종과 구별성이 없고, 판매시기가 '후지'와 중첩되는 단점이 있다. 대과라고는 하지만 아직 유목상태에서의 과실을 조사하였기 때문에 표준적인 과실크기에 대해서는 검토해야 할 필요가 있다.

사. 브레이번

뉴질랜드 원산으로 양친은 불명이지만 '레이디 해밀턴(Lady Hamilton)'의 자연교잡 실생으로 추정되며, 1952년 발견되었다. 돌연변이 품종으로 '힐웰 레드 브레이번(Hillwell Red Braeburn)'이 있는데, '브레이번'보다는 숙기가 8~10일 정도 빠르다. 우리나라에서의 숙기는 10월 하순경, 과실크기는 300g, 과피색은 진홍색이고, 당도는 14°Bx, 산도는 0.6% 정도로 식미는 양호한 편이지만 산미가 다소 높다. 조기 결실성이고 풍산성이나, 탄저병 및 동해에 약한 편이다. 여름철 온도가 높은 지역은 과실 연화가 빠르고, 수확 전 낙과가 발생하여 우리나라에서의 적응성은 높지 않은 것으로 생각된다.

02 품종 갱신

심겨진 사과나무가 경제성이 없을 경우 경제성이 있는 다른 품종으로 대체할 필요가 있다. 품종갱신 방법에는 묘목으로 갱신하는 방법과 기존의 사과나무에 고접(高接)하는 고접갱신이 있다. 대체로 5년생 이하의 나무일 경우 묘목으로 갱신하고, 6년생 이상일 경우는 고접갱신을 하는 것이 경제적으로 유리하다.

가 묘목갱신

노쇠한 나무나 역병, 부란병 및 그 밖에 장해를 받아 결주가 많은 과수원의 경우 묘목으로 갱신을 한다. 묘목은 건전하고 2~3년 키운 묘목을 이용하는 것이 좋다. 개식장해를 피하기 위하여 뽑아낸 나무의 뿌리를 완전히 제거하고, 심을 부분만이라도 토양개량을 하고 나서 심는다.

나 고접갱신

고접갱신은 묘목으로 갱신하는 방법에 비하여 생산량 확보에 걸리는 시간이 짧고 품종 갱신에 따른 손실을 방지하기 위하여 일반적으로 널리 이용되고 있다.

(1) 고접갱신의 기본원칙

고접병 방지를 위하여 접수는 반드시 바이러스 검정을 한 무독 모수(無毒母樹)에서 채취한 것을 사용한다. 접목 위치는 대체로 지상 3m 이하의 가지 등쪽에 접목한다. 또한 목적하는 수형이 될 수 있도록 나무 전체에 골고루 배치하여 접목한다.

(2) 접수의 준비

접수는 수액이 이동하기 전 겨울 동안에 채취하여 마르지 않도록 비닐에 싸서 저온저장고나 지하저장고 또는 물 빠짐이 좋은 곳에 노천매장한다.

(3) 고접갱신의 방법

가. 점진갱신(漸進更新)

나무의 골격을 이루는 주지나 부주지를 갱신하는 것으로 한 나무당 4~6군데에 가능한 원줄기 가까이에 접목하는 방법이다. 접수품종이 자라면 방해되는 가지를 서서히 잘라 나가다가 5년 전후에 갱신을 완료한다. 이 방법은 수량이 급격히 떨어지지 않는다는 이점이 있지만 접목한 가지의 유인을 게을리하면 수형이 흐트러질 우려가 있다. 현재의 주지의 방향에 구애받지 말고 나무 전체 수형을 고려하여 빈 공간으로 새로 접목한 가지가 자라도록 유인한다.

나. 일시갱신(一時更新, 전면갱신)

주지나 부주지만 남기고 나머지 결과지는 모두 제거하고 접목하는 방법이다. 한 나무당 40~50군데부터 큰 나무는 100군데 이상 접목하여 일시에 갱신한다. 이 방법은 갱신속도가 빠르나 접목 노력이 많이 들고, 1~2년 정도는 수확이 없다. 점진갱신과 같이 접목한 가지의 유인을 게을리하면 수형이 흐트러진다.

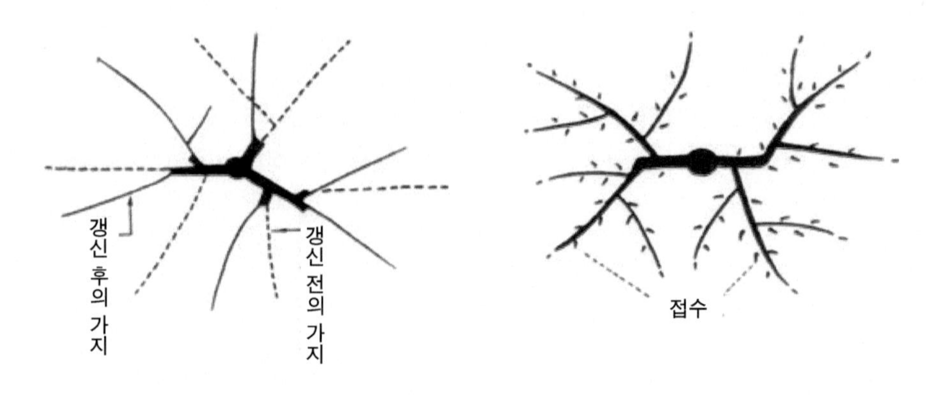

<그림 2-1> 점진갱신(좌), 일시갱신(우)

(4) 고접 후의 관리

가. 눈따기

접목부 주위에서 잠아(숨은 눈, 潛芽)가 많이 터져 나오기 때문에 전정가위나 손으로 눈따기를 해주어야 한다.

나. 가지유인

가지를 수형에 맞게 배치하고 일찍 결실시키기 위하여 선 가지나 방향이 맞지 않는 가지는 유인한다. 시기는 6월 중·하순경이 적당하다.

다. 지주 세우기(부목 대기)

바람에 부러지지 않고 곧게 자라도록 지주나 부목을 대어준다.

라. 기 타

고접 2년째부터 매년 가지 끝을 가볍게 잘라 가지를 많게 한다. 일시갱신한 것은 2~3년간 비료를 주지 않는다. 새 가지가 잘 나오지 않는 나무는 일시갱신하면 주지나 부주지에 여름철 강한 햇빛에 일소(日燒) 피해를 받을 우려가 있으므로 수성페인트를 칠해주거나 신문지 등으로 감아 직사일광이 닿지 않게 한다. 일시갱신에서는 부란병이나 은엽병이 침입하기 쉬우므로 도포제를 반드시 발라준다.

(5) 고접병 대책

고접병은 고접한 후 1~2년째부터 흰날개무늬병에 걸린 것처럼 나무가 쇠약해지다 2~4년 후에는 고사한다. 이 병의 원인은 접수에 감염된 바이러스가 수액을 타고 대목으로 이동하여 바이러스에 저항력이 약한 대목의 조직을 죽이는 것으로 나무 전체가 고사한다. 사과에 주로 피해를 주는 바이러스는 '애플 스템 피팅 바이러스(ASPV, apple stem pitting virus)'와 '애플 클로로틱 스폿 바이러스(ACLSV, apple chlorotic leaf spot virus)'가 있는데, ASPV는 삼엽해당 대목에, ACLSV는 환엽해당 대목에 각각 고접병을 일으킨다.

우리나라에서는 일부 바이러스 무독묘가 생산되어 보급되고 있으나 아직 충분한 접수를 확보하기는 어렵다. 고접병 바이러스 보독 유무 확인은 고접병 바이러스 지표식물(virginia crab apple)에 접목하여 바이러스 증상을 확인 후에 하는 것이 안전하나 실제 농가단위에서는 하기 어려운 실정이다. 따라서 고접병을 회피할 수 있는 방법을 강구하여야 한다. 갱신 대상 나무가 삼엽해당 대목일 경우는 반드시 바이러스 무독 접수를 사용하여야 하고 환엽해당 대목일 때는 무독 접수를 이용하여야 하나 환엽해당 대목에 고접되어 4~5년 이상 건전하게 자라는 나무에서 접수를 채취하여 이용해도 된다. 왜성대목이나 실생대목일 경우는 고접병이 발생되지 않는다.

다 왜성 사과나무의 갱신

왜화재배에서는 성목수량을 올릴 때까지의 기간이 비교적 짧기 때문에 묘목으로 전면 개식하는 것이 기본이다. 특히, 부란병이나 흰날개무늬병 등 결주가 많을 때는 묘목으로 전면 개식하는 것이 좋다. 그러나 갱신 대상의 나무가 결주 없이 필요한 재식본수를 충족하고 있다면 접목갱신이 수량 확보가 빠르며 방법은 다음과 같다.

(1) 원줄기 일시갱신(主幹一時更新)

이 방법은 주로 5~6년생 정도의 나무에 적용한다. 접목위치는 원줄기 50cm 높이에 하며, 휴면기에 미리 잘라두었다가 접목할 때 한 번 더 잘라 준다. 대목 부분의 목질부가 단단하기 때문에 피하접(皮下椄)이 좋다. 절단면이 넓을 경우 접목 수를 2~4개 정도 <그림 2-2>와 같이 하면 접목부위가 말라 들어가는 것을 방지할 수 있다. 접목한 부위의 아래쪽에 1~2개의 가지를 남겨두어도 무방하다. 생육기 중에 접수 생육이 방해되지 않도록 도장지를 제거하고 다음 해 봄 전정 때에 완전히 잘라낸다. 새 가지가 자라면 바람에 부러지지 않도록 지주를 세워준다. 접목 수가 여러 개일 때는 생육이 좋은 것을 원줄기로 하고 나머지는 유인하여 빨리 결실시키도록 한다. 절단면이 완전히 아물 때까지 몇 년간 측지로 남겨둔다.

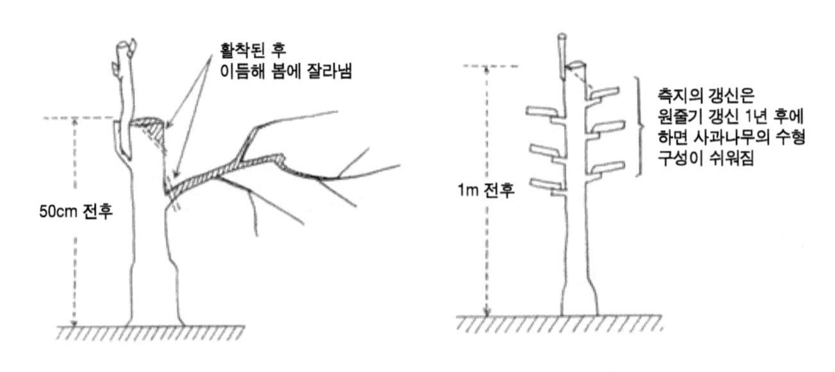

<그림 2-2> 원줄기 일시갱신(좌), 측지 일시갱신(우)

(2) 측지 일시갱신(側枝一時更新)

7~8년생 이상 된 나무를 대상으로 한다. 1년 차에는 먼저 원줄기 1m 높이에서 접목을 하고, 2년 차에 아래쪽 측지에 <그림 2-2>와 같이 접목한다. 접목방법은 고접갱신과 동일한 방법으로 한다.

라 접목방법

접목방법은 일반묘목을 만들 때와 같이 깎기접, 눈접 등 여러 가지 방법이 있으며 몇 가지를 소개하면 다음과 같다.

(1) 깎기접(切接)

우리나라에서 가장 널리 사용되고 있는 접목방법이다. 접수는 1~2월에 채취하여 마르지 않도록 비닐에 싸서 저온저장고나 지하실 등에 보관한다. 접목시기는 3월 하순에서 4월 상·중순경까지가 적기이다. 접수 다듬는 방법은 기부와 선단부는 버리고 중간부위의 충실한 눈이 있는 것을 이용한다. 대목 및 접수조제 방법은 아래 <그림 2-3>과 같이 한다. 대목을 (1)의 화살표 방향으로 비스듬히 자르고, (2)와 같이 자른 면 가운데 부분에 접도를 대고 아래쪽을 곧게 2cm 정도 잘라내린다. 접수는 길이 5~6cm 내외로 눈을 1~2개 붙여 절단하여, (3)의 ①과 같이 화살표 방향으로 자른 다음, ②부분을 자른다. 조제된 접수는 (4)와 같이 대목의 형성층과 잘 물리도록 끼워 넣고 비닐테이프로 감아준다. 이때 대목과 접수의 굵기가 같지 않은 경우가 많으므로 대목의 깎은 면 한쪽 부분과 잘 물리도록 하면 된다. 접목 후 절단면은 마르지 않도록 접랍이나 발코트 등 도포제를 발라준다.

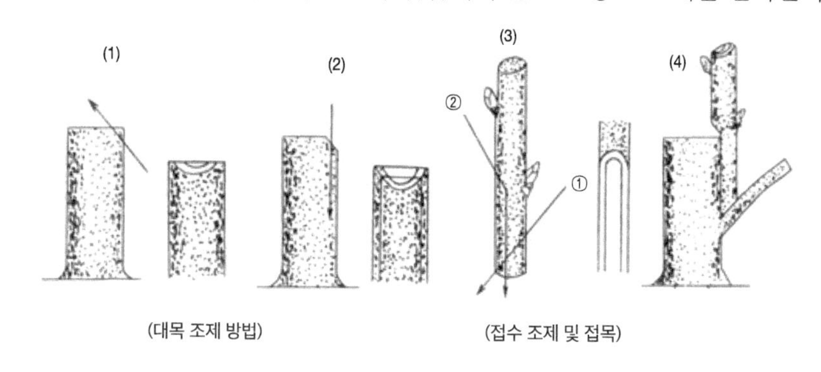

<그림 2-3> 깎기접목 시 대목 및 접수 조제 방법

(2) 눈접(芽接)

눈접에는 접수의 목질부를 제거하고 접목하는 T자형 눈접과 목질부를 제거하지 않고 하는 깎기눈접(削芽接, chip budding)이 있으나 사과에서는 주로 깎기눈접 방법을 이용한다. 접목시기는 8월 하순에서 9월 상순경이 적기이다. 접목시기가 빠르면 당년에 눈이 발아하여 겨울 동안 고사할 우려가 있고, 늦으면 접목 활착률이 떨어진다. 깎기눈접 방법은 <그림 2-4>와 같이 접수에서 2cm 정도의 길이로 접눈을 떼어낸 다음, 대목도 같은 크기로 목질부를 붙여 수피를 떼어내고 접눈을 붙인 다음 비닐테이프를 감아준다.

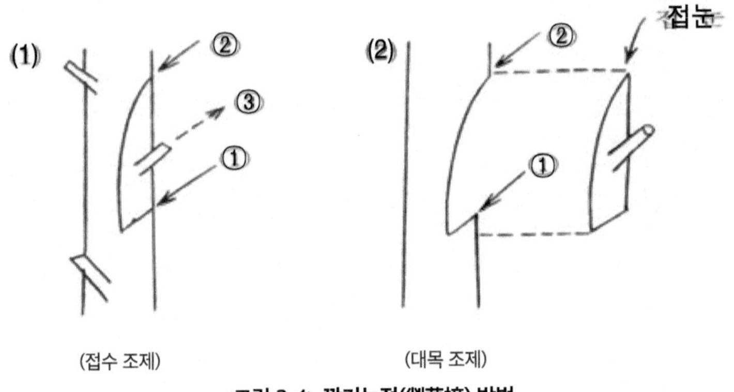

<그림 2-4> 깎기눈접(削芽椄) 방법

(3) 피하접(皮下椄)

수액이 이동하기 시작하여 대목의 껍질이 잘 벗겨지는 발아 직후부터 4월 상순까지가 적기이다. 접수가 대목보다 굵으면 활착이 나쁘기 때문에 대목이 굵을 경우에 이 접목방법을 이용한다. 접목방법은 대목 부위의 수피를 접수 크기만큼 목질부에서 떼어 제치고 접수를 <그림 2-5>와 같이 깎아 수피와 목질부 사이에 밀어 넣고 비닐로 감아준다. 접수의 깎는 부위는 가능한 길게 깎아야 활착률이 높다. 대목의 절단면이 넓기 때문에 <그림 2-5>와 같이 대목 1개당 접목수를 3개 정도 해야 앞에서 설명한 바와 같이 접목부위가 말라 들어가는 것을 방지할 수 있다.

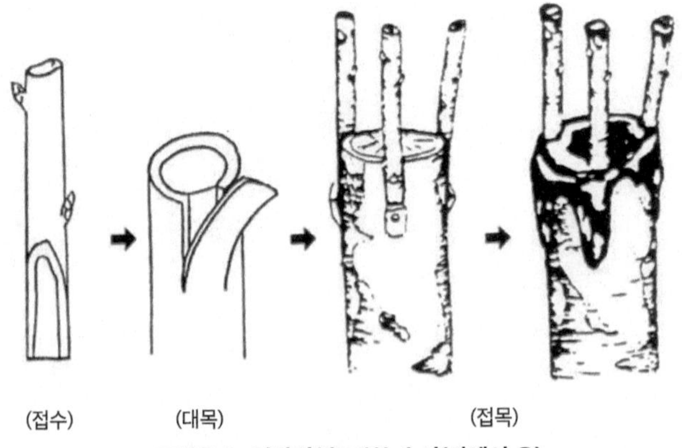

<그림 2-5> 피하접(皮下椄) 순서(좌에서 우)

(4) 배접(腹椄)

가지가 없는 원줄기 부위에 접목하는 방법으로 접수는 약간 굽은 부분을 잘라 사용하는 것이 접목하기 쉽다. 대목은 아래 <그림 2-6> (2)의 화살표 방향으로 2~3cm 잘라 내린다. 이때 접목 부위 바로 위쪽에 톱으로 약간 잘라주면 접수의 생육이 촉진된다. 접수조제는 (1)의 ①방향으로 먼저 자른 다음, ②와 같이 잘라 (3)과 같이 끼워 넣는다. 접목 부위가 말라 들어가는 것을 막기 위하여 도포제를 반드시 칠해 준다.

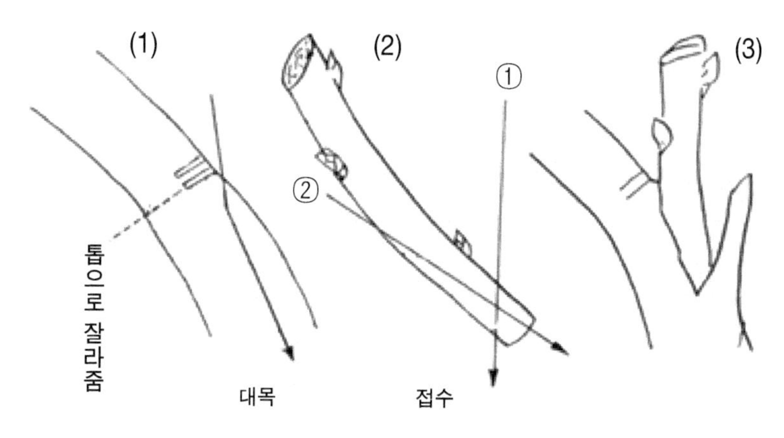

<그림 2-6> 배접(腹椄) 방법

03 번식

사과나무의 번식은 종자로 번식하는 실생번식(實生繁殖)과 삽목, 접목과 같은 영양번식(榮養繁殖)이 있다. 대목생산을 위해서는 실생번식과 삽목(揷木), 또는 휘묻이(取木) 등 영양번식을 하고 있다. 묘목 생산은 품종 고유의 특성을 이어받기 위하여 반드시 접목을 하여야 한다. 우리나라에서 60년대 말까지는 삼엽해당 혹은 환엽해당의 씨로 대목을 생산하여 접목하였으나, 70년대 초 왜성대목이 도입되고 나서는 실생대목에 왜성대목을 접목하고 마지막으로 품종을 접목하는 이중대목 방법이 90년대 중반까지 이용되었다. 최근 키 낮은 사과 재배 방법이 확산되면서 왜성 자근대목(自根臺木)의 번식은 주로 휘묻이(묻어떼기)방법이 이용되고 있다.

가 사과대목

과수작물은 대부분 종자로 번식을 하게 되면 원래의 품종 특성이 나타나지 않고 전혀 다른 잡종개체가 나타나기 때문에 접목 또는 삽목을 통한 영양번식을 한다. 접목을 할 때 지상부를 접수라 하고 지하부가 되는 부분을 대목이라 한다. 과수대목은 번식방법에 따라 실생대목과 영양계 대목으로 구분한다. 실생대목이란, 종자를 파종하여 자란 식물체를 말하며, 영양계 대목이란 휘묻이

나 삽목과 같은 영양번식방법으로 번식한 대목을 말한다. 과거에는 실생대목이 묘목생산에 많이 이용되었으나, 최근에는 왜화성이 강한 영양계 대목을 많이 이용하고 있다.

묘목생산 시 대목에 사과품종(접수품종)을 곧바로 접목하지 않고 일단 다른 대목을 접목하여 키우고 나서 사과품종을 접목하는 경우가 있다. 이와 같은 것을 이중접(二重椄)이라 하고, 가운데 부분의 대목을 중간대(中間臺)라고 한다. 우리나라에서는 실생대목에 M.26 또는 M.9 대목을 접목하고 그 위에 사과품종을 접목한 이중접목묘가 많이 이용되었다. 그러나 이중접목묘는 나무크기가 고르지 않고, 중간대로 이용한 왜성대목의 왜화효과를 제대로 이용할 수 없는 경우가 많으므로 자근대목을 이용하도록 한다. 이중접목묘의 경우 뿌리 부분의 대목을 근계(根系)대목이라 한다.

최근 유럽의 왜화재배 모델을 도입하면서 왜성대목의 번식법 및 대목 종류에 대한 관심이 높아지고 있다. 왜성대목은 그 자체가 가지고 있는 유전적 형질과 환경조건(토양의 종류, 관수 여부, 토양 기생병해충, 동·상해 등 입지조건) 및 접수품종에 따라 나무크기가 달라지고 따라서 재배관리 방법도 달라져야 하기 때문에 '어떠한 대목을 이용할 것인가'하는 선택은 매우 중요하다. 세계적으로 많은 대목품종이 육성되어 있지만 몇몇 품종을 제외하고는 국내에서의 적응성은 아직 검토되지 않았다.

(1) 대목의 중요성 및 구비조건

품종(접수품종)에 못지않게 중요한 것이 대목 선정이다. 대목의 기능은 크게 나무의 생장조절과 식물체를 지지하는 것이다. 이는 대목의 종류에 따라 정지·전정 방법이 달라지며, 또한 결실관리, 토양관리, 수형구성 방법 등이 달라진다. 따라서 사과대목의 특성을 파악해 두는 것은 사과재배에 있어서 무엇보다도 중요한 일이라 하겠다. 우량대목의 검토요인으로는 흡지 발생 정도, 접목친화성, 내한성, 병해충 저항성, 내 스트레스성 등 대목의 고유 특성과 왜화도, 과실의 생산성과 품질 등이 있고, 또한 대목이 접수품종에 미치는 영향 등을 고려해야 한다.

(2) 주요 왜성대목의 특성

가. M.9(엠9)

1879년 프랑스에서 우연실생으로 선발되어 '파라다이스 존 드 메츠(Paradise Joune de Metz)라고 불리던 것을 영국 이스트 말링 시험장에서 1912~1919년에 걸쳐 수집, 선발한 계통 중의 하나이다. M.9 대목의 왜화도는 실생대목의 25~35% 정도이고, 토심이 깊은 양토가 적합하며, 사질토양이나 토심이 얕은 곳에서는 수세 저하가 심하다. 건조하거나 배수가 불량한 경우에도 수세 쇠약이 심해지므로 관·배수시설이 반드시 필요하다. 특징은 조기 결실성 및 대과 생산이 가능하고, 숙기도 일반 대목에 비해 7일 정도 빠르며, 삽목발근은 매우 어렵고, 묻어떼기(성토 및 횡복법)에 의해 번식이 가능하다. 또한 대목 부분이 접수 부분보다 굵어지는 대승(臺勝)현상과 기근속(氣根束)이 다소 발생한다. 뿌리는 수피(樹皮)가 두껍고 부러지기 쉬우므로 지지력(支持力)이 매우 약하다. 따라서 M.9 대목의 사과나무는 반드시 지주를 세워주어야 한다.

M.9 대목은 역병에는 비교적 강하나, 면충에는 약하다. 내한성(耐寒性)은 M.26보다 다소 약한 편이나 건실하게 재배하면 우리나라 중부 이남 지방에서는 문제가 없을 것이다.

동해(凍害)를 조장하는 요인은 질소과용으로 초가을까지 웃자라거나, 조기낙엽 또는 이에 준하는 잎 기능 저하(병해충 피해, 약해, 무기성분 결핍에 의한 잎의 황화, 배수 불량 등) 그리고 결실 과다 등의 조건이 주어졌을 때 동해 피해를 받기 쉽다. 동해 피해에 뒤이어 나무좀, 줄기마름병 또는 부란병의 침입을 받기 쉬우므로 그 피해는 더욱 커질 수 있으므로 유의해야 한다.

M.9 대목에는 왜화도(나무크기), 발근력(휘묻이 번식 시) 및 접수품종의 결실성과 과실 특성에 상당한 영향을 미치는 많은 영양계들이 알려져 있는데 다음과 같다.

*** 사과의 경우 바이러스 감염과 무감염 나무의 차이점**

바이러스에 감염된 나무는 휘묻이 발근력이 극히 떨어지고, 묘목의 생장 상태가 불량하며 간주 비대 및 초기 수량이 극히 떨어진다. 영국 이스트 말링 시험장의 캠벨(Campbell) 박사가 M.9 EMLA 대목에 각종 바이러스를 접종하여 수량과 간주를 조사한바, 채트 푸르트 바이러스(chat fruit virus)를 접종한 나무는 재식 4년간 누적수량이 바이러스무독묘(무감염)에 비해 65%에 불과하였고, 루베리 우드 바이러스(Rubbery wood virus)를 접종한 나무는 29%에 불과하였다고 한다. 또한 스템 피팅(stem pitting)과 스템 그루빙 바이러스(stem grooving virus) 접종나무는 간주비대가 각각 91%, 88%에 불과하였으며, 클로로틱 스폿 바이러스(chlorotic leaf spot virus)를 접종한 나무도 누적수량이 82%, 간주비대가 90%로 생육 및 수량 감소가 뚜렷하게 나타난다.

<주요 M.9 영양계 대목들의 특성>

① M.9 T-337(엠9티337)

와게닝겐 대학에서 M.9에서 바이러스를 무독화하여 4계통(T-337, T-338, T-339, T-340)을 선발한 것들 중 가장 우수한 계통으로 현재 유럽에서 가장 널리 이용되고 있는 계통이다. 묻어떼기에 의한 번식도 양호하며, 우리나라에서 가장 많이 이용되는 계통이다.

② M.9 EMLA(엠9엠라, 혹은 EMLA M.9)

M.9 EMLA는 이스트 말링과 롱 아쉬톤의 두 시험장에서 공동으로 육성한 계통으로 표준 M.9보다 다소 크게 자라고, 동해에는 약하다. M.9A(엠9에이)를 무독화시켜 육성한 계통과 본래의 M.9를 무독화시킨 계통 등 2계통이 있다. M.9EMLA Reserve(엠9엠라 리저브)라는 계통은 왜화효과가 50%나 떨어져 본래의 M.9를 무독화시킨 것이 최근 사용되고 있다.

③ M.9 NIC-8, 19, 29(엠9닉-8, 19, 29)

닉(NIC) 계통은 벨기에의 니콜라이 묘목회사가 M.9에서 선발한 영양계이다. 번식이 잘되고 균일한 생장을 보이며, 접수품종과 친화성이 양호하고 M.9보다 수량이 많은 것이 장점이다. 나무세력은 8, 19, 29 순으로 커진다. 벨기에에서 선발한 것 중에는 M.9를 열처리하여 바이러스를 무독화시킨 계통들 중에서 KL19와 KL29를 선발하였으나 왜화도가 떨어지는 것으로 알려져 있다.

④ M.9 NAGANO(엠9나가노 = M.9-)

일본 나가노 과수시험장에서 고접병 바이러스(apple chlorotic leaf spot virus : ACLSV)를 무독화한 것으로 M.26보다 왜화효과와 과실생산 효율이 우수한 것으로 알려져 있다.

⑤ M.9 B(엠9비)

독일 본 시험장이 M.9에서 선발하고 M.9B(sp10)라고 명명하였으며 B1, 2, 3호가 있다.

⑥ Pajam 1(파잠 1), Pajam 2(파잠 2)

프랑스 CTIFL 과수시험장에서 'Paradise Joune de Metz'로부터 선발하고 1981년에 virus를 무독화하여 Pajam 1(Lancep), Pajam 2(Cepiland)라 명명하였다. 특히 Pajam 1은 왜화효과가 뛰어난 것으로 알려져 있고, 일반 M.9보다 다소 세력이 강하나, M.9 EMLA보다는 10% 정도 더 왜화된다. 바이러스 무독으로 묻어떼기에 의한 번식이 잘된다. Pajam 2의 세력은 M.9 EMLA와 비슷한 것으로 알려져 있고, 번식력은 일반 M.9보다 우수하며, 수분(水分)이 많은 곳에서 M.26을 대체할 만한 대목으로 평가되고 있다. 이외에도 프랑스에서 선발한 M.9 변이 계통으로 N2A, I3A 등이 있다.

나. M.26(엠26)

M.16에 M.9를 교배하여 1929년에 영국에서 선발되었다. 우리나라와 일

본에서 중간 대목방식으로 가장 많이 이용하고 있으며 왜화도는 실생대목의 40~50% 정도이다. M.9보다 토양적응성이 넓고, 사질토양에서는 수세쇠약이 심하여 반드시 관수시설이 필요하다. 토심이 깊은 양토에서는 나무가 너무 크게 자라므로 밀식장해가 종종 발생하나, 과실은 크고 착색, 식미 모두 양호하며, M.9 정도로 숙기가 빠르다. 발근이 잘되며 번식이 비교적 쉽고, 뿌리가 약하여 영구지주가 필요하며, 지상에 노출된 대목이 길 경우 기근속 발생이 심하여 수세 쇠약의 주요 원인이 되고 있다. 역병에는 비교적 약하지만 내한성은 M.9나 M.7보다 강하다.

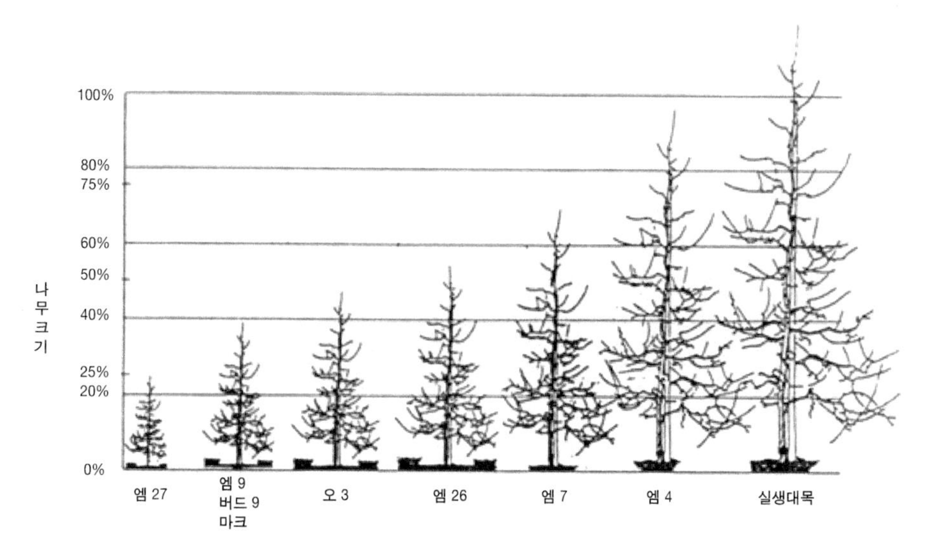

<그림 2-7> 사과 왜성대목 종류와 나무의 크기
(실생대목을 100으로 한 대비, %)

다. M.27(엠27)

M.13에 M.9를 교배하여 육성하였다. M계 대목 중 왜화도가 가장 강하며 왜화도는 실생대목의 15% 정도이다. 왜화도가 너무 강해 일반 재배에는 부적합하지만 유효토층이 80cm 이상인 비옥한 토양에서는 재배가 가능하다. 과실크기는 M.9보다 작고 번식이 쉬우며 기근속과 흡지발생이 적다. 토양건조에 약하므로 철저한 관수가 필요하다.

표 2-6 사과 대목 종류별 왜화도

극왜성 (30% 이하)	왜성 (30~55%)	준왜성 (55~65%)	준교목성 (65~85%)	교목성 (85% 이상)
M.27	P.2	V.5-2	Bud.490	M.25
P.16	CG.10	CG.24	MM.106	MM.104
V.5-3	M.9EMLA	M.7	M.2	MM.109
P.22	V.5-1	P.1	M.4	MAC.24
Bud.146	Bud.9	V.5-4	MM.111	실생
Bud.491	O.3	G.30	P.18	
Mark(MAC.9)	MAC.39		A.313	
M.9	M.26		Bud.118	
G.65	V.5-7			
	G.11, G.16			
	JM.7			

라. MM.106(엠엠106)

반왜성대목으로 우리나라에서는 한때 M.26 다음으로 많이 보급되었으나 최근에는 거의 이용되고 있지 않다. 왜화도는 실생대목의 60~75% 정도되고, 토양적응성은 넓지만 척박지나 건조지에서는 왜화되기 쉽고, 비옥지에서는 일반 대목과 거의 같은 정도로 자란다. 번식이 쉽고, 대승이나 대부현상이 거의 없어 접목 부위가 매끈한 편이나 역병에 약하다.

마. Mark(마크)

M.9의 자연교잡 실생에서 선발한 것으로 'MAC 9'를 열처리하고 바이러스를 무독화시켜 1979년에 미시간 대학에서 Mark란 이름으로 명명하여 보급하였다. Mark를 대목으로 한 나무의 크기는 입지조건과 접수품종에 따라 다양한 것으로 알려져 있다. 한발에는 M.9보다 약하나, 과습에 대한 내성은 M.9나 M.26에 비해 훨씬 강하다. 조기 결실성이나 풍산성은 M.9와 비슷하며, 과실크기는 M.9보다 작다. 눈접했을 때 활착률이 떨어지고, 3배체 품종을 접했을 때 특히 심하여 일종의 접목 불친화현상으로 추정하고 있다.

지하부의 대목 부위가 이상적(異常的)으로 비대하면서 과실이 작아지고 수세가 급격히 떨어지는 장해가 발생하는데, 대개 재식 3~5년 차부터 이러한 증상이 발생하고 있다. 특히 토양건조와 과습이 되풀이되거나 사질인 토양에서 발생이 심하다. 신규 재식은 피하고 기존의 과원은 가물지 않도록 관수를 철저히 하는 것이 피해를 줄일 수 있는 방법이다. 이 증상의 원인은 아직 밝혀져 있지 않으나 유목기 과다결실이 지하부 이상비대 증상과 관련이 있는 것으로 추정하고 있다.

바. G.(지) 계통

미국 코넬 대학에서 초기에 육성한 대목으로 화상병에 저항성이 있다. G.11은 M.26에 'Robusta 5'를 교배하여 육성하였고, 나무크기는 M.26과 비슷하거나 약간 크다. 조기 결실성이고, 생산성이 좋다. 증식포에서 쉽게 번식이 되며, 기근속이 거의 없고, 흡지 발생도 적은 편이다. G.16은 'Ottawa 3에 Malus floribunda'를 교배하여 육성되었고, 나무크기는 M.9와 비슷하다. G.30은 'Robusta 5'에 M.9를 교배하여 육성되었고, 나무크기는 M.7과 비슷하나 조기결실성이고, 생산성이 우수하다. G.65는 M.27에 'Beauty Crab'을 교배하여 코넬 대학에서 육성하였다. M.9에 비해 나무가 작게 자라고, 조기결실성이며, 생산성도 좋다. 기근속과 흡지발생이 적다.

사. CG.(시지) 계통

미국 코넬 대학에서 초기에 육성한 대목이다. CG.10은 M.8의 자연교잡 실생으로 M.9보다 왜화도는 강하나 수량성은 떨어진다. 번식이 잘되고, 기근속 발생은 적으나 흡지 발생이 많은 편이다. CG.24는 준왜성으로 M.7과 크기가 비슷하다. 이 외에도 CG.23, CG.55, CG.80 등이 있다. 우리나라에서의 이용가능성은 적은 편이다.

아. P.(피) 계통

P 계통은 M.9에 내한성이 강한 'Antonovka'를 교배하여 폴란드에서 육성하였다. 내한성과 역병에는 강하나 사과면충에는 약하다. 번식력은 M.9보다 떨어진다. P.2는 M.9에 비해 나무가 20% 정도 작게 자란다. 지지력이

약하여 지주를 세워야 한다. 내동성은 P.22, O.3, B.9와 같이 M.9보다 강하다. P.16은 극왜성대목으로 M.27보다 약간 크게 자라고 P.22보다는 약하다. 번식력은 M.9와 비슷하다. 내동성은 M.9와 비슷하고, P.22보다 약하다. 기근속은 없으나 흡지 발생이 많다. P.22는 M.27과 비슷하거나 다소 크다. 조기결실성이고 수량성이 높다. 내동성도 M.9보다 우수하다.

자. Bud.(버드) 계통

Bud. 계통은 M.8에 'Red Standard'를 교배하여 구소련 미추린 대학에서 육성하였다. Bud.9는 왜화도가 M.9와 비슷하거나 약간 더 큰 편으로 조기결실성이고, 수량성이 높다. 내한성이 극히 강하나, 화상병과 면충에는 약하다. 내동성이 있는 기대할 만한 대목이다. Bud.146과 491은 왜화도는 M.27과 M.9의 중간 정도이다. 나머지는 Bud.9와 비슷하다.

차. JM.(제이엠) 계통

JM 계통은 일본 과수시험장 사과지장에서 환엽해당에 M.9를 교배하여 육성하였다. 삽목번식성이 우수한 것이 특징이다. JM.1은 왜화도는 M.9 EMLA 정도이고 과실생산성은 M.9 EMLA와 M.26보다 다소 높다. 내습성이 비교적 강하고, 뿌리목썩음병, 흑성병 및 사과면충에 저항성이 있다. JM.2는 M.26 EMLA보다 다소 커지는 왜화성을 나타내고, 과실 생산성은 M.26 EMLA보다 다소 떨어진다. 내수성은 환엽해당 정도로 강하고, 뿌리목썩음병에 저항성이 있으나, 사과면충에는 약하다. JM.5는 M.27 정도 또는 그 이상의 왜화도를 보인다. 과실 생산성이 높고, 과실크기는 M.9 EMLA와 M.26보다 다소 작다. 내습성이 비교적 강하고, 뿌리목썩음병과 사과면충에 저항성이 있다. 삽목번식이 가능하고, 흡지가 발생되기 쉽다. JM.7은 JM과 비슷하고, 삽목번식이 극히 잘되며, 내습성은 환엽해당과 같은 정도이다. 뿌리목썩음병과 사과면충에 저항성이 있다. JM.8은 왜화도는 M.9 EMLA 정도이고, 과실 생산성은 M.9 EMLA와 M.26보다 다소 높다. 내습성은 다소 약하고, 뿌리목썩음병, 흑성병 및 사과면충에 저항성이 있다.

카. O.(오) 계통

O.3은 캐나다 오타와에서 M.9에 'Robin'을 교배하여 육성하였다. 나무 크기는 M.9와 M.26의 중간 정도로 조기결실성이며, 수량성이 높고, 과실도 대과이다. 동해에 매우 강하지만 번식이 어려워 상업적 이용에 문제점이 있다. O.8은 크기와 수량은 MM.106과 비슷하나 내한성은 강한 편이다.

타. 기타

① Jork 9(요크9) : 독일의 Jork에서 M.9의 자연교잡 실생에서 선발된 대목이다. virus 무독 M.9보다 약간 작다. M.9보다 증식이 잘되고, 내동성도 강하다. 화상병에 극히 민감하며, 친화력이 좋고, 접목한 품종에서 덧가지 발생이 잘된다.

② V(브이) 계통 : 캐나다 온타리오주 바인랜드(Vineland)에서 야생사과 'Kerr(Dolgo×Maralson)'에 M.9로 믿어지는 꽃가루에 의해 교배된 실생에서 선발된 대목이다. 나무크기는 M.9와 비슷하다. 조기결실성과 다수확성이다. 내동성과 내병성은 알려져 있지 않다. 종류로는 V.1, V.3, V.2, V.4, V.7 계통이 있다.

파. 일반 대목

① 삼엽해당(三葉海棠, 아그배나무) : 삼엽해당은 대엽계(大葉系)와 소엽계(小葉系)가 있으며, 주로 대엽계가 이용되고 있다. 종자의 발아력이 양호하고, 접목친화성이 높으나 뿌리는 세근이 적고, 근계가 가늘고 길어 흡비력(吸肥力)이 약하며, 건조에 약하다. 부란병과 문우병에 저항성이지만 적진병(赤疹病), 근두암종병(根頭癌腫病), 면충(綿蟲) 등에 약하다. 고접 시에 스템 피팅(stem pitting) 바이러스에 의한 고접병(高接病)이 발생되기 쉽고, 조피병에 잘 걸린다.

② 환엽해당(丸葉海棠) : 수자(樹姿)가 직립성(直立性)과 하수성(下垂性)인 계통이 있지만 하수성인 것이 직립성인 것보다 삽목발근성이 양호하다.

사과면충(綿蟲)에 대한 저항성이 강하고, 내습성(耐濕性) 및 내한성(耐旱性)이 우수하며 토양적응 범위가 넓다. 고접 시에 클로로틱 리프(chlorotic leaf) 바이러스에 의한 고접병(高接病)에 잘 걸리고 흡지 발생이 많다.

표 2-7 사과 대목 종류별 번식력, 지지력, 흡지 발생, 내한성 정도

대목	영양계 특성 평가(1~9)*							
	번식력	지지력	흡지 발생	내한성	역병	화상병	흑성병	면충
M.7	9	6	7	7	중강	강	중	약
M.9	7	2	2	5	강	약	중	약
M.13	8	8	-	5	-	-	-	-
M.26	9	7	2	7	중약	약	중	약
M.27	7	1	2	5	강	중약	중	약
MM.104	8	6	3	5	-	-	-	-
MM.106	8	8	3	4	중약	중	중	강
MM.111	8	8	3	6	중	중	중	강
O.3	5	4	2	8	강	중약	약	극약
P.1	8	7	3	8	중강	중약	약	중약
P.2	7	5	2	8	강	중약	약	중약
P.18	6	7	2	9	강	중강	약	약
P.22	7	5	2	8	강	중약	약	중약
Bud.9	3	4	2	8	극강	약	중	약
Bud.490	8	5	2	8	중강	중	중	중약
Bud.491	8	5	5	9	중약	약	중	약
Robust.5	3	8	3	8	중강	강	강	극강
JM 2	8	-	-	-	극강	-	-	극강
JM 5	9	-	-	-	중	-	-	극약
JM 7	8	-	-	-	강	-	-	극강
JM 8	9	-	-	-	극강	-	-	극강

* 1 = 최소·최저·최하, 9 = 최대·최고·최상

③ 매주나무(야광나무) : 수염뿌리가 잘 발달하여 접목한 나무의 생육이 양호하고, 생산성이 높다. 건조와 추위에 대한 저항성이 강하고 고접 시 고접병에 대한 면역성이 있다. 계통에 따라 접목불친화성을 나타내며, 내염성(耐鹽性)이 약하기 때문에 알칼리토양과 저습지에는 적합하지 않다.

④ 사과실생(實生) : 사과 종자로 번식한 대목으로 공대(共臺)라고도 한다. 접목활착률(接木活着率)이 높고, 뿌리가 깊게 분포되므로 수세(樹勢)가 왕성하며, 내한성(耐寒性)이 강하고, 토양적응성이 넓다. 결과연령이 약간 늦고, 흰가루병(白粉病)에 잘 걸린다.

나 사과 묘목 생산

(1) 사과재배에 있어서 묘목의 중요성

사과재배가 성공하기 위해서는 먼저 좋은 묘목을 구입해야 한다. 우리나라 속담에 '모종농사가 반(半)농사'라는 말이 있듯이 사과재배에 있어서도 묘목 만드는 작업은 매우 중요하다. 특히 사과 왜화재배에 있어서는 묘목의 좋고 나쁨이 과수원 경영의 성패를 가름한다고 할 수 있다.

표 2-8 측지 수에 따른 2년 차 사과나무의 수량

묘목의 소질		수량 (kg/10a)
구분	측지 수(개)	
회초리묘	0	0
측지 발생묘	1	46
	3	231
	5	462
	7	554

사과 왜화재배 시 우량 사과묘목의 기준은,

·제뿌리(자근, 自根) 대목이고, 뿌리가 충실할 것

·대목 전체 길이는 40cm 정도로 심을 때, 15~20cm는 지상에 노출될 것

·묘목의 굵기는 접목부 위쪽 10cm 부위가 12mm 이상 될 것

·묘목 길이는 1.2~1.8m로 웃자라지 않을 것

·바이러스 무독이고, 병해충의 피해가 없을 것 등이다.

(2) 사과 대목의 번식방법

사과는 주로 접목에 의해 묘목을 생산한다. 그러기 위해서는 대목이 필요한

데, 과거에는 주로 일반사과나 꽃사과 종류(환엽 또는 삼엽해당)의 씨를 뿌려 만든 실생대목을 이용하다가 왜성대목이 보급되면서 실생대목에다 왜성대목을 중간 대목으로 접목한 이중접목묘를 이용하고 있다. 그러나 이 방법은 여러 가지 문제점이 있어 최근에는 대목 자체에서 뿌리내린 자근대목을 이용한 사과재배가 권장되고 있다.

대목번식 방법에는 묻어떼기, 삽목 및 기내배양 등의 방법이 있으나 여기서는 일반적으로 많이 이용하는 묻어떼기에 의한 번식방법에 대해서 설명하고자 한다. 묻어떼기에 의한 대목생산은 물 빠짐이 좋고, 유기물 함량이 많은 미사질 토양이 대목생산포로 좋다. 방법에는 세워묻어떼기와 이랑묻어떼기(횡복법)가 있는데 세워묻어떼기는 번식 초기 우량 대목을 많이 수확할 수 있는 이점이 있으나, 일반적으로 이랑묻어떼기를 많이 이용하고 있다. 묻어떼기 방법은 일단 증식포가 만들어지면 증식열 1m당 15~30주의 자근대목을 생산할 수 있고, 10~15년간은 이용할 수 있다.

가. 세워묻어떼기

1) 모수(母樹)의 재식

충실한 자근대목을 이랑 사이 1.5~2.0m, 포기 사이 30~40cm로 심는데, 농가에서 소규모로 할 경우는 폭 1m 내외, 포기 사이는 10~15cm로 심어도 무방하다. 이랑방향은 남북방향이 좋다. 모수(母樹)를 심을 때 주위의 지면보다 다소 낮게 골을 지우고 심는 것이 복토를 하기가 편리하다. 심고 난 후 모수는 5cm 정도 남기고 자른다. 모수의 세력이 약할 경우 끝을 잘라 1년 더 키운 후 위와 같이 하는 것이 좋다.

2) 복토시기 및 횟수

뿌리를 내리기 위해서는 새 가지 밑부분을 흙이나 다른 복토재료로 덮어주어야 한다. 새 가지가 10cm 내외로 자랐을 때 1차 복토를 하는데, 새 가지 길이의 1/2 정도로 덮어준다. 2차는 20cm 정도일 때 복토하며, 총 복토 깊이는 20~30cm 정도로 하는데, 복토횟수는 3회 내외로 한다. 복토가 너무 깊으면 대목생육이 떨어지고, 얕으면 발근이 불충실해진다.

3) 복토재료 및 복토 시 주의점

대목번식포의 토양이 다루기 좋은 미사질토양이라면 그대로 이용해도 되나 그렇지 않을 경우는 별도로 복토재료를 준비하는 것이 좋다. 복토재료는 여러 가지가 있지만 주로 톱밥이나 왕겨가 이용되고 있다. 미곡종합처리장에서 생산되는 팽연화왕겨는 일반왕겨보다 까락이 많이 부서진 상태이고, 톱밥이나 질석보다는 가격이 저렴하므로 좋은 복토재료로 생각된다. 질석은 가격이 비싼 흠이 있으나 흡수력 및 보수력이 좋으므로 소량번식할 경우는 우수한 복토재료이다.

톱밥과 왕겨는 흡수력이 매우 낮기 때문에 일반 흙을 1/2~1/4 정도 섞어 사용하면 좋다. 그렇지 않으면 최종 복토 후 윗면을 흙으로 덮어주는 것이 가뭄방지에 도움이 된다.

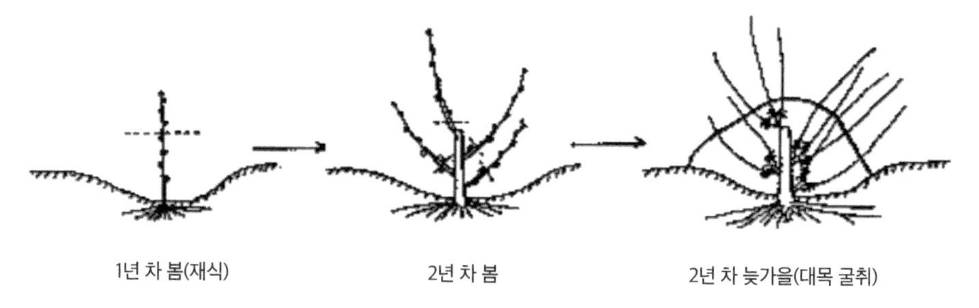

<그림 2-8> 세워묻어떼기에 의한 자근대목 생산방법

표 2-9 복토재료에 따른 자근 왜성대목의 생육

복토재료	대목 길이 (cm)	대목 직경 (mm)	발근 수 (개)	근장 (cm)
질석	68.1	10.6	27.5	17.4
톱밥	65.9	9.7	31.3	17.1
팽연화왕겨	65.6	9.0	34.0	15.4
모래(대비)	61.1	11.0	25.9	15.9
피트 모스	55.8	8.7	16.2	12.9
흙(대비)	52.7	7.7	10.3	7.3

* 사용대목 : M.9T337

나. 이랑묻어떼기(횡복법)

1) 모수재식

봄에 이랑 사이 1.5~2.0m, 포기 사이 30~40cm 간격을 두고 30~45도 정도 이랑방향으로 눕혀 심는다. 나무가 완전히 굳기 전인 8월경에 수평으로 땅에 고정시키는데 대목을 서로 엮듯이 하면서 눕혀 준다. <그림 2-9>에서 두 번째 그림. 이때 눕힐 부분을 10cm 정도 파서 고정시키면 복토가 용이하다. 땅에 고정시키는 재료는 쐐기 모양의 나무나 철사를 굽혀 이용한다. 소량 번식할 경우는 이랑 사이를 1.5m 정도로 서로 겹치지 않게 심고 모수도 끝을 잘라서 세력이 강한 가지가 나오게 한 다음 앞에서와 같이 복토한다.

2) 기타 작업은 성토법과 같이 하면 된다.

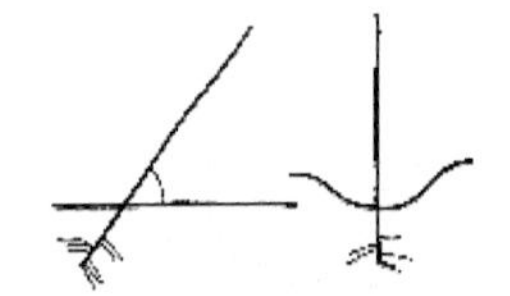

30~40°로 비스듬히 10~15cm 깊이로 심는다.

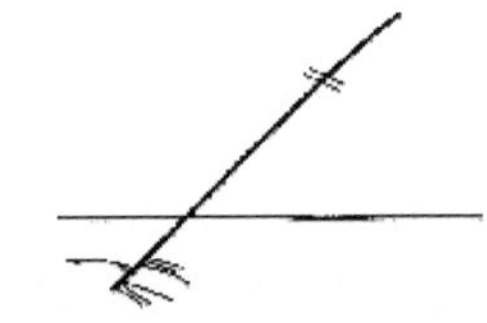

발아 전에 30cm 정도 잘라준다.

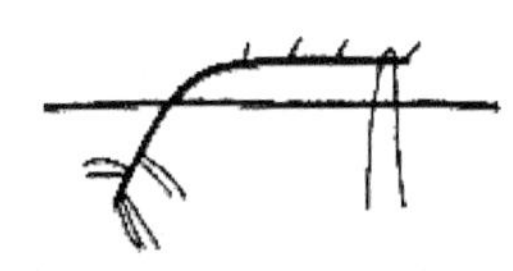

발아기에 지면에 눕히고, 재식당년에는 복토하지 말고 모수를 양성한다.

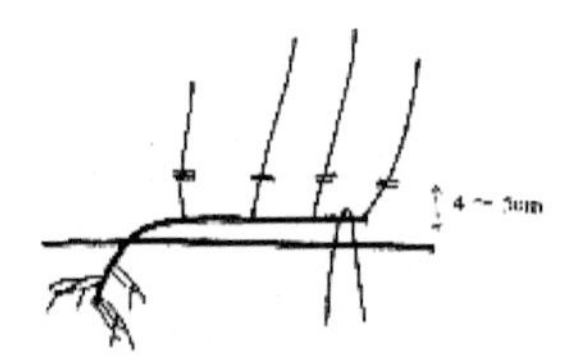

휴면기에 새 가지의 기부를 4~5cm 정도 남기고 잘라준다.

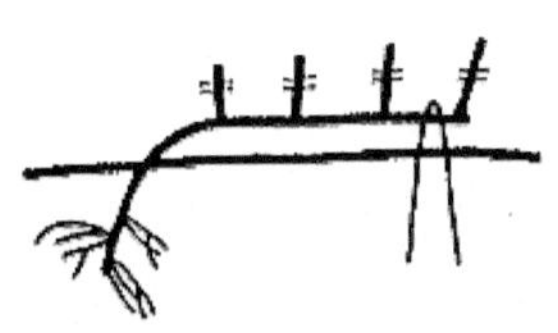

2년째 봄 발아 전에 2~3cm 남기고 잘라준다.

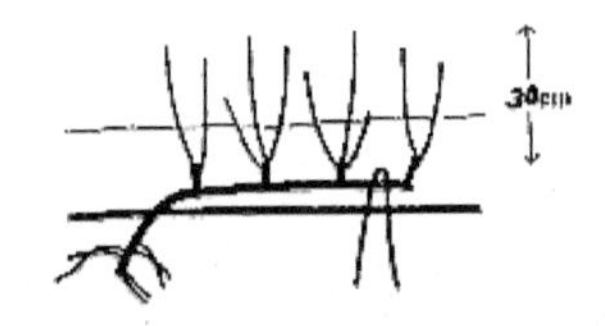

6월 상순에 1차 복토하고 그 후 7월 중순까지 3~4회 나누어 복토한다.

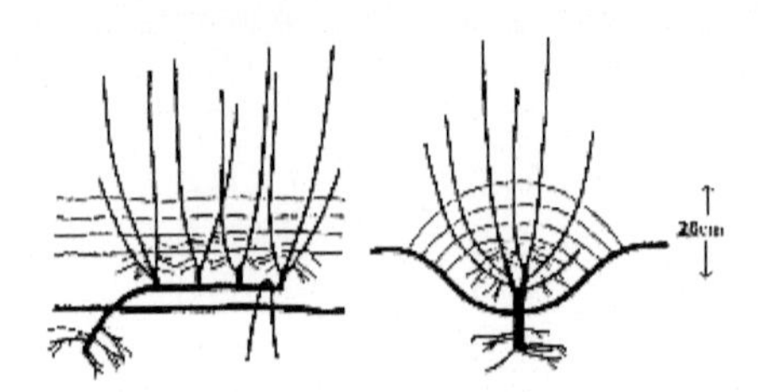

최종 복토깊이는 새 가지가 20cm 이상 묻히도록 한다.

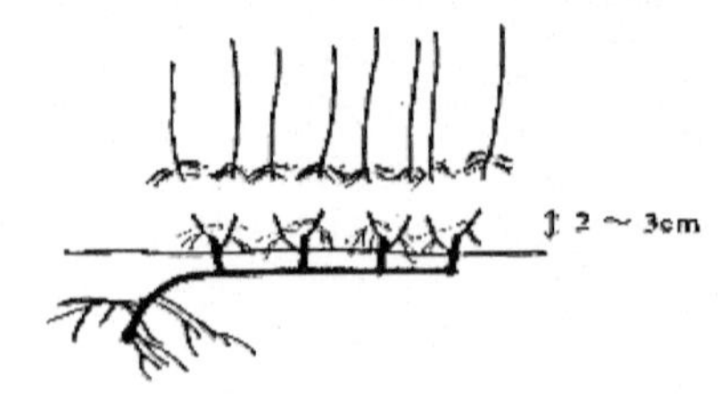

낙엽 후 또는 이듬해 해동 직후 2~3cm 남기고 대목을 캐낸다.

<그림 2-9> 이랑묻어떼기에 의한 자근대목 생산

다. 접목성토법(接木盛土法)

자근대목을 확보하지 못하고 접수로 소량 구입하였거나, 열처리 등으로 무독화시킨 대목을 발근시키려고 할 때 이용할 수 있다. 방법은 실생대목에 왜성대목을 5~10cm 길이로 접목한 후 신초가 자라기 시작하면 일반성토법과 같이 복토하여 발근시키면 된다. 이때 실생대목을 지표면보다 낮게 심어 접목하는 것이 복토하기 편하다. 그렇지 않으면 이랑 양쪽에 40~50cm 높이로 철사를 치고 비닐로 칸막이를 하여 복토하면 복토재료가 흘러내리지 않는다. 가을에 낙엽진 후 실생대목 부분은 잘라내고 자근대목으로 이용한다. 대량번식은 어려운 방법이다.

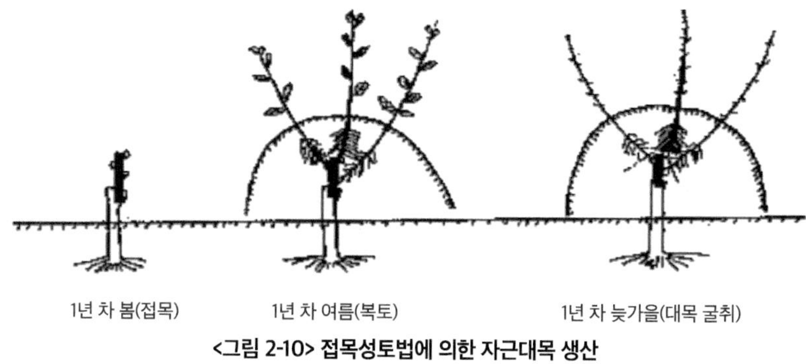

<그림 2-10> 접목성토법에 의한 자근대목 생산

표 2-10 접목성토법에 의한 자근 왜성대목의 생육

구분	대목 길이 (cm)	대목 직경 (mm)	발근 수 (개)	근장 (cm)
접목성토법	129.0	11.2	23.5	17.6
성토법	65.9	9.7	31.3	17.1

라. 대목의 굴취 및 저장

1) 대목의 굴취

겨울철 동해(凍害)의 우려가 있는 곳은 늦가을 낙엽 후 대목을 캐내어 저온저장고에 보관하거나 땅에 묻는 것이 안전하다. 가을에 수확할 경우는 수확하고 난 뒤 모수는 동해를 받지 않도록 잘 묻어준다. 굴취방법은 모수

대목에 바짝 붙여 전정가위로 잘라낸다. 수확 후 대목 길이를 60cm 정도로 잘라주면 취급에 편리하다.

2) 분류 및 저장

대목기부의 직경에 따라 4~5mm, 6~7mm, 8~9mm, 10mm 이상 등으로 구분하여 50개 또는 100개 단위로 묶어 가식하거나 저온저장고에 보관한다. 저온저장고에 보관할 경우 뿌리 부분을 톱밥으로 묻으면서 층층이 넣고, 온도는 0~4℃, 습도는 92~98%로 저장한다.

(3) 우량 사과묘목의 생산기술

가. 대목의 재식, 접목 및 관리

대목번식포에서 생산한 자근대목은 봄에 규격별로 묘목생산포에 심는다.

1) 대목의 재식

묘목생산포는 전에 사과나 다른 과수를 심지 않은 유기물이 풍부한 곳이 좋다. 심는 방법은 이랑 사이는 1m, 포기 사이는 30~40cm 간격으로 봄에 땅이 풀린 후 가급적 일찍 심는다. 재식 깊이는 15~20cm 정도로 한다. 재식 후 충분히 관수하고, 엽면시비를 3~5회 하여 충실히 키운다.

2) 접목방법

8월 중에 깎기눈접(삭아접, chip budding)을 한다. 대목의 굵기가 10mm 이상이고, 뿌리가 좋을 경우는 봄에 깎기접(절접)을 할 수도 있으나, 재식 후 활착이 제대로 안 된 상태에서 접목하면 생육이 불량하므로 8월경 깎기눈접하는 것을 원칙으로 한다. 대목 직경이 5mm 이하일 때에는 대목의 세력이 약하므로 별도로 심어 일 년 더 키운 후 접목한다.

3) 접목높이

왜성대목은 대목이 노출되는 정도에 따라 나무크기가 달라진다. 대목이 30cm 이상 노출되면 수세가 현저히 떨어지고, 노출이 부족하면 세력이 강해져 왜화효과가 없어지며 밀식장해가 나오기 쉽다. 따라서 심은 깊이가 15~20cm라면 대개 25cm 높이에서 접목하는 것이 좋다.

표 2-11 대목 노출 길이가 사과나무의 생장, 수량 및 품질에 미치는 영향

구분	10cm	20cm	30cm
생장	◎	△	x
수량	○	○	△
과실크기	○	○	x
생장의 균일성	○	○	x

* ◎ : 지나침, ○ : 좋음, △ : 보통, x : 나쁨

4) 접목 상단부 절단시기

깎기눈접일 경우 접목 상단부 대목절단 시기는 3월 하순에서 4월 상순이 적기이다. 자른 면은 말라 들어가지 않도록 도포제를 바른다.

5) 기타 관리

접목테이프는 접목 4주 후에 풀어준다. 새순이 20cm 이상 자라면 묘목 하나하나에 개별지주를 세워주든가, 이랑 양쪽에 지주를 세우고 줄을 쳐서 곧게 자라도록 한다. 접목부위 밑의 대목에서 발생하는 곁순은 5월 중·하순경, 생장조절제 처리 5일 전에 일시에 제거한다.

그 밖에 측지발생제 처리 전까지 요소나 영양제의 엽면시비로 묘목을 충실히 키운다.

나. 사과유목의 측지 발생방법

1) 아상처리

아상처리 도구로는 접도, 쇠톱, 아상처리 전용가위 등을 사용한다.

아상처리 방법은 새 가지를 낼 부위 눈의 약 1~2cm 위쪽에 폭 2mm 정도 부분적으로 상처를 내거나 수피를 벗겨내면 된다. 수피를 벗겨 내거나 상처를 주는 모양은 삿갓 모양(∧)이나 말굽 모양(∩)으로 한다.

아상처리 적기는 만개 2~4주 전에 하는 것이 가장 효과가 좋으며, 이때

생육상태는 가지 선단의 눈(정아)이 벌어져 녹색이 나타날 때부터 잎이 전개될 때까지이다. 그러나 발아 시부터 5월까지는 어느 시기에 해도 큰 지장은 없다. 그 밖에 가지의 1년생 부위보다 2년생 부위에서 효과가 크고, 눈의 크기가 클수록 새 가지로 자라나오는 비율이 높다.

아상처리 시 주의할 점은 한 나무에 너무 많은 수의 아상처리를 하거나, 아상처리 시 칼이 들어가는 깊이가 너무 깊거나 벗겨내는 폭이 너무 넓으면 자라나오는 가지의 분지각도가 좁아지고 나무세력을 약화시킬 수 있으므로 주의하여야 한다.

2) 주간연장지(主幹延長枝) 유인에 의한 곁가지 발생

주간연장지를 자르지 않고 그대로 심을 경우 선단부에만 가지가 몇 개 발생하고 중간부위는 가지가 없는 부분으로 남게 될 경우가 많다. 이때 연장지 부분을 수평으로 유인하면 기부의 눈(潛芽)까지 발아되어 결과모지로 이용할 수 있다. 유인시기는 봄에 수액이 이동하여 가지가 잘 부러지지 않는 발아기에 실시한다. 그 후 주간연장지 기부의 눈이 4~5cm 정도 자랐을 때 바로 세워주면 된다. 이 방법은 새 가지가 유인한 연장지의 등 쪽에만 나오는 결점이 있으나, 아상처리를 병행하면 이러한 문제점은 해결할 수 있다.

제Ⅲ장
결실관리

1. 결실에 미치는 요인
2. 결실저해 요인
3. 결실확보 대책
4. 적과(열매솎기)
5. 봉지 씌우기
6. 생리적 낙과

01 결실에 미치는 요인

사과의 결실관리는 고품질 과실을 안정적으로 생산하기 위해서 중요하며, 그러기 위해서는 먼저 충분한 결실량을 확보하여야 가능하다. 이와 같은 결실량의 확보는 전년도의 기상, 병해충방제에 의한 건전한 잎의 보호, 알맞은 결실조절 등에 의해 꽃눈형성이 정상적으로 될 때 이루어지며, 고품질 과실의 안정생산은 조기적과, 적절한 결실량 등 합리적인 결실조절이 적기에 이루어짐으로 가능하다.

가 가지의 발생 각도

'나뭇가지는 바로 세울수록 세력이 강해지며, 눕혀질수록 세력이 약해진다'는 것을 '리콤의 법칙'이라 한다. 즉, 가지가 직립하면 생장이 왕성해지고 사립할수록 생장이 떨어진다. 또한 가지의 생장률은 가지의 유인각도가 넓어짐에 따라 감소하나 측지의 발생 수는 많아진다. 엽면적과 단위 길이당 잎 발생 밀도는 가지를 수평유인(75°, 90°)할 때 가장 커지며, 꽃눈분화는 90°보다 120°로 유인할 때 더 양호하다. 수관 내 세력 균형은 전정과 유인, 가지발생의 위치에 따라 맞추어 줄 수 있는데, 정부우세성에 미치는 전정의 영향을 잘 이용하면 분지각도가 좋은 가지 세력, 세력이 적당한 가지의 생장을 유도할 수 있다.

나 C/N율

전정은 가지를 제거하는 작업이므로 눈을 없애게 된다. 눈의 제거로 잎 수가 감소함으로써 광합성량이 줄어 탄소(C) 함량을 감소시키므로 결국 질소 함량을 크게 하는 결과를 초래한다.

전정은 결실을 감소시키고 새 가지의 생장을 증가시킨다. 이러한 현상은 어린 나무에서 더욱 뚜렷이 나타나며 미결실수의 강전정은 영양생장 기간을 연장시켜 결실 연령을 지연시킨다. 성목에서의 강전정은 영양생장 기간을 연장시켜 결실 연령을 지연시킨다.

성목에서의 강전정은 일부 결실부위를 제거하게 되고, 새 가지의 생장을 조장하게 된다. C/N율로 볼 때도 유목에서는 약전정을, 노목에서는 강전정을 실시해야 나무를 이상적인 상태로 만들 수 있다.

다 T/R률

식물의 지하부에 대한 지상부의 생체중 또는 건물중의 비로, 지상부와 지하부 생육의 균형을 평가하는 지표가 된다. 전정은 지상의 가지를 자르는 것이므로 T/R률을 변하게 만든다. 일반적으로 식물의 T/R률은 1인 경우가 보통이다. 그러나 나무의 종류에 따라 그 비율은 차이가 있으며 사과는 2~5로 지상부 생육이 많은 편이다. 그러므로 전정을 어느 정도 해도 지상부와 지하부 균형에는 지장이 없다.

T/R률도 수령, 토양조건, 재배법 등에 따라 다른데 수령이 높아질수록 지상부는 줄기가 생장하여 증가하지만 뿌리는 늙으면 새 뿌리로 대치되기 때문에 T/R률이 높아진다.

여러 수준의 강도로 어린 사과나무 새 가지를 생장 중에 제거하였을 때 광합성, 호흡 및 뿌리 건물중이 감소하는데, 새 가지 전정을 하였을 때 뿌리의 건물중이 36%가 감소된다는 보고도 있다.

결국 지상부를 전정하면 뿌리에 영향을 끼쳐 T/R률을 변화시킨다고 할 수 있으나, 새 가지를 제거함으로써 뿌리의 생장도 비례적으로 억제되기 때문에 과도하게 강한 전정을 실시한 경우가 아니라면 T/R률 등 생장의 균형에는 큰 변화가 없다.

라 광합성

최근에 도입되고 있는, 재식밀도에 따라 수형이 결정될 뿐만 아니라 관리체계까지 결정되는, 과실종합 생산체계 개념에 있어 가장 고려되는 것이 재식거리에 따른 효율적인 수광 및 광합성 문제이다.

병목식 사과원의 수광률은 유목기에는 10%, 성목에서는 60~70%이며, 투과광선의 30~40%는 사과원의 물질생산에 기여하지 못하고 지면에 그대로 도달한다. 이와 같은 병목식 수형에서 조기 다수를 얻기 위해서는 '어떻게 빨리 수광률을 높이는가'가 과제가 된다.

잎의 번무 상태에 따라서 수광률이 달라지는데, M.9의 초밀식재배에서는 LAI(엽면적지수)가 2.15일 때 일렬재식 체계에서 가장 수광 상태가 좋으나, 같은 재식밀도에서도 M.26은 2.45로 과번무 상태가 되어 수광률이 저하된다.

이스트 말링 연구소에서 시험한 결과, 성목에 도달한 병목식 사과원의 LAI는 1.5~2.6이었고, 최대 2.6을 나타낸 과수원은 과번무 상태였다고 한다. 또한 일본 나가노현의 왜성사과원에서는 LAI가 2.0 전후였고, 2.4에서는 과번무 상태가 되었다고 한다.

수관이 클수록 잎 면적이 증가하여 빛의 흡수가 더 커지나, 너무 잎이 복잡하면 차광되어 광합성은 오히려 불량해진다. 따라서 LAI와 엽과비는 무조건 크다고 좋은 것이 아니라 얼마나 적절히 분포되어 있는가, 즉 '얼마나 효율적인가'가 중요하다.

마 환상박피, 스코어링, 박피역접

수세가 강하여 결실이 불량한 나무에 환상박피나 스코어링 또는 박피역접 등을 실시하면 동화양분이나 식물호르몬의 지하부 전류를 일시적으로 막아 꽃눈형성과 결실을 증진시킨다. 과수에 따라서는 과실비대와 숙기를 촉진시키기도 한다.

그러나 지나친 박피는 수세가 극단적으로 약해지고, 때로는 박피 부위가 유합되지 않아 고사하기도 한다. 일반적으로 박피 효과는 시기가 빠를수록, 그리고 박피 폭이 넓을수록 크게 나타나므로 역효과가 나타나지 않게 시기와 박피 폭을 적절히 조절하여야 한다. 스코어링과 박피역접은 환상박피와 유사한 효과를 나타내면서도 환상박피를 했을 때에 나타날 수 있는 위험을 줄일 수 있다.

바 단근

단근은, 수세가 강한 나무에 적절히 실시하면 영양생장을 억제하여 결실을 안정시키는 데 효과가 있다. 지상부의 전정과 달리 뿌리가 잘라짐에 따라 양·수분의 흡수가 제한되어 생장이 억제되고, 뿌리에서 형성되는 호르몬의 생성과 흐름도 변화되어 그와 같은 효과를 나타낸다. 그러나 지나친 단근은 수세가 극단적으로 쇠약해지고 때로는 문우병에 걸릴 염려도 있으므로 유의해야 한다.

사 전정 시기

동계전정은 앞서 기술한 바와 같이 꽃눈형성을 억제하는 방향으로 적용한다. 그러나 주로 늦봄부터 여름철 생육기에 실시하는 하계전정은 동계전정과는 달리 영양생장을 억제하므로 꽃눈형성을 촉진시킨다.

하계전정은 일반적으로 생장을 억제하며 나무 수관당, 가지 길이당, 마디당 꽃눈 수는 증가한다. 사과나무는 발육지나 도장지의 기부에 2~4엽을 남기고 절단하면 절단 부위에서 나온 2차 생장지의 정아가 꽃눈으로 되는 경우가 많다. 하계전정에 의한 꽃눈형성 효과는 전정시기에 따라 큰 차이가 있는데, 사과나무에서 여름철 도장지를 자르는 시기별 꽃눈형성 및 결실률은 7월 중순경이 높다. 수세가 강한 나무에서 지나치게 일찍 하거나, 왜성사과에서 너무 늦게 하게 되면 기대하는 효과를 얻기가 어렵다.

하계전정에 의해 늦게 형성된 꽃눈은 정상적으로 형성된 꽃눈에 비해 충실도가 떨어지고 개화도 늦다. 사과의 경우 특히 7월 하순 이후 하계전정에 의해 만들어진 꽃눈은 결실률이 떨어지고, 착과되더라도 비대가 불량한 경우가 많다. 따라서 꽃눈형성을 촉진하기 위한 하계전정은 그 시기가 중요하다.

02 결실저해 요인

가 꽃눈형성 불량

정상적인 결실은 전년도 꽃눈형성이 정상적으로 이루어질 때 가능하며, 꽃눈형성은 기상요인과 여러 가지 재배요인이 복합적으로 관여한다.

꽃눈형성을 저해하는 기상적 요인은 꽃눈분화기에 과다한 강우와 일조 부족에 의한 새 가지의 과번무, 여름철 야간의 고온에 의한 호흡량의 과다로 탄수화물의 생성보다 소비가 많을 때 등이다. 재배적 요인으로는 과다결실, 적과지연, 강전정, 병해충 피해에 의한 조기낙엽 등이며, 특히 기상요인과 재배적 요인이 중복되면 꽃눈형성이 더욱 나빠져 결실이 불량해지게 된다.

나 불임성(不姙性) 및 불친화성(不親和性)

화기(花器)에 아무런 이상이 없고 외관상 건전한 상태임에도 불구하고 결실이 되지 않는 경우가 있는데, 이는 화분의 불임성과 자가불친화성에 기인하는 것이다.

사과나무의 염색체 수는 생식세포 17개, 체세포 34개가 일반적이지만 체세포가 51개인 품종이 있다. 이러한 품종을 3배체 품종이라 하며 육오, 조나골드,

북두를 들 수 있다. 3배체 품종의 화분은 외관상 정상으로 보이지만 다른 품종에 대해 수분친화성이 약하고, 불임화분을 생산하여 화분이 발아하지 못한다.

또한 사과재배품종의 대부분은 자가수정에 의한 결실이 나빠 다른 품종의 화분을 이용해야 정상적인 결실을 하는 자가불화합성 현상이 있다. 이런 현상은 후지, 쓰가루, 딜리셔스계 품종이 강하므로 수분수 재식, 인공수분, 방화곤충 이용 등으로 결실을 확보해야 한다.

다 기상 및 재배적 요인

개화기에 기온이 낮으면 개약, 화분발아, 화분관 신장 등의 지연에 의해 결실률이 떨어지며, 휴면기 저온이나 서리 피해 등에 의해서도 화기의 동사나 발육 이상이 발생해 결실이 불량해진다. 또한 개화기에 15℃ 이하의 저온, 강풍, 강우 등으로 방화곤충의 활동이 저해되면 수분작용이 이루어지지 못하여 결실이 불량해지므로, 이때는 인공수분 등의 대책을 강구해야 한다.

재배적 요인으로는 수분수가 없거나 불합리하게 재식되었을 경우, 또는 개화기 중 약제살포로 방화곤충을 죽게 하거나 냄새에 의해 날아오지 않을 경우와 약제에 의해 화분발아, 화분관 신장을 억제하고, 암술 등의 화기를 손상시키는 경우에도 결실이 나빠지는 경우가 있으므로 개화기 중 약제살포는 유의해야 한다.

03 결실확보 대책

Apple cultivation

가 인공수분

(1) 인공수분의 필요성

인공수분은 결실률을 높여 생산을 안정시키는 동시에 과실크기와 정형과 생산비율을 높이기 위해 실시하며, 꽃가루 채취, 수분 등 작업이 번거롭고 단기간에 노동 집약도가 높은 작업에 속하지만 방화곤충의 비래가 문제되는 지역이나 개화기 저온, 강풍, 강우 등으로 방화곤충의 활동이 어려울 때, 또는 서리피해에 의해 결실확보가 어려울 때, 그리고 수분수가 없거나 불합리하게 재식되어 있을 경우 안정적 결실확보가 가능하다.

인공수분은 위와 같은 조건에서 결실률이 높으며 대과, 착색 및 정형과 생산비율이 높아 품질향상에도 효과적이다(표 3-1).

표 3-1 인공수분에 의한 결실률 및 과실품질 향상 효과

구분	결실률 (%)	과중 (g)	착색도 (점)	정형과 생산비율
인공수분	81.3	230.3	3.7	높음
자연방임	29.6	177.4	3.5	낮음

* 농촌진흥청. 사과재배. '96.

(2) 꽃가루 준비

인공수분 시 꽃가루 채취는 수분하려는 품종에 대하여 친화력이 높고 꽃가루의 양이 많은 품종을 선택해야 한다. 꽃가루 채취를 위해 알맞은 품종은 쓰가루, 홍로, 딜리셔스, 홍월, 홍옥 등이며, 육오, 조나골드, 북두 품종은 꽃가루 채취 품종으로 부적당하다.

꽃가루 채취 시기는 풍선처럼 부푼 개화 직전의 꽃봉오리를 따서 채취해야 꽃가루의 양도 많고 발아율도 높다.

꽃가루 필요량은 수분예정 꽃 수의 10% 정도를 준비하여야 하며, 채집한 꽃은 약(葯)을 분리하여 온도는 20~25℃, 습도 70% 이내의 장소에 두면 약이 벌어져 꽃가루 채취가 가능하다. 이때 개약된 약을 가는 망사에 담아 아세톤이 들어 있는 용기에 침적하여 화분을 용기 바닥에 가라앉게 한 다음 아세톤을 따라낸다. 용기 바닥에 남아 있는 화분은 아세톤이 완전히 휘발한 후 모으면 기존의 체에 의한 방법보다 화분량을 50% 정도 더 채취할 수 있다.

채취한 꽃가루는 2~3일 내 사용할 경우 0~5℃ 냉장고에 보관하며, 이듬해 개화기까지 저장할 경우는 화분을 통기성이 있는 종이봉지에 넣어 밀폐용기(빈 커피병)에 건조제(실리카겔)와 함께 넣고 가정용 냉장고(냉동실)에 보관한다.

(3) 인공수분 시기 및 방법

인공수분 적기는 개화 후 빠를수록 좋으나, 대개 개화 후 2~3일까지가 수정능력이 높고, 측화보다 중심화가 과실품질이 좋으므로 이들 꽃이 70~80% 개화한 직후가 적기이다. 1일 중 수분시각은 오전 8시부터 오후까지 가능하지만 수분 후 화분관 신장은 고온에서 잘 되므로 오전에 이슬이 마른 직후 수분하는 것이 좋다.

인공수분 시에는 꽃가루를 절약하기 위해 증량제를 적당량 혼합해서 사용한다. 증량제로는 석송자나 근래 국내에서 개발된 수정박사를 이용한다.

희석비율은 꽃가루와 증량제를 각각 1 : 5로 하여 잘 섞어 사용한다. 꽃가루의 발아력이 떨어질 경우는 그 정도에 따라 3~4배 정도 희석하여 사용하는 것이 안전하다.

인공수분은 면봉, 귓속털이 보편적으로 이용되며, 인공수분기는 작업효율은 높지만 꽃가루 소비량이 많은 것이 결점이다. 솜봉, 귓속털이 기구는 수분할 때 꽃에 이슬이 있을 경우 기구에 흡수되어 작업능력이 저하하고 꽃가루가 파괴되기 쉬우므로 꽃잎이 마른 후 작업하는 것이 좋으며, 바람이 많은 날에는 작업효율이 떨어지고 꽃가루 양도 많이 소모되므로 피하는 것이 좋다.

(4) 방화곤충 이용

자연계에 방화곤충의 밀도가 줄어들면서 꿀벌의 중요성이 크게 높아지고 있다. 사과 재배현장에서 이용되고 있는 방화곤충은 머리뿔가위벌, 서양 뒤영벌이 이용되고 있다. 머리뿔가위벌은 온도가 낮고 바람이 부는 조건에서 활동이 적어 기상이 불량한 곳에서는 뒤영벌이 적합하다. 방화곤충을 이용하는 농가에서는 가능한 한 벌 방사 3~4일 전에 미리 개화 전 약제살포를 끝내는 것이 좋다. 그러나 개화 전 약제살포 시기를 너무 앞당기면 과심곰팡이병이 문제될 수 있으므로 유의하도록 한다.

표 3-2 화분매개 곤충별 사과의 착과율과 수량

구분	자연수분	서양뒤영벌	머리뿔가위벌
착과율(%)	77.5	96.5	90.0
수량(kg)	43.8	66.8	62.1

* 품종 및 조사 꽃눈수 : 홍로, 200개

04 적과(열매솎기)

가 적과의 의의

과실발육은 전년에 수체에 비축된 저장양분과 뿌리에서 흡수된 양분과 수분 및 잎에서 탄소동화작용을 하여 생산된 광합성물질(탄수화물) 등의 원활한 공급에 의해 이루어진다. 따라서 과실이 정상적으로 발육하기 위해서는 일정한 엽수(엽면적)를 확보해야 하므로 적과를 통해 과실 수를 적당히 제한해 주는 것이 중요하다.

나 적과시기

(1) 적과시기와 과실비대

사과는 보통 1과총에서 5~6개의 꽃이 피며 이들이 정상적으로 수정이 되면 그 수만큼의 과실이 착과한다. 후지의 경우, 1과총에서는 과실이 가장 큰 중심과 한 개만 이용하므로 실제로 과총에서 적과대상이 되는 과실은 약 80%가 해당된다. 보통 3~5과총에 과실 한 개를 착과시키므로 실제로 이용하는 과실은 일반적으로 전체 개화량의 6~8%에 불과하며, 수확 시까지의 손실률을 고려한다 해도 10% 정도만 이용한다.

과실의 발육 양상은 과종과 품종에 따라 약간 차이가 있으나, 일단 수정이 되면 우선 세포분열을 활발히 하여 일정기간 세포 수를 늘리다가(개화 후 4~6주) 세포분열 후기부터 분열된 세포가 비대해지면서 과실이 점점 커지게 된다.

외형상으로는 세포분열기는 종축생장을 하여 길이가 길쭉해지고, 세포비대기는 횡축생장을 하여 과실직경이 커진다. 수정이 되어 착과된 과실을 그대로 방임하거나 적과시기가 지연되면 과실 간 양분경합이 발생하여 초기 과실의 세포분열이 불량하게 되고 과실 세포 수가 적게 되거나 세포분열이 지연되기 때문에 상대적으로 세포비대 기간이 짧아져 정상적인 크기의 과실을 생산할 수 없게 된다.

한편 신초와 과실 간에도 양분경합이 일어나 과실의 발육불량은 물론 신초생육도 저조하게 된다. 신초생육이 저조하면 결국 과실에 동화양분을 공급하는 엽수가 부족하게 되어 과실비대가 불량해진다. 따라서 과실과 과실 간, 과실과 신초 간 양분경합으로 발생되는 양분소모를 최소로 줄여 과실비대를 촉진하기 위해서는 적과시기가 빠를수록 과실비대에 유리하게 된다.

(2) 적과 적기

과실이 비대 발육할 때 전엽이 되기 전에는 저장양분을 이용하고, 전엽 후부터는 동화양분을 이용한다. 이를 소위 양분전환기라고 하는데 적과는 주로 양분전환기 전후에 실시하게 된다. 이론상으로 과실과 과실 및 과실과 신초 간에 발생하는 양분손실을 최소화하고 남아 있는 과실의 양분이용을 극대화하기 위함이므로 적과시기는 빠를수록 좋다.

적과는 꽃봉오리를 제거하는 적뢰와 꽃을 솎아주는 적화를 모두 포함하는데, 이론상으로는 적뢰를 하는 것이 양분 이용에 유리하여 과실을 가장 크게 하지만, 우리나라는 사과 개화기 전·후의 기상이 아주 불안정하다. 가령, 저온 혹은 늦서리 피해를 받을 수 있고 강우 혹은 바람(황사) 및 병해충의 피해를 받을 염려가 있어 너무 일찍 적뢰 혹은 적화를 통해 작업을 완료하면 작업 후 피해과가 발생할 경우 자칫 안정된 결실량을 확보하지 못해 목표수량에 미달될 수가 있다.

또 과실의 정상적인 수정 여부가 육안으로 판별되려면 개화 후 2주 정도가 경과해야 하므로 사과에서는 적뢰나 적화보다는 적과작업에 의존하는 것이 일반적이다.

따라서 적과작업의 적기는 큰 과실이 될 수 있는 소질이 육안으로 관찰 가능한 개화 후 2주부터 시작하여 지베렐린 물질 생성이 급증하기 전인 개화 후 5주 전에 실시하는 것이 적기라 할 수 있으며, 이 기간 중에는 가능한 한 빨리 실시하는 것이 양분소모를 줄일 수 있다.

표 3-3 열매솎는 시기에 따른 과실크기 분포

적과시기 (과실크기)	5월 (%)	6월 (%)	7월 (%)	무적과 (%)
250g 이상	14.4	11.6	4.9	0.9
251~170	61.3	58.7	45.9	26.5
171~130	19.7	24.1	33.0	36.0
131~90	3.9	5.0	14.7	29.6
90g 이하	0.7	0.5	1.5	6.9

다 적과 정도

(1) 착과량과 과실발육

가. 1과당 엽수

과실은 엽에서 생성되어 공급된 양분으로 비대 발육하기 때문에 1과당 확보된 엽수가 많을수록 발육이 양호하나, 어느 정도 이상에서는 아무리 엽수가 많아도 더 이상 과실이 커지지 않는다. 그러므로 과실이 알맞게 비대 발육할 수 있는 적정 엽수를 기준으로 착과시킬 필요가 있으며, 이보다 착과량이 많을 경우는 1과당 확보된 엽수가 부족하여 과실비대가 불량해질 뿐만 아니라 품질도 저하된다. 한편 착과 수가 지나치게 적을 경우는 과실로 양분이 과잉분배되어 질소과잉으로 인해 착색불량 및 생리장해를 유발하기 쉽다. 일반적으로 과실이 적은 품종은 30엽, 중과는 30~40엽, 대과는 40~50엽당 1과를 착과기준으로 하고 있다.

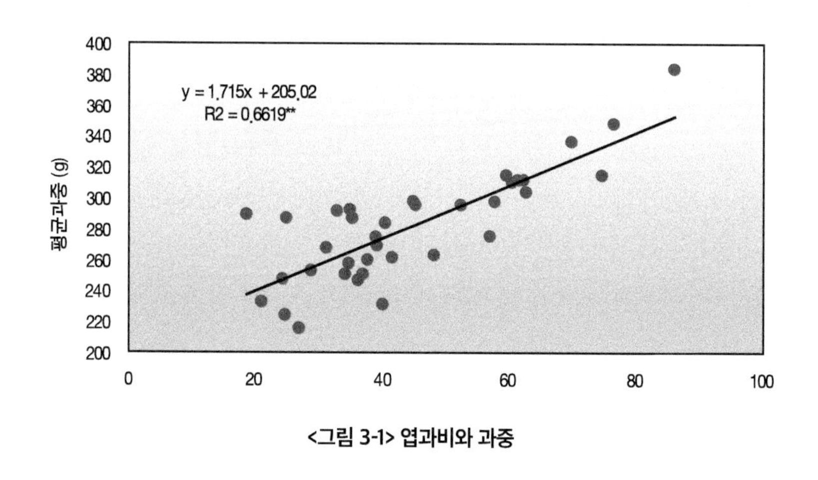

<그림 3-1> 엽과비와 과중

나. 1과당 정아 수

실제로 적과작업을 하는데 엽수를 기준으로 하는 것은 극히 곤란하므로 정아 수를 기준으로 하는 것이 보다 실용적일 수 있다. 이는 엽수를 기준으로 하는 것과 같은 개념으로 설명할 수 있는데 수체가 정상적인 상태에서는 1정아에 10개의 과총엽이 발생하므로 소과는 3정아에 과실 한 개, 대과는 4~5과총에 과실 한 개를 착과시키면 필요한 엽수를 확보할 수 있다.

다. 적정 착과량

적정 착과량은 과실의 크기, 화아형성, 생리장해 발생 및 수량 등을 총괄적으로 고려해서 결정해야 한다. 최근에는 왜성대목을 이용해 밀식재배하는 경향이 매우 높기 때문에 이론상의 1과당 엽수 혹은 정아 수를 기준으로 하여 그대로 포장에서 적용하기란 극히 곤란하다. 최근처럼 밀식하는 경향이 높을 경우 시비관리 체계를 확립하고 수체상태에 따라 무리하지 않은 범위에서 목표수량을 정하고 착과량을 결정하는 것이 합리적이다.

예를 들어, 재식거리가 5×4m(50주/10a)가 재식된 사과원에서 2500kg을 생산하고자 한다면, 이론상 한 그루당 50kg을 생산해야 한다. 과실 1개의 무게를 300g으로 가정할 때 50kg×300g은 167개/주 과실을 확보해야 한다. 최종 적과에서 수확 시까지 과실이 병해충의 피해를 받거나 생리적인 피해를 받아 손실률을 20%로 가정한다면 실제로 적과 시에 남겨야 하는 과실수는 200개/주 정도는 확보해야 한다.

만약 목표수량이 같고 재식거리가 이보다 좁을 경우는 한 나무당 착과부담은 적을 수 있지만 넓을 경우는 착과부담은 가중될 수밖에 없다. 따라서 나무의 수세, 수령 등을 감안하여 목표수량을 일단 정하고 재식거리가 좁거나 수세가 약할 때는 착과 수를 적게 하며, 재식거리가 넓거나 수세가 강할 때는 착과 수를 다소 많게 하는 방향으로 적절히 응용하여 수체를 관리하도록 한다.

라. 적과에서 남기는 과실

과실이 크고 과경이 굵고 길며 정형과(장원형과) 형태를 가지되 장애가 없는 과실을 남긴다. 과실발육은 눈의 크기, 개화기, 엽수 등과 밀접한 관계가 있는데 눈이 클수록, 엽수가 많을수록, 개화가 빠를수록 과실발육이 양호하다.

사과의 꽃은 동일 화총 중에서도 중심화가 먼저 피고 순차적으로 밖으로 피는 원심적 개화를 하므로 1과총에서 중심과는 측과에 비해 과실의 발육이 양호하고 과경도 굵고 길며 성숙이 빠르며 낙과가 적다. 따라서 1과총에서는 중심과를 남기는 것이 원칙이다.

홍로의 중심과는 과경이 짧아 과실이 가지와 밀착하여 착색을 나쁘게 하거나 비대 도중에 낙과하는 경우가 있으므로 과경이 길고 모양이 바른 2~3번과를 남긴다.

일반적으로 과실의 초기 발육은 종자 수가 영향을 미치기 때문에 종자 수가 많을수록 과실발육이 양호하고 정형과율이 높다. 종자 수가 적은 과실은 수확 시까지 장원형 상태로 되거나 과형이 고르지 않은 편육과(기형과)가 되기 쉬우므로 정형과를 남긴다.

과실은 3~4년생 가지에서 착생된 정아에 착과시키는 것이 원칙이다. 그러나 왜성대목일수록 조기결실이 높아 액아의 착생률이 높은 경향이 있는데, 액아는 정아에 비해 과실도 작고 품질도 떨어지므로 가능한 한 액아는 정아의 착생량이 충분하다면 적과해 준다.

결과지의 세력이 강할 경우는 착과 수를 많게 해도 무방하나 결과지 세력이 약하거나 늘어진 가지는 착과시켜도 과실품질이 불량하므로 가능한 한 착과량을 적게 조절한다.

표 3-4 적과 시 남기는 유과 형태에 따른 수확 후 과실 특성

구분	과중(g)	종자 수(개)	상품과율(%)	정형과(%)	분포율(%)
경와부평형과	321	9.1	63	54.7	60
경와부원형과	241	8.2	8	32.5	39
관행적과	271	8.5	20	43.1	-

라 적화 및 적과제 이용

사과의 적화 및 적과를 위한 방법으로는 인력에 의한 방법과 약제에 의한 적화제 및 적과제 살포를 들 수 있다.

사과재배에 있어 약제에 의한 적화 및 적과처리는 약제별 살포시기, 적정농도, 과수의 종류와 품종, 그리고 최종 생산되는 과실 품질을 고려하여야 한다. 각 약제들의 유효성분 함량과 작용점은 각기 달라 같은 과수 내에서도 품종에 따라 달리 작용하며, 특히 엽면살포를 통해 이루어지기 때문에 살포 시의 온도가 중요하다. 특히 식물호르몬제의 경우 10℃ 이하에서는 거의 약효가 발효되지 않으며, 15℃ 이상의 기온이 과원에 2~3일 지속되는 기간에 살포하는 것이 좋다. 또한 30℃ 이상의 고온일 때에는 과적과(over thinning)되는 경우도 있다. 품종에 따른 약제의 선택 또한 중요하다. 북미의 경우 꽃이 많이 피는 골든딜리셔스(Golden Delicious)는 딜리셔스(Delicious) 및 롬(Rome) 품종에 비하여 보다 강한 적화 및 적과가 필요하며, 국내에 널리 알려진 후지 품종은 적과가 어려운 것으로 알려져 있다. 적화 및 적과제 사용에 있어 유의해야 할 점은 약제 살포에 의해 과실에 피해를 주어 발생하는 녹현상(russeting)이다.

최근 들어 급속히 진행되고 있는 친환경 과실생산을 위해서는 보다 친환경적이고 국내 환경에 적합한 처리가 시행되어야 한다.

우리나라에서 적화제로는 석회유황합제, 적과제로는 카바릴수화제가 등록되어 있다.

● 석회유황합제를 이용한 적화

석회유황합제의 처리농도는 22%의 원액을 120배로 희석해서 사용한다. 처리시기는 정아 중심화 만개 2일 후에 1차 살포하고, 개화진행 상황에 따라 1~2일 후에 1일 더 살포한다.

● 약제 적과

약제 적과제인 카바릴수화제는 화분매개곤충인 꿀벌에는 치명적이므로 반드시 안전사용 지침에 근거하여 사용하여야 한다. 약제 적과를 사용 할 때는 인근의 양봉 농가에 알려 사전 조치를 취한 다음 사용해야 하여, 꽃이 피어 있는 동안에는 절대로 사용하면 안 된다. 사용농도는 800배액으로 꽃이 완전히 진 후 수관전면 처리한다.

표 3-5 후지의 석회유황합제 처리시기

적용품종	희석배수	처리시기	비고
후지	120배	1차 살포: 정아 만개 2일 후 2차 살포: 1차 살포 1~2일 후	처리시기는 기사 및 개화 진행상황에 따라 결정

05 봉지 씌우기

Apple cultivation

가 봉지 씌우기 효과

과실 봉지 씌우기는 짧은 기간 내에 많은 노동력을 필요로 하고 봉지 비용 등으로 인해 경영상 어려운 점이 많으나 과실의 병해충 피해를 줄이고 착색을 좋게 한다. 그 외에 홍월, 양광 및 국내육성품종인 감홍과 같은 특정 품종들은 반드시 봉지재배를 해야만 과실의 동녹방지와 품종 고유의 착색을 시킬 수가 있으며 수출 대상국의 농약잔류 검사 강화에 대응하는 효과도 있다.

나 봉지 씌우는 시기

사과의 유과(幼果)는 개화 후 2~4주간이 세포 수가 증가하는 시기이다. 이 시기는 광의 영향을 많이 받으므로 차광하면 과실비대가 나빠지고 생리적인 낙과가 유발되기 쉽다.

봉지 씌우기는 시기가 빨라짐에 따라 동녹발생이 적어지고 과피엽록소의 함량이 적어져 착색은 증진되지만 당도가 떨어지는 결과를 볼 수 있다.

따라서 봉지 씌우는 시기는 일반적으로 낙화 후 30일 전후가 적기이나 골덴, 감홍 품종과 같이 동녹발생이 심한 품종은 낙화 후 10일 이내에 씌워야 동녹발생을 효과적으로 막을 수 있다.

다 봉지 벗기는 시기 및 방법

일반적으로 봉지 벗기는 시기는 과실비대기에서 성숙기로 전환하는 시기와 일치하는데, 과실의 숙도가 진전되어도 광이 충분하지 않으면 황백색이 되고 적색의 안토시안 색소가 잘 발현되지 않는다.

봉지 벗기는 시기가 빠르면 과면(果面)은 일시적으로 붉게 착색되지만 다소 엽록소가 생성되어 녹색이 되고, 그 후는 붉게 착색되지 않는 부분이 많아지며, 너무 늦으면 착색이 충분하지 못하고 과실의 당 함량도 낮아지게 된다.

후지 품종의 봉지 벗기는 시기는 수확 전 30~40일 사이가 착색도 좋고 당도가 높은 것을 볼 수 있다.

조생종인 쓰가루는 수확기 고온 등에 의해 그 시기가 특히 중요하다. 일반적으로 과실 내 당도가 11~12°Bx 정도가 되고 야간의 최저기온이 20℃ 이하가 될 때 벗기면 착색에 효과적이다. 따라서 조생종인 쓰가루는 수확 10~15일 전, 만생종인 후지는 수확 30일 전후를 기준으로 하여 그 시기의 기상조건을 고려하여 결정해야 한다.

봉지를 씌운 과실은 벗긴 후 일소(日燒)가 생기기 쉬우므로 봉지를 벗길 때 주의해야 한다. 착색증진을 목적으로 하는 2중 봉지의 경우 바깥 봉지를 벗긴 후, 안쪽 봉지를 5~7일경에 벗기도록 하고, 신문봉지는 봉지 밑을 터주어 5~8일간 산광을 쬐게 한 다음 벗겨주며, 하루 중 과실온도가 높은 오후 2~4시경에 봉지를 벗기는 것이 일소방지에 효과적이다. 봉지를 벗긴 후 과실 주위 잎을 따주고 과실 돌리기를 하면 과실 전체가 고루 착색이 좋아지지만 특히 지나친 잎 따기는 과실 당도를 떨어뜨리고 수세 쇠약의 원인이 되므로 잎 따주는 시기와 정도에 유의한다. 봉지 씌운 나무 아래 반사 폴리에틸렌필름을 깔아주면 수관 아랫부분의 과실착색에 효과적이다.

06 생리적 낙과

Apple cultivation

생리적 낙과란 태풍, 병해충 등의 외적인 요인 외에 과실이 발육 도중 갑자기 낙과되는 현상을 말한다. 발생 시기에 따라 낙화 후 1~3주 사이 수정불량에 의해 일어나는 생육 초기 낙과, 낙화 후 3~6주 사이에 일어나는 6월 낙과(June drop), 그리고 수확 직전에 떨어지는 수확 전 낙과를 들 수 있다.

수정 불량에 의해 떨어지는 생육 초기 낙과는 수분이 충분하게 되지 않았거나 화기에 어떤 장해가 있는 경우 또는 수세가 현저하게 쇠약한 경우 등 일반적으로 그 원인이 잘 알려져 있다. 6월 낙과는 낙과 발생 요인이 복잡하지만 사과에서는 큰 문제가 되지 않으며 재배상 문제가 되는 것은 수확 전 낙과이다.

가 6월 낙과(June drop)

낙과가 6월경에 많이 일어나므로 6월 낙과라 한다. 6월 낙과는 과종에 따라 차이가 심하며 사과에서는 재배상 큰 문제가 되지 않는다. 6월 낙과의 원인은 <표 3-6>에서 보는 바와 같이 환경요인, 수체의 내적 요인 및 인위적 요인 등 여러 가지 요인이 복합적으로 작용하여 발생된다.

즉 환경요인으로서 일조부족, 고온, 저온 등 불량한 기상조건에서는 광합성 저하, 호흡량 증대에 의한 광합성 산물의 과다소모가 원인이 되며, 수체의 내적 요인은 종자 수가 적거나 저장양분이 적을수록 또는 결실이 과다할 때 낙과가 많아진다.

표 3-6 6월 낙과의 발생 요인

구분	발생요인
환경적 요인	저온, 고온, 일조부족, 건조
수체의 내적 요인	수정 불량, 종자 수 과소, 저장양분 과소, 결실 과다, 품종
인위적 요인	농약살포, 시비과다, 강전정

인위적 요인은 농약에 의한 약해, 질소 과다시용, 강전정 등에 따른 새 가지 생장의 과번무이다. 이로 인한 과실로의 양분공급 부족에 의해 낙과를 유발하게 된다.

6월 낙과를 방지하기 위해서는

첫째, 수정을 확실하게 하여 과실 내 종자 수가 많아지도록 해야 한다. 따라서 적절한 수분수 재식, 인공수분 등으로 수정률을 높여야 한다.

둘째, 저장 양분이 충분히 저장될 수 있도록 재배관리에 힘쓴다. 과실과 가지는 서로 양분 경합관계가 있어 광합성 산물이 적은 유과기에는 양분 경합이 더 심하므로 저장 양분이 부족한 상태일 때는 과실에 공급되는 양분이 적어 낙과를 유발시키는 원인이 된다.

따라서 저장양분을 많게 하기 위해 병해충 방제에 의한 건전한 잎 관리, 질소비료의 과다시용 금지, 수확기 전후 질소 엽면살포에 의한 노화된 잎의 생리기능 활성회복, 알맞은 결실관리 등에 힘쓰고 조기적과를 통해 저장양분의 헛된 소모를 줄인다.

셋째, 질소비료를 적절하게 공급하고 강전정을 피하여 나무의 수세조절과 영양상태의 조화를 꾀하며, 낙화 1~3주 사이의 약제살포에 신경을 써 인위적인 낙과요인을 줄여야 한다.

나 수확 전 낙과

수확 1개월 전쯤부터 병해충이나 기계적 장해 없이 일어나는 낙과로 낙과 정도는 품종에 따라 차이가 있고 쓰가루, 홍월, 스타킹, 홍옥 등이 특히 심하며, 낙과가 많은 해는 결실 수의 30~50%까지 낙과되는 수도 있다.

낙과 정도는 지역이나 해에 따라 큰 차이가 있는데, 사과에서는 기온과 수체의 영양상태가 큰 원인으로 알려지고 있다. 비교적 따뜻한 지방일수록, 수확 전 고온이 계속될수록 즉, 여름부터 가을까지 기온이 높거나 밤의 기온이 높은 지역일수록 낙과가 많은데 특히 건조한 해는 낙과가 더 심한 것으로 알려져 있다. 또한 약해나 병해충에 의한 낙엽, 잎의 갈변도 낙과를 조장하는 요인이 된다.

수확 전 낙과방지법은 낙과방지제를 살포하는 것이 가장 효과적이나 지금까지 이용되어 왔던 스톱폴(미성알파, 2.4-DP)은 분질화에 의한 상품성 저하로 유통상 문제가 되었다. 그러나 근래 보급되고 있는 리테인(AVG, Aminoethoxyvinylglycine)은 에틸렌 생성억제 물질로 상품성 저하 없이 수확 전 낙과를 억제시킬 수 있다<표 3-7>.

재배적인 방법으로는 익은 과실부터 3~4회 나누어 수확하면 낙과 피해를 줄일 수 있고, 수관 하부에 부초를 하면 낙과하더라도 과실의 상처를 줄일 수 있다.

표 3-7 리테인 처리시기에 따른 쓰가루 사과의 수확 전 낙과율

처리시기 (리테인 : AVG 2000배)	조사일(월/일) 및 낙과율(%)								
	7/23	7/30	8/6	8/13	8/20	8/27	9/3	9/10	9/20
무처리	0.0	0.8	1.8	2.9	7.9	54.4	100	-	-
수확기준일 4주 전(7/23)	0.0	0.0	0.3	0.9	2.4	3.0	9.2	11.9	15.9
수확기준일 3주 전(7/30)	0.0	0.3	0.8	2.1	2.1	5.4	10.5	12.0	15.0
수확기준일 2주 전(8/ 6)	0.0	0.0	0.0	0.6	0.6	1.6	8.5	10.3	21.4
수확기준일 1주 전(8/13)	0.0	0.0	0.0	1.0	2.6	6.7	10.3	12.1	14.2

* 수확 기준일 : 8월 20일(대구사과연구소, 2000)

제Ⅳ장
정지·전정

1. 전정의 기본 원리
2. 전정의 정도와 나무의 생육반응
3. 밀식재배 수형
4. 일반 대목의 교목성 사과나무 전정
5. 왜성대목의 밀식장해 발생 사과원의 전정

01 전정의 기본 원리

정지(整枝, training)란 수관을 구성하는 가지의 골격을 계획적으로 구성·유지하기 위하여 유인·절단하는 것을 말하고, 전정(剪定, pruning)은 과실의 생산과 직접 관계되는 가지를 잘라주는 것을 뜻한다. 정지전정을 하는 목적은 수관 내부에 햇볕이 골고루 들어 갈 수 있게 해서 결실 부위를 고르게 분포시켜 공간을 효율적으로 이용하고, 또 적당한 생장과 균일한 결실이 항상 알맞게 균형을 유지할 수 있도록 하여 고품질의 과실을 지속적으로 생산하고 과원 관리 작업을 편리하게 하기 위함이다.

가 최적 엽면적 지수(LAI)

엽면적 지수란, 나무가 차지하는 수관 하부의 토양면적에 대한 나무 전체의 엽면적으로 처음 유목기에는 엽면적 지수의 증가에 따라서 전 생산량과 순 생산량이 함께 증가하지만, 어떤 단계 이후가 되면 엽량은 일정 이상으로 증가하지 않는다.

그러나 호흡량은 축적된 식물체의 총량에 비례적으로 증가하기 때문에 순 생산량(전 생산량-전 호흡량)은 일정한 단계가 되면 떨어지게 되는데, 순 생산량이 최대로 되는 엽면적 지수가 최적 엽면적 지수이다.

전정을 하면 그 나무의 다음 해 엽면적은 전정하지 않은 것보다 감소하며, 최적 엽면적 지수 이하의 엽량을 보유하는 어린 나무에 있어서는 약전정을 하는 만큼 순 생산량을 향상시킬 수 있는 데 유효할 것이다.

순 생산량이 최대치에 도달할 때의 수령에서 순 생산량의 증가는 엽량 증가에 따른 것이고, 최대치에 달한 이후의 수령에서 순 생산량의 점진적인 감소는 전 호흡량의 증대에 따른 현상이다. 어느 수령 이후에 전 생산량이 일정하게 되는 것은 엽량이 최대 엽면적 지수에 달한 상태를 의미한다.

따라서 전정과의 관계로 어린 나무 상태에서는 착엽 수의 증가와 유지를 위한 노력이 중요하며, 최대 생산량에 달한 이후의 수령에 있어서는 전 호흡량에 원인이 되는 식물체, 특히 광합성과 직접관계가 없는 비동화 부분의 양을 감소시키기 위해 정지, 전정을 하는 것이 바람직하다.

나 엽/재(葉/材) 비

과실생산을 순 생산으로 볼 때 부(-)의 영향을 주는 즉, 호흡량 증대에 관여하는 요인의 지상부 비동화기관은 과실, 가지, 신초의 가지 부분의 3가지로 이와 같은 비동화기관은 광합성을 행하는 엽량에 관계하는 비율로서 문제가 된다.

가지부분(材)은 매년 축적되어 엽/재(葉/材)비는 수령에 따라서 유목, 성목, 노목의 순으로 증대한다. 동일수령에서는 전정이 강한 만큼 엽/재비가 저하하는 경향이 있다. 나무가 건전한 상태에 있으면, 전정이 강하면 강한 만큼 수형에 관계없이 다음 해 신초장이 길어져 결과적으로 신초엽비가 증대한다.

전정목적의 하나로 엽/재비를 떨어뜨리는 일은 가능하지만, 전정의 적정도 표시는 아니다. 그러므로 유목의 경우에는 엽면적 확보를 위한 전정이 중요하며, 성목이나 노목으로 갈수록 엽의 수를 줄이는 즉, 오래된 가지를 제거하는 갱신전정이 바람직한 것이다.

다 수세(樹勢)

수세란 영양생장의 정도를 말하며, 가지의 생장 정도, 과실의 생장 즉, 가지와 과실 간의 양분경합에 영향을 미치며, 또한 꽃눈형성에도 많은 영향을 미친다. 따라서 우리나라에서는 기후조건이나 주품종의 특성상 초기 생육 안정이

야말로 사과재배의 성패를 좌우한다고 해도 틀리지 않을 것이다.

수세 조절 방법으로는 여러 가지가 있겠으나, 보통 결실 정도, 정지·전정, 재식방법, 대목선택, 토양수분관리, 환상박피 등이 주로 사용되고 있으며, 이러한 방법으로 꽃눈형성을 양호하게 하고 조기 수량을 증수하여 생산성을 높이는 것이 전정의 기본이라 할 수 있다.

라 C/N율

C/N율이란 동화작용에 의해 잎에서 만들어진 탄수화물(C)과 뿌리에서 흡수된 질소(N)성분의 수체 내 비율에 의해 가지생장, 꽃눈형성 및 결실에 영향을 미치는 것으로 C/N율은 재배환경 또는 전정 정도에 따라 변하게 된다(표 4-1참조).

표 4-1 C/N율에 따른 생육 특성과 관리대책

구분			생육특성	대책
상태	탄수화물(C)	질소(N)		
I	결핍	과다	생육 및 꽃눈형성 불량	무전정 또는 약전정, 질소감량
II	다소 결핍	많음	수세 강, 〃	약전정, 수세약화, 질소감량
III	적량	적량	세력 안정, 결실 양호	-
IV	많음	결핍	생육, 꽃눈형성 불량	강전정, 질소 증시

마 T/R률

나무의 지상부(Top)와 지하부(Root) 생장의 중량비율을 T/R률이라 하며, <표 4-2>에서와 같이 T/R률은 토양 내 수분이 많거나 질소의 과다시용, 일조부족, 석회부족 등의 경우에는 지상부에 비해 지하부 생육이 나빠져 T/R률이 커지게 된다. 대개의 경우 식물의 T/R률은 1에 가까우며 과수는 1보다 낮은 상태, 즉 지상부에 비해 지하부 발달이 좋은 것이 바람직하다. 강전정에 의해 가지의 생장이 강해지는 것은 T/R률의 불균형에 의해 일어나는 일종의 생장반응이라 할 수 있다.

표 4-2 주요 요인과 T/R률의 관계

구분	뿌리/지상부(T/R) 비율	
	낮은 나무	높은 나무
토양 습도	저	고
질소 시용량	소	다
일조량	다	소
석회 시용량	다	소

02 전정의 정도와 나무의 생육반응

가 동계전정과 하계전정

휴면기에 가지를 자르게 되면 남은 눈에서 발생하는 새 가지가 강하게 생장한다. 이때 전정이 강하면 강할수록 새 가지의 발생이 강하게 되는데, 이와 같이 전정에 의하여 새 가지의 생장이 강하게 되는 원인은, 전정에 의하여 남은 눈 수는 적어지지만 뿌리의 양은 변하지 않으므로 뿌리에서 흡수된 양·수분과 저장양분이 남은 눈에 집중되기 때문이다.

반면 늦봄부터 초가을 사이에 하계전정을 하게 되면 잎의 숫자가 감소하여 광합성량이 적어지고, 2차 생장을 유발하여 양분 소모는 많고 수체 내 양분 축적이 적어져 나무의 세력이 떨어지게 된다. 이와 같은 뿌리와 가지의 생장 억제를 목적으로 한다면 잎의 광합성 능력이 가장 왕성한 8월에 실시하는 것이 가장 좋다.

나 강전정과 약전정

전정을 강하게 하면 새 가지의 세력이 강해져서 생장이 늦게까지 지속되기 때문에 수체 내 양분축적이 적어 꽃눈형성이 불량하고 뿌리생장도 떨어지게 된다.

반대로 전정을 약하게 하면, 새 가지 생육은 약하게 되지만 초기 잎 면적이 많아지고 꽃눈형성도 좋게 된다. 따라서 나무의 생산성을 높이기 위해서는 가능한 한 약전정을 하는 것이 좋으나, 지나치게 가지를 많이 남기면 수관이 복잡해지고 나무의 세력이 떨어지게 된다. 따라서 나무의 세력이 강한 경우에는 약전정을, 약한 경우에는 강전정을 하며, 유목기에는 약전정을, 그리고 노목에 대해서는 강전정을 하여야 좋은 수세를 유지할 수 있다.

다 절단 전정과 솎음 전정

1년생 가지를 절단하면 절단 부위에서 2~3개의 강한 새 가지가 발생한다. 가지의 절단 정도가 강하면 강할수록 강한 새 가지가 발생하는데, 이 경우 단과지(短果枝)로 발육할 눈이 강한 새 가지나 잠아(潛芽)로 되어 꽃눈이 형성되지 않으므로 결실시킬 부위의 가지는 절단을 하지 말아야 한다.

절단 전정을 하면 새 가지가 강하게 생장하므로 이를 몇 년 계속하면 튼튼한 가지를 만들 수 있지만, 꽃눈 형성은 늦어지게 된다. 따라서 튼튼한 골격지를 만들거나 노목의 수세 회복을 목적으로 하지 않는다면 가지를 절단하지 않는 것이 결실량 확보에 유리하다.

솎음 전정은 전정의 자극이 솎아준 가지 근처에만 미쳐 새 가지의 생장을 촉진하는 효과가 적기 때문에 수관 내부의 광 환경을 좋게 하여 꽃눈형성이나 과실품질에 좋은 영향을 미치는 경우가 많다.

라 단과지 전정

단과지형 사과품종은 성목이 되면 단과지군을 만드는 경우가 많다. 이것을 그대로 방치하여 두면 새 가지의 생장이 억제되어 과실의 비대 발육에 필요한 절대 엽수의 부족으로 나타나 결실은 많이 되지만 과실이 크지 않아 대과 생산 비율이 낮아지게 된다. 이러한 문제점을 해결하기 위해서는 단과지군 중 꽃눈이 작은 단과지의 일부를 전정해야 하는데, 이러한 전정을 단과지 전정이라 한다. 일반적으로 단과지군 중 1/3~1/4을 전정하여 주면 남은 단과지의 생육이 양호하게 되고 생육이 적당한 새 가지가 발생하여 과실의 비대를 돕게 된다.

마 기타 방법

(1) 순지르기

순지르기란 새 가지의 끝이 목질화가 되기 전에 그 일부분을 잘라 주는 것을 말한다. 그해에 새 가지를 분지시켜 원가지나 곁가지가 구성되기도 하고, 단순히 웃자람을 방지하기 위해서도 순지르기를 하는데, 과수의 종류에 따라 적기에 순지르기를 해주지 않으면 좋은 결과를 얻지 못하므로 주의해야 한다.

(2) 가지 비틀기

웃자람가지나 세력이 왕성한 새 가지는 그대로 방치하면 꽃눈형성이 불량하고 주변 가지의 생장에 나쁜 영향을 미치거나 전체 수형을 그르칠 우려가 있을 경우 가지 비틀기를 하여 가지의 세력을 약화시키는 작업이다.

(3) 가지 유인

가지의 분지각도가 넓을수록 영양생장은 억제되고 상대적으로 생식생장이 촉진된다. 따라서 분지각도가 좁게 나오는 새 가지는 그대로 방치하면 가지의 생육이 지나치게 왕성하여 꽃눈형성이 불량해지므로, 가지 유인을 하여 분지각도를 넓게 만들어 가지의 세력을 조절하여 주어야 한다. 가지의 유인은 새 가지가 경화되기 전인 생육 초기에 하는 것이 작업도 편하고 효과도 크다.

(4) 환상박피, 박피역접, 스코어링

환상박피는 수세가 왕성하여 결실이 잘 안 되는 나무의 세력을 약화시켜 결실을 촉진시키는 비상수단이다. 5월 하순~6월 상순에 수액 이동이 활발하여 수피가 잘 벗겨지는 시기에 원줄기나 원가지의 기부를 3~10㎜ 넓이만큼 환상으로 벗겨내는 작업이다.

박피역접은 환상박피와 같은 시기에 나무의 원줄기를 지상 10~20㎝의 높이에서 폭 5㎝ 정도로 환상박피 하되, 수피를 완전히 벗기지 말고 약 20%를 남겨 그 자리에 벗긴 수피의 상하 방향을 거꾸로 접착시키는 방법이다.

스코어링은 환상박피와 같은 시기에 칼이나 낫 또는 톱으로 원줄기나 원가지 기부의 수피가 절단되도록 상처를 내는 방법이다. 이들 작업으로 수피가 절단된 나무의 상부에서 생성된 동화양분은 상처 부위 아래로는 이동되지 못하므로 꽃눈분화가 촉진되고 과실의 발육과 성숙이 촉진된다. 그러나 뿌리의 생장은 감퇴되므로 지나치게 상처를 많이 주면 수세가 약화되어 나무가 쇠약해지므로 주의해야 한다.

(5) 단근

근군을 감소시켜 토양 내의 양·수분의 흡수를 제한하여 지상부의 영양생장을 억제시킴으로써 꽃눈분화를 촉진시키는 데 목적이 있다. 이 방법은 세력이 왕성한 유목의 착과를 유도하고, 수관의 확대를 억제할 때 사용되고 있다.

03 밀식재배 수형

수형은 나무를 정지·전정을 통하여 나타난 수체의 최종 모습으로 성목기에 접어든 나무의 골격을 말한다. 수체 각 부분의 기능이 최대한 발휘되도록 하는 것이 수형구성의 목적이라 할 수 있다. 이러한 목적을 이루기 위해서는 주어진 공간을 효과적으로 활용하여 최대 엽면적을 확보하고, 광합성 산물을 극대화하여 좋은 품질의 과실이 달리도록 하는 동시에 관리노력의 단순화 및 기계화가 가능한 수형으로 만들어야 한다.

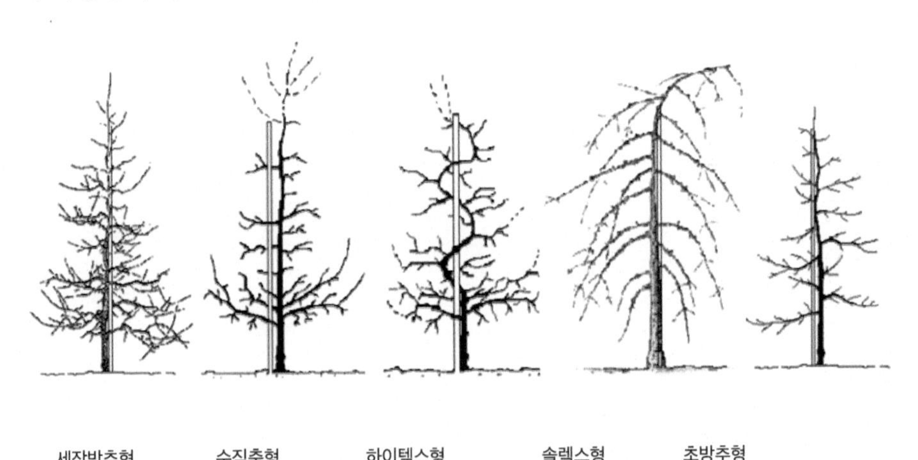

<그림 4-1> 밀식재배 수형의 종류

표 4-3 밀식재배에 이용되고 있는 수형별 특성

수형	수고(m)	수폭(m)	재식거리(m)	이용대목
방추형 (Spindle Type)	2.0~3.0	2.0 전후	3.0~4.2×1.2~1.8 (277~132주/10a)	M.7, M.4 M.9, M.26
세장방추형 (Slender spindle)	1.8~2.5	1.5~1.0	2.8~3.5×1.0~1.5 (357~190주/10a)	M.9, M.27, M.29

가 방추형(spindle bush type, spindle type)

1940년 독일에서 개발한 수형으로, 주간을 똑바로 세운 원뿔형 정지법이다. 수고는 2~3m, 수폭은 2~2.5m, 간장은 70cm 정도를 표준으로 하고, 1.5m 이하에 반영구 주지를 형성시키며, 윗부분은 짧은 가지로 구성한다.

- 재식거리 : 3.0~4.0m×1.2~2.0m(278~1190주/10a)
- 이용대목 : M.26, M.9
- 지주설치 : 필요

나 세장방추형(slender spindle bush type)

1960년 네덜란드에서 고안된 수형으로 현재 가장 많이 이용되고 있는 수형이다. 수고 1.8~2.0m, 수폭 1.0~1.5m 정도로 방추형보다 원가지를 짧게 구성한다.

- 재식거리 : 2.8~3.5m×1.0~1.5m(357~190주/10a)
- 이용대목 : M.9
- 지주설치 : 필수

다 우리나라 왜성사과의 수형

우리나라에서 이용되고 있는 왜성사과의 수형은 크게 방추형(Slender spindel bush)과 왜성주간형(Dwarf centeral leader tree)으로 구분할 수 있으며, 일반적으로 방추형은 밀식재배에 이용되는 수형을 말하고 왜성주간형은 반밀식재배에 이용되는 수형으로 이들 두 수형의 재배적 특성을 비교하면 <표 4-4>와 같다.

표 4-4 우리나라의 주요 수형과 특성

수형	재식거리	재식주 수 (주/10a)	이용대목	나무의 주요 골격	전정 방법
방추형	4×2m	125주/10a	M.26, M.9	주간+측지(결과지)	솎음 전정
왜성주간형	5×3~3.5m	57~67주	M26, MM106	주간+주지+측지	솎음+절단 전정

즉 수형은 재식거리에 따라 결정되며 재식거리를 효율적으로 관리하기 위해 다소 전정방법을 달리하는 것이다.

이와 같은 수형에 따른 가장 중요한 차이점은 방추형은 주간에다 직접 측지(결과지)를 형성시키는 반면, 왜성주간형은 주간에다 주지(골격지)를 형성시키고 주지상에 측지(결과지)를 형성시키는 점이다.

(1) 세장방추형(Slender spindle) 전정방법

사과 밀식재배 시 안정생산을 위한 유목기 수체관리 방법은 조기 착과와 수형구성을 위한 유인작업으로 대변될 수 있는데, 재식 1년차부터 지속적인 수체관리에 주의를 해야 한다. 특히 밀식재배는 나무와 나무 사이의 간격이 좁기 때문에 재식거리를 유지하기 위해서는 적당한 수세를 지속적으로 유지시키는 것이 중요하며, 아울러 조기 수량증대를 위한 빠른 수형구성이 필수적이다. 따라서 밀식재배에 이용되는 세장방추형 수형을 적용할 경우, 재식 3년 차까지 지속적인 측지확보와 함께 유인과 착과를 통한 수세안정화를 도모하는 것이 중요하다. 이와 같은 목적을 달성하기 위해서는 시기별 수체관리 방법을 염두에 두고 실천하는 것이 중요하며 주요 내용을 제시하면 다음과 같다.

가. 수형구성 원칙

① 유목기는 튼튼한 골격을 구성한다. 지표에 서서 1단 측지의 높이는 작업에 지장이 없는 높이(60~80cm)며, 분지 각도는 넓게 한다. 가지와 가지 사이에는 세력의 차이를 두며 바퀴살 가지(차지)를 형성시키지 말아야 한다.

② 결실기에는 수광, 통풍, 결실안정 위주로 목표 수관의 크기, 공간 확보 등 수형을 유지한다. 안정 결실을 위하여 결과지 및 발육지의 비율을 조절해 화아를 확보하여야 하며 노쇠지는 갱신, 견제지는 정리한다.

나. 연차별 수형구성방법

① 재식 당년의 전정

지상 60cm 이하에 발생된 가지는 제거하고, 위쪽에 발생한 가지는 극단적으로 굵지 않는 한 남겨서 측지 수를 확보한다.

생육기 중에 주간부에서 발생하는 새 가지는 이쑤시개 등으로 먼저 분지각도를 넓혀 주고, 가지가 굳을 무렵에는 세력이 강한 가지일수록 수평 이하로 강하게 유인한다.

세력이 약한 가지는 유인시기를 늦추어 생장을 유도해 준다. 겨울 전정은 측지 수가 많이 확보되었다면 주간을 절단하지 않는다.

측지 수가 적고 주간연장지의 세력이 약한 나무는 곁가지가 없는 부분의 주간 1/2 부위에서 절단해주되, 지나치게 왕성하게 자란 경우라도 남기는 길이가 50cm를 넘으면 안 된다. 이와 같은 과정은 수고가 2m 정도 될 때까지 계속한다. 주간연장지의 경쟁하는 가지나 분지각도가 좁은 측지는 제거해 준다.

② 재식 2~4년차의 전정

가능한 한 조기에 결실시켜 수세를 안정시키는 데 최대한 노력을 기울여야 한다. 결실된 과실이 불량과일지라도 수세안정을 위하여 결실시키는 것이 좋다. 주간부에 일정한 간격으로 결과지가 부착되게 하고, 수관 아래쪽 가지는 다소 강한 가지를, 위로 갈수록 약한 가지가 배치되도록 한다. 그리고 가지의 각도는 하부의 측지는 수평으로 유인하고, 그 위의 측지는 120° 정도로 수평보다 낮게 유인하여야 한다.

전정방법으로 절단 전정은 가능한 한 피하며, 주간과 경합하는 가지 및 주간연장지는 재식당년과 동일하게 관리한다. 곁가지는 수평 유인하여 기부 가까이 결과지가 발생하도록 하고, 선단부는 끝을 자르지 말고 약해지도록 관리한다. 주간선단부에 가지가 많으면 세력 균형이 맞지 않고 아래쪽 가지에 광선 투과를 방해하므로 도장성 가지는 하계전정 시 제거하여 약한 가지가 배치되도록 한다. 특히, 유목기는 곁가지 수를 확보하는 것이 중요하나 곁가지 간격이 너무 좁으면 광투과가 좋지 않아 꽃눈분화가 불량해지므로 솎아주거나 빈 공간으로 유인한다.

곁가지는 끝자름이나 절단을 하지 말고 수평으로 유인하여 꽃눈분화를 촉진시킨다. 또한 곁가지 수가 너무 많아지지 않도록 전체적으로 균형 있게 가지를 배치한다. 결실이 시작된 가지는 수세가 떨어지지 않는 한 끝자름이나 절단을 하지 말고, 수세가 강하고 곁가지 등 쪽이나 기부에서 도장지가 발생할 경우에는 하계전정을 한다.

표 4-5 후지/M.9 재식 2~3년 차 생육시기별 주요 수체관리 방법

시기	관리방법
3월 하순 ~ 4월 중순	- 2년 차 이후 동계전정 시 솎음 전정 위주로 하되 거의 무전정이 수세 안정화에 유리 - 모든 측지는 수평유인 실시 ·수형을 구성하기 위하여 지상 1.2~1.5m 부위 이하에 발생된 측지는 수평유인을 실시하고, 각각의 측지에 4~5개의 결과지를 배치하여 화아가 착생되도록 관리 ·지상 1.2~1.5m 이상 부위에 발생된 측지는 120° 이하로 유인하여 피라미드 형태 구성
4월 중순 ~ 5월 초순	- 재식 3년 차까지 주당 측지 수를 30개 정도 배치되도록 관리하며, 측지 부족 시 아상처리 실시
5월 중순 ~하순	- 적과는 목표 착과 수의 120%를 남기고 적과작업 후 6월 하순까지 목표 착과 수로 지속적인 적과 (비대 불량과, 기형과 등) - 결과지 확보를 위한 염지처리
7월 상순 ~중순	- 측지 연장지나 결과 후보지가 생장이 과다할 경우, 적심 등을 통한 생장억제 및 꽃눈유도(시기가 빠르면 안 됨)
6월~ 8월 중순	- 하계전정은 밀식재배 관리 특성상 6~8월 중순 동안 지속적으로 실시 - 배면지 가지 또는 생장과다한 도장지는 손으로 제쳐서 기부에서 제거하고 결과지 확보를 위한 유인을 지속적으로 실시

③ 성목기의 전정

이 시기의 전정은 첫째, 수관 전체에 햇빛이 고루 들도록 하고 둘째, 안정결실과 품질향상을 위하여 결과지는 주기적으로 갱신하며 셋째, 나무의 크기는 주어진 공간으로 제한되도록 하여야 한다.

곁가지 수가 많아 솎음이 필요할 경우에는 될 수 있는 한 위쪽에 있는 강한 곁가지부터 솎아내어 결실부위가 높아지지 않도록 한다. 도장지나 각도가 너무 좁게 발생한 결과지들은 제거하여 햇빛이 잘 들 수 있도록 한다.

또한 세장방추형 수형의 기부에 위치한 측지는 광환경 개선 및 안정생산을 위한 꽃눈 확보 측면에서 연차적으로 솎아냄으로써 생산력 유지 및 결과지 상승을 억제시킨다. 또한 결과지를 주기적으로 갱신해 주는 방법으로는 늘어져 오래된 가지와 노쇠한 가지를 제거하고, 늘어진 긴 가지는 단축하여 새로운 결과지로 대체해 주면 다음 해 좋은 과실을 생산할 수 있다.

그리고 주어진 공간 내에서 나무의 높이와 폭을 일정하게 유지하기 위해서는 주간선단부의 수세가 약하면 잘라주어 세력을 회복시키고, 강하면 세력이 약한 측지로 대체함으로써 일정한 수고를 유지토록 관리한다.

끝으로 세장방추형 수형을 이용한 유목기 및 성목기 수세 기준을 통하여 수체상태를 파악하고 적절한 정지·전정 및 결실관리 기술을 투입함으로써 고품질 안정생산을 달성할 수 있도록 노력하며, 효과적인 수체관리 계획을 수립하여 실천하는 것이 중요하다.

④ 성목기 수형관리 및 동계 전정 시 주요 고려사항

- 수관 하부는 곁가지에서 발생된 1~2년생 가지 수가 많아지므로 상하 좌우의 가지 발생 상태를 보아 주간에서 발생된 곁가지 또는 2년생과 1년생 가지를 적절히 솎아낸다.
- 수관의 중간부와 상부에도 세력이 과도하거나 복잡한 가지는 솎아내되, 수관 전체로 보아 햇빛 투과에 크게 방해가 되지 않는 가지는 남겨 둔다.

특히 지상 1.5m 이상에서 발생된 가지 중 세력이 강한 가지는 제거한다.

- 재식 3년 차부터 수관 하단(120cm 이하)에 주 결실지로 이용할 측지 5~6개 정도를 선정, 중·상부에는 20~25개 수준으로 한다.
- 선정된 측지와 경쟁되는 측지는 수평 이하로 유인하여 세력을 약화시키고, 수관 복잡 시 제거하며, 주간 상부에 발생한 측지도 수평 이하로 유인해준다.
- 각 측지 내에 결과지군을 형성시킨다(20cm 정도의 결과지 6~8개).
- 주 결실용 측지가 지나치게 굵어지기 전에 대체지를 양성하여 갱신한다.
- 기부측지는 지나치게 늘어지지 않도록 관리한다(유인 또는 전정).

<그림 4-2> 후지/M.9 밀식재배 재식 1, 2년차 과원

04 일반 대목의 교목성 사과나무 전정

Apple cultivation

우리나라 사과 산업의 시급한 당면 문제 중 하나는 일반 대목에 접목되어 10a당 20주 내외 재식된 나무로, 70~80년대 후반까지 심겨진, 지금은 수령 20년 이상 되는 나무가 대부분이라는 것이다. 이들 일반 사과나무의 생산성을 높이는 일이 중요하다.

다시 말해, 이와 같은 성목을, 높은 생산성을 갖추면서도 관리력이 적게 드는 나무로 만들기 위해서는 사과나무의 키 낮추기와 전정을 통하여 각 가지에 햇빛이 잘 받을 수 있도록 하고, 지력을 증진시켜 현재 10a당 2t 정도의 생산력을 가진 과수원에서 4.5t 정도를 수확할 수 있는 나무로 만들면서 품질도 개선하고 관리 작업비도 적게 들게 하는 것이 중요한 과제라 할 수 있다.

<그림 4-3>의 (가)에서 볼 수 있는 바와 같이 사과나무는 그 나무 위에 발생하는 가지의 세력은 원뿌리(主根)로부터의 거리에 반비례한다. 즉 가지의 발생 부위가 뿌리에 가까울수록 가지의 세력은 커진다. 일반 사과나무가 15년생 이상의 성목이 되면 많은 가지가 길게 자라 나무의 속 부분에 그늘이 지게 된다. 이런 나무는 수관 내부에 일광이 잘 비치게 하여 전체에 고른 결실을 비롯해 관리 노동력이 적게 들게 하려면 개심자연형(開心自然形)으로 나무를 키워야 할 것이다.

개심자연형 나무에서는 수관의 중심 부분에 가지가 직접 발생하게 하면 수관의 끝부분에서 발생된 가지가 세력도 조절되고 화아도 잘 발달하므로 <그림 4-3>에서 (나)의 나무와 같이 가지가 붙게 전정한다.

또한 일반 사과 성목의 전정상 중요한 사항은 주지의 배치를 서로 겹쳐지지 않게, 즉 3본 주지의 형태로 가급적 공간을 고르게 차지하게 하고, 또한 주지와 주지가 발생하는 부위에 지나치게 긴 측지가 발생하지 않도록 하며, 주지에서 발생한 결과지의 모습이 긴 타원형이 되게, 3개의 주지를 45~75° 정도 비스듬히 키우면 좋은 결실을 맺을 수 있게 된다.

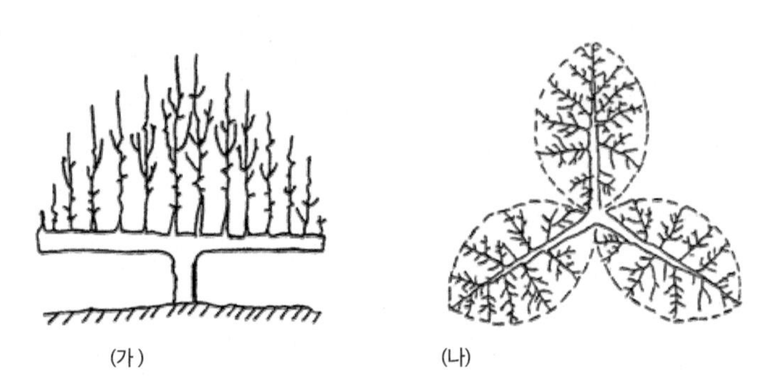

<그림 4-3> 뿌리에서 가까울수록 왕성한 생장(가)과 주지와 측지의 배치 모습(나)

15년생 이상 되는 완성된 나무는 갱신전정 위주로 한다. 즉 오래된 가지는 솎아내고 새로 돋아난 가지는 보호하여 나무는 늘 젊게 유지하는 갱신전정이 매우 중요하다. 주지를 2~3개까지 남기는 것이 일반적이지만 부득이한 경우 4개까지 둘 수도 있으나, 주지 수는 나무의 수령이 오래될수록 줄이는 것이 합리적이다.

신초의 끝은 절단함이 없이 방임하고, 새로 돋아나는 신초는 해마다 보호하면서 늙은 가지와 세력이 지나치게 왕성한 가지를 솎아내는 갱신전정을 끊임없이 하면 각 가지는 서로 그늘을 주지 않게 되어 과실은 색깔이 좋고, 또한 매년 화아분화도 잘되어 해거리가 적어지게 된다.

첫째, 주지 선단부의 신초와 2년생 된 부분의 꽃눈 발달과 더불어 3년생 된 부분에 과대지가 형성되면 가지가 하늘로 향한 쪽 즉, 가지의 등 쪽에서 돋아나서 정부우세성의 영향으로 세력이 지나치게 왕성한 도장지(徒長枝)는 기부에서 솎아버리고 과대지 중에서 꽃눈 분화가 안 된 가지 중에서 일광 투입에 방해될 만한 가지 몇 개를 솎는 정도로 가볍게 전정한다.

둘째, 2본 주지나 3본 주지의 나무는 부주지 위에 가늘고 짧은 가지가 발달하여야 많은 결실을 할 수 있고 또한 다른 가지에 큰 그늘을 지우는 일이 적다. 이와 같이 가늘고 짧은 가지들은 새로 자란 신초가 있으면 오래된 가지 즉 3~5년 된 가지를 솎아내어 신초가 그 오래된 가지의 솎아낸 공간에서 발달하여 2년 차에 꽃눈을 발달시키고 3년 차에 결실하게 한다. 즉 해마다 오래된 가지부터 솎아내는 일을 반복한다.

<그림 4-4>와 같이 애초에 신초의 끝에서 발생한 정아가 화아로 발달하여 결실한 후에 주지선단(主枝先端)이 과실의 무게에 의하여 계속 아래로 처진다. 이후 계속하여 과대지 끝에서 결실하고 또한 과대지의 정아(頂芽)와 함께 측아(側芽)도 화아로 발달하여 지속적으로 결실함으로써 주지에서 지면 쪽으로 수양버들 가지와 같이 드리워지고 과실이 주렁주렁 달렸던 자리 주변과 신초의 끝부분에서 과실이 달리는데, 이런 경우 주지는 지상 2m쯤에서 발달하여도 결과지는 모두 그보다 낮은 부위에 형성되기 때문에 일반 사과나무를 사다리 없이 관리할 수 있는 나무로 만드는 데 꼭 필요한 전정법이 된다. 이와 같은 하수지(下垂枝)를 많이 만드는 것은 일반 사과나무의 다수확과 키 낮은 나무로 만들기 및 주지 수가 2~3본 되는 나무로 키우는 데 있어서 아주 중요한 역할을 한다.

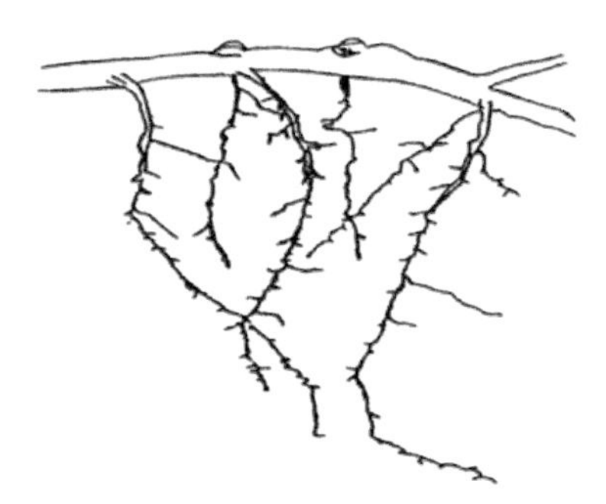

<그림 4-4> 주지상에 꽃눈이 직접 착생하여 과대지가 되면서 아래로 드리워진 모습

우리나라의 일반 사과나무는 주지 수가 6개 이상이 되고, 키가 6m 이상 되는 것이 대부분으로, 약 4년 계획으로 주지 수를 3개로, 키를 3m 가까이로 낮추는 전정을 서서히 실시하면 나무에 큰 충격을 주지 않으면서도 수량의 급격한 감소 없이 나무의 키를 낮추고 수세도 안정시켜 궁극적으로는 사다리 없이도 관리할 수 있는 일반 사과나무를 만들 수 있다.

왜성대목의 밀식장해 발생 사과원의 전정

우리나라에서 흔히 볼 수 있는 10년생 이상 되는 왜성 사과나무의 형태는 변칙주간형 모습을 하고 있는 것과 주간은 솎지 않고 주간형을 유지하고 있는 것으로 구분할 수 있다.

주간형을 유지하고 있는 것은 그래도 수형은 잘되어 있는 나무라고 볼 수 있으나, 수세가 너무 왕성하고 나무의 키와 폭이 너무 크며 결실량이 적고, 사다리 없이는 적과나 수확 및 전정 작업을 할 수 없는 점 등으로 고비용 저소득의 나무라 할 수 있다.

또한 왜성 사과원 대부분의 재식거리는 5×3.5m, 4×2.5m 등 열간과 주간거리의 차이가 2m 미만으로 형성된 사과원이 대부분이며, 주간 상단부에 여러 개의 신초발생으로 생육이 왕성하게 자라 수관이 복잡해진 과원이 대부분이다. 상단부에 여러 개의 신초가 왕성히 자라는 까닭은 상단부의 주간연장지를 절단 전정함으로써 주간에서 왕성한 주지가 발달하여 수세가 커졌기 때문이다.

이와 같은 나무의 수형 개량은 점진적인 개량 계획을 세워야 하고 엄격히 나무의 반응을 보아가며 여러 해에 걸쳐 실천해야 한다.

손쉬운 방법으로 만약 5×2.5m로 재식되어 있으면 한 나무 건너 베어내어 5×5m의 재식거리로 만드는 것이 있으나, 이렇게 되면 베어낸 첫 해엔 수확량이 갑자기 50%로 줄게 되어 남아 있는 나무도 자연히 더욱 교목성의 나무로 키우게

될 것이므로 사다리를 꼭 쓰는 등 생산비는 여전히 많이 든다.

따라서 가장 좋은 방법은 베어내지 않고 수관용적을 점차적으로 줄여나가는 것이다. 수고는 3m 정도로 낮추고, 수폭은 열간과 주간거리의 차가 2m 정도로 좁히는 데 약 3~4년의 계획을 두어 조금씩 굵은 가지를 솎아내고, 수관 내부에 잔가지를 발생시켜 이 잔가지에서 결실되게 하는 방법이다.

나무 전체의 모습은 지금의 원통형(圓筒形=sylinder shape)에서 솔방울 모양의 원추형(圓錘形=conic shape)으로 바꾼다. 그리고 주간에서 돋아난 가지 중 지나치게 세력이 강한 가지, 늙은 가지와 도장성 가지는 생육기 중에 솎아내고 잔가지는 최대한 보호하며 신초 생장은 6월 하순에 멈추게 유인을 철저히 하고 시비, 관수 등을 조절하여 결실시키면 키와 폭이 줄게 된다. 이때 나무 수형을 개선하는 동안 전정량이 많게 될 것이므로 시비는 퇴비 위주로 주고 화학비료는 생략해도 된다.

제Ⅴ장

토양 및 비배관리

1. 토양 생산력 요인
2. 표토관리
3. 수분관리
4. 시비관리
5. 토양개량

01 토양 생산력 요인

Apple cultivation

토양관리는 사과원 관리에서 기본이 되는 작업으로 다른 작업과도 밀접한 관계가 있으며 앞으로 사과 산업이 갈 방향인 과실 종합생산체계(IFP)에서도 필수적이다. 과수원 토양관리는 표토관리, 시비관리, 물 관리 및 토양개량으로 구성된다. 그러나 이들은 각각의 독립적인 영역을 갖는 것이 아니라 서로가 연관되어 있으므로 종합적으로 생각하도록 한다.

사과나무의 토양적응성은 <표 5-1>에서 보는 바와 같이 건조에 약하고 습해는 중간 정도인 작물이나, 최근에 심겨지는 M.9는 더욱 약하다. 사과원의 생산력은 사과나무의 생육상태와 수량에 따라 평가되는데, 토양 반응은 미산성 또는 중성으로 사양토가 적합하다. 최근에는 과실의 품질을 더욱 중요하게 여기므로 관련 요인들을 종합적으로 고려하여 수량은 물론 품질향상에 역점을 두어야 한다.

표 5-1 사과나무의 토양 적응성

토양조건	토심	토양반응	내건성	내습성	비료감응도
유기물이 풍부한 양토~사양토	깊어야 함 (60cm)	미산성, 중성 (pH 6.0~6.5)	약	중	질소에 민감

가 물리적 요인

사과나무는 심근성으로 뿌리가 주로 깊게 분포하고 있어 생육은 전 토층의 영향을 크게 받는다. 따라서 유효토심(뿌리가 비교적 용이하게 신장할 수 있는 토층의 깊이)에 따라 나무의 생장과 결실력이 결정된다.

사과나무의 생산력과 가는 뿌리가 발달하는 토층의 깊이와의 관계를 보면 가는 뿌리가 발달하는 토층의 깊이가 깊을수록 과실의 수량이 안정되고 높은 수량을 유지하는 경우가 많다<표 5-2>. 가는 뿌리가 신장하는 토양구조에 관계되는 토양의 물리적 요인은 토양의 삼상분포(三相分布), 토양의 굳기(硬度, 緻密度), 투수성(透水性), 공극률 등이 있다.

표 5-2 우량 및 불량주의 뿌리 직경별 건물중 (단위 : kg/주)

구분	뿌리직경(cm)	
	0.20 이하	0.21 이상
우량주	1.3	6.8
불량주	1.1	8.3

삼상분포는 고상(固相), 액상(液相), 기상(氣相)의 구성비율로 사과재배에 적당한 비율은 고상 40~50%, 액상 20~40%, 기상 15~37%이다. 토양의 굳기(硬度)는 뿌리의 신장과 밀접한 관계가 있어 산중식 경도계로 24mm 이하가 되어야 뿌리가 자랄 수 있는 것을 볼 수 있고, 29mm 이상이 되면 전혀 생장하지 못한다. 투수성은 투수계수 2.7mm/시간을 표준으로 하고 있다.

나 화학적 요인

사과나무의 생장이나 과실의 생산에 영향을 주는 화학적 요인은 염기치환용량(C.E.C), 양분 함량, 염기포화도, 산도(酸度) 등이 있다. 토양의 산도(pH)가 낮을수록 즉, 산성이 강할수록 양분의 유효도가 떨어지고 철, 망간 등의 미량원소가 과다하게 침출되어 사과나무 생육과 수량이 감소하게 된다.

토양의 보비력은 보통의 시비조건에서는 사과나무의 생장에 직접적인 영향은 적지만 간접적인 영향으로써 농도장해 발생의 난이, 질소의 비효발현(肥效發現)의 빠름과 늦음, 비료분 유실의 난이 등이 나타난다. 대체로 보비력이 적은 토양은 모래 함량이 많고 유기물 함량이 적은 토양이며, 보비력이 큰 토양은 점토 함량과 유기물 함량이 많은 토양이다.

양분이 많고 적음에 대해서는 뿌리가 양분을 흡수하는 장소(위치)와 관계가 깊지만, 가는 뿌리가 분포하는 지하 30cm까지는 시비를 포함한 토양관리에 의하여 인위적으로 조절이 가능하다. 그렇기 때문에 질소, 인산, 칼리 등의 주성분에 대해서는 거의 문제가 없고, 칼리와 칼슘 그리고 마그네슘의 양적 균형이 문제가 된다. 또한 붕소와 같은 미량요소도 충분히 존재하여야 한다.

<그림 5-1>은 품질이 좋은 사과가 생산될 수 있는 토양 단면의 예로서, 상부 30cm 정도는 양토로 유기물 함량이 많고 구조가 발달되어 있으며, 하층은 모래나 자갈이 많아 배수가 잘된다.

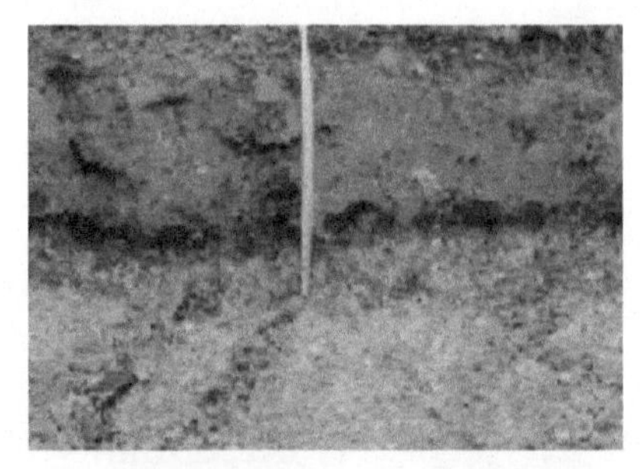

<그림 5-1> 좋은 사과가 생산되는 사과원의 토층 단면

02 표토관리

사과원은 표토(表土)관리 방법에 따라 토양의 물리·화학적 성질뿐만 아니라 사과나무의 생육과 과실의 품질이 다르게 된다.

표토관리 방법은 일반적으로 청경재배, 초생재배, 멀칭재배 및 절충 재배방법이 있다. 방법마다 장단점이 있어 수령, 과원의 위치, 토성 및 농가 조건에 따라 다르게 선택하여야 하며, 경우에 따라서는 각기 다른 방법을 절충하여 관리하는 것이 합리적인 방법이다.

가 초생재배

사과원에 1년생이나 다년생풀 또는 작물을 재배하거나 자연적으로 발생한 잡초를 키우는 재배방법이다.

초생재배는 나무 밑에서 재배하기 때문에 일조가 부족하여도 잘 자랄 수 있는 풀, 뿌리의 분포가 깊지 않아서 과수의 양분이나 수분과 경합을 일으키지 않는 풀, 과수에 병·충해를 옮기지 않는 풀을 선택하여 재배하여야 한다. 목초로는 톨페스큐와 켄터키 블루 그라스가 피복효과가 좋고 뿌리발달이 충분하여 적당하다.

초종마다 예초하는 시기에 따라 환원되는 질산태질소 양이 다르게 되는데 밀의 경우 300평당 생육일수가 20일일 때 베면 19kg 정도, 40일에는 8.4kg, 성숙기인 85일에는 0.84kg이 되돌려진다.

베는 시기가 늦을수록 유기물 공급 효과는 크게 되고, 호밀을 5월 상순경에 베면 300평당 호밀의 건물중(重)은 500~600kg 내외가 된다.

톨페스큐나 켄터키 블루 그라스의 파종량은 3kg 정도면 가능하고, 목초 종자는 축협 등에서 신청하여 구할 수 있다.

최근에 헤어리베치를 이용한 초생재배는 호밀과 마찬가지로 월동기에 토양침식을 예방하고 봄에 자라서 질소를 고정하는 목적으로 한다.

파종방법은 월동 전에 3~5cm 정도 자라야 월동이 가능하기 때문에 10~11월에 파종하는 것이 적당하다. 파종량은 2~7kg/10a이나, 북부지방에서는 파종량을 늘려야 한다.

헤어리베치를 재배하면 점박이응애의 천적인 포식응애의 월동 서식처를 제공하며, 건물(乾物)로 500kg/10a의 유기물을 공급할 수 있다. 또한 많은 식물체를 얻기 위해서는 8~9월에 파종하여야 한다.

나 피복(멀칭)재배

피복재배는 볏짚, 왕겨, 풀 등을 덮어주는 방법과 보온덮개나 비닐 등을 덮는 방법이 있다.

토양침식 방지와 토양수분을 유지하기 위한 것과 풀의 발생을 억제하는 목적으로 쓰이며, 유기물 재료인 볏짚이나 풀 등의 피복은 비료공급 효과와 토양유기물 함량을 높일 수 있는 이점도 있다.

잡초 방지를 위한 짚 멀칭을 하기 위해서는 300평당 1000kg의 볏짚이 필요하며 보온덮개는 피복 후 장마 전과 장마 후에 뒤집어야 한다. PP필름의 경우 이동을 하지 않는 편리함이 있으나, 풀이 전혀 나지 않기 때문에 물리성 향상은 기대하기 힘들다.

다 절충재배

절충재배란 청경재배, 초생재배 및 멀칭재배를 혼합하여 가장 합리적인 방법으로 표토를 관리하는 방법이다.

열간 사이는 초생재배를 하고, 수관 하부는 제초제를 사용하여 깨끗하게 관리하는 청경재배 또는 멀칭재배를 하여 잡초 발생을 억제하는 경우도 있다.

가장 좋은 방법은 사과원의 위치나 토양조건, 나무의 상태와 농가의 능력을 고려하여 선택하는 것이 바람직하다.

과수원 면적이 적을 경우 효과적인 방법으로는 나무 밑은 보온덮개나 볏짚 또는 PP필름을 이용, 피복하여 풀이 나는 것을 방지하고, 골 사이는 화본과, 목초 등 헤어리베치 또는 자연 초종 등이 자라도록 하여 토양침식도 방지하고 유기물 공급원으로 이용할 수 있다.

과수원 면적이 넓을 때에 수관 하부를 피복하거나 풀을 키우면서 제초를 하는 것은 노동력이 많이 들어 현실적으로 불가능하다. 따라서 수관 하부는 덜 친환경적이지만 제초제를 이용하면 노동력을 가장 적게 들이고 풀을 관리할 수 있다.

<표 5-3>은 표토관리법에 따른 비료성분의 유실량(流失量)을 측정한 것으로 청경재배할 때는 초생재배에 비하여 비료의 유실량이 많아지므로 사질 토양이나 경사지 토양에서는 초생재배를 하는 것이 유리하다.

사과원은 경사지에 위치하여 표토의 유실이 많고 양분이 함께 유실되어 심한 경우에는 뿌리가 드러나고 나무가 도복되기도 한다.

표 5-3 표토 관리방법에 따른 5년간의 비료 유실량

표토관리	유실량(kg/10a)			
	질소(N)	인산(P_2O_5)	칼리(K_2O)	석회(CaO)
초생	43.1	0	21.6	374.2
청경	128.5	0	31.9	588.4

* 津川力, 1984, リンゴ栽培技術, p.113

침식 정도에 따른 생육상태를 보면 침식이 심할수록 사과나무의 생육이 현저히 감소한다<표 5-4>. 이런 과원은 초생재배를 하여 토양 침식을 줄이고 수관 하부는 부초(敷草) 또는 보온덮개 피복을 하여야 한다.

사과원의 위치와 토양비옥도 등에 따라 표토 관리방법이 다르나 평지의 성목원에서는 열간을 초생재배를 하고 나무 밑은 청경하는 부분초생이 적합하다. 경사지 과원은 토양침식 방지를 위하여 PP필름이나 보온덮개 피복방법과 전체 초생재배 방법도 가능하다.

평지 유목원은 나무가 어릴 때는 수관 하부에 피복재배를 하다가 나무가 어느 정도 자라면 평지 성목원에 준하여 관리한다.

경사지 유목원은 경사지 성목원과 동일하게 토양침식을 방지하기 위하여 초생재배 또는 피복재배를 한다. 초생재배를 할 때는 나무와 양·수분이 경합되므로 풀을 베는 횟수와 시기, 시비량 등을 조절해야 한다.

풀이 많이 자랐을 때 베는 것은 질소를 공급하는 것과 같은 효과가 있으므로 사과나무의 질소 함량 상태를 고려할 필요가 있다.

표 5-4 토양침식과 사과나무 생육

침식 정도	간주(cm)	수폭(m)	수고(m)	수관 용적(m^2)
약	112.2	8.60	3.81	139.6
중	102.9	7.58	3.07	84.4
강	93.8	7.38	2.59	64.5

* 津川力, 1984, リンゴ栽培技術, p.122

03 수분관리

가 배수

사과는 심근성 작물이므로 지하수위가 높아 땅이 습해지면 토양 내 산소가 부족하여 뿌리가 피해를 받는다.

예를 들어, 지하수위가 35인치(89cm) 이상이 되려면 수량지수가 100이 되기 때문에 사과의 생산력은 지하수위가 1m 이상은 되어야 한다.

<표 5-5>는 지하수위에 따른 사과나무의 생육을 나타낸 것으로 재식 2년 후 지하수위가 45cm 부위에 있을 때 28%가 고사하였고, 75cm 부위에 있을 때는 10% 정도가 고사하였다.

표 5-5 지하수위에 따른 사과의 생육

구분		건전(%)	생육불량(%)	고사(%)
재식 2년 후	회색층 20cm	18.9	19.0	62.1
	45	56.1	15.9	28.0
	75	81.8	8.0	10.2

<표 5-6>을 보면 습해가 나타나는 과수원에서 암거배수한 결과 수량이 향상되고, 품질이 좋아졌다. 이는 과습한 조건을 방지하여 토양 공기 중에 산소가

많아져 뿌리의 호흡을 원활히 하는 등 생육조건이 좋아졌기 때문일 것이다. 즉 암거가 되었다는 것은 지하수위를 낮추는 방법이므로 지하수위가 낮아져 근권이 넓어졌다는 뜻이다.

표 5-6 암거배수가 사과 수량 및 품질에 미치는 영향

지역	처리	수량(kg/주)	과실등급(%)			
			상	중	하	등외
A	암거	322.4	45.2	39.6	12.2	3.0
	방임	255.8	37.7	44.3	13.4	4.8
B	암거	278.1	32.4	52.0	8.4	7.2
	방임	206.4	5.0	39.3	39.9	15.8

배수 방법은 명거와 암거 두 가지로 구분하여 실시할 수 있다. 명거는 설치작업이 간편하고 비용이 적게 든다. 그러나 과수원 표토에 고랑이 생기기 때문에 과수원 작업에 불편을 준다.

암거배수는 토성과 지하수위에 따라 다르며 목적에 따라서도 다르다. 일반적으로 지하수위가 문제가 될 때는 1.2~1.4m 내외로 깊게 설치하여야 하며, 지하수위가 문제가 되지 않고 뿌리 부근의 토양 중에 물을 제거할 때는 50~60cm 깊이에 설치하며, 간격은 재식열에 따라 설치하면 효과적이다. 그러나 논을 과수원으로 전환한 과원에서는 배수방법에 우선하고, 특히 장마철에는 과원 주위에 명거 또는 암거배수를 실시하여 과원 주위로부터 물이 과원 내로 유입되지 않도록 차단하는 것이 중요하다. 또한 논에 과수를 심을 때는 야산개간지나 밭과는 다르게 구덩이를 파지 않고 주변 흙을 활용하여 올려 심는 방법이 효과적이다.

나 관수

사과나무가 건실한 생육과 좋은 과실을 얻기 위해서는 토양 중에 적당한 수분이 필요하다. 우리나라는 연간 강수량이 1000~1300mm로 사과재배에 충분한 양이지만 강수량이 장마기인 6월 하순에서 7월 하순에 편중되

어 있다. 과일의 착과기인 봄과 과실비대기 및 착색기인 가을에는 잠재증발산량보다 평균 강수량이 적다. 따라서 관수가 필요한 사과원이 많은데, 특히 하천 부지나 경사지에 있거나 사토~사양토 사과원은 비가 오지 않는 기간이 길면 가뭄 피해를 받게 된다. 그러나 동계(12~2월)에는 강수량이 없어도 땅이 얼고 휴면기로 토양수분 소모가 적어 피해가 매우 적다.

(1) 관수시기

가. 증발산량에 의한 경험적 물주기

과수재배에서 물이 부족한 시기는 5월 중·하순부터 6월 중순까지 1차 한발기와 2차 한발기인 9월과 10월이다. 낙엽과수에서 1차 한발기는 생육이 왕성한 시기이고, 2차 한발기는 성숙(착색)이 되는 시기이다. 일반적으로 1차 한발기의 한발 피해가 2차 한발의 피해보다 크다. 일반적으로 7~10일 동안 20~35mm의 강우가 없으면 물주기를 하여야 한다. 물주기는 <표 5-7>과 같이 물량과 물주는 기간을 토성에 따라 다르게 할 필요가 있다.

그러나 토양 중의 수분 함량을 정확히 알 수 없는 경우에 과습과 건조의 피해를 받을 수 있으므로 최근에는 토양수분 센서를 이용하여 토양수분 함량을 측정하여 자동으로 관개되도록 하는 방법이 이용되고 있다.

표 5-7 과수원 1회 관수량 및 관수간격

토양	관수량(mm)	관수간격(일)
사질	20	4
양토	30	7
점토	35	9

나. 토양수분 센서를 이용한 물주기

토양수분 센서에 물주기를 원하는 적정 수분범위를 설정하면 토양 수분 함량에 따라 전기적인 신호로 솔레이드 밸브가 열리고 닫히며 자동으로 관수를 하게 된다. 이때 수분 센서의 설치 위치는 뿌리가 가장 많이 분포하는 지표 아래 15~30cm 부위에 설치하는 것이 가장 효과적이다. 수분 센서에서 떨어진 거리는 60~70cm 내외이며, 모래가 많이 섞여 있으면 짧게, 점질이 많이 섞여 있으면 좀 멀리 설치한다. 토양수분 센서 중에는 전기적 신호를 이용한 TDR 센서 형태와 텐시오미터를 이용하는 2가지형이 이용 가능하나, 가격은 텐시오미터가 저렴하지만 관리가 불편하고, TDR은 가격이 고가이나 취급은 용이하다.

(2) 관수량

가. 토양수분 함량을 기준으로 한 방법(중량법)

정확한 물량의 산정방법은 토양 수분 함량을 이용하여 산출하는 것으로 현재 토양 수분 함량(%)을 목표하는 수분 함량(%)에서 빼어 그 수치를 물을 주어야 할 토양의 유효토심과 면적에 곱하면 된다. 예를 들면, 어떤 과종을 1000㎡(300평) 면적에 재배하면서 토심 45cm까지 물을 주고자 할 때, 현재 수분 함량이 15%이고 목표로 하는 수분 함량이 25%면 1회 관수에 필요한 양은 다음과 같이 계산할 수 있다(가비중을 1로 가정함). 그러나 실제적으로 관수를 할 때 점적 관수 방법은 수관 하부에만 물이 공급되므로 50% 정도의 양으로도 충분하다.

* 물량(m^3) = 관수면적(m^2) × 근권 토심(m) × (25-15)/100
= 1000 × 0.45 × 0.10 = 45m^3(톤)

나. 토양수분 감지센서를 이용한 관수

토양수분 센서를 이용할 때는 원하는 토양수분 장력에 맞추면 되기 때문에 가장 과학적인 방법이라고 할 수 있다. 이때 일반적으로 과수원의 적당한 관수 개시점의 토양수분 장력은 -30~-40kPa이다. 현재 토양수분 센서로는 텐시오미터와 TDR 측정기를 이용하여 조절하는 방법이 실용화되어 있다.

(3) 관수방법

물주는 방법은 어떤 한 가지 방법이 모든 과수원에 절대적으로 좋은 것은 아니며, 토성과 지형적인 조건에 따라 또는 수원(水源)의 양과 수질에 따라 다르게 선택될 수밖에 없다. 그러므로 과수원의 여건인 지형과 토성, 수원의 확보 상태와 농가의 규모 및 기술상태 등에 따라 다르게 되는데, 이들을 고려한 관수 방법별 선정 기준은 <표 5-8>과 같다.

표 5-8 관수방법의 선정 기준

구분	고랑 관수	살수법	점적 관수
지형	평탄지	평탄지~급경사지	평탄지~급경사지
토성	양질~식양토	사질~양질	모든 토성
관수량	풍부, 양질	중	소~중
규모	조방 재배	대규모	소규모
기술 수준	중	고	고도 집약

(4) 관수 효과

관수의 효과는 <표 5-9>에서 보면 평균 과중과 수량이 증가하고 생육도 좋아져 품질이 우수한 과실의 생산이 용이해진다. 또한 수분이 적당하면 양분흡수가 증대되며, 특히 물관을 통해 칼슘(Ca)의 흡수가 용이하게 되어 생리장해(고두병, 코르크 스폿, 홍옥반점병, 축과병 등) 발생을 예방하고 저장력을 증진시키는 효과가 있다.

표 5-9 점적 관수가 사과나무 생육, 과실에 미치는 영향(후지)

처리	신초장* (cm)	간주비대량 (cm)	수량 (kg/10a)	평균 과중 (g/개)
자연강우	23.9	2.77	678	248.3
점적 관수	38.3	3.37	912	275.3

* 자료 : 6월 27일 조사. 원시연보, 1988, 과수편, p.41

04 시비관리

가 비료요소의 흡수

<표 5-10>에서 보는 사과 잎의 질소 함량 변화는 5월부터 시일이 경과함에 따라 서서히 감소하였고, 인산과 칼륨은 5월에서 6월까지 급격히 감소하였으나, 칼슘은 시일이 지나면서 서서히 증가하였고, 마그네슘은 시기에 따른 차이가 없었다.

과실의 무기성분의 건물중 함량은 개화 후 시일이 경과함에 따라 감소한다. 개화 100일 후에는 질소, 인산, 칼리, 칼슘 모두가 거의 일정해진다. 한편 이들 무기성분의 과실당 함량은 과실이 비대해 감에 따라 증가하는데, 특히 칼리의 함유량은 과실중(건물중)의 증가와 거의 병행한다. 칼슘과 인산은 일정량에 도달한 후 변화가 없고, 질소는 완만하지만 점차 늘어가고 있다. 칼슘은 잎에서 거의 이동하지 않으며, 인산은 과실 내에서 생화학적 작용을 조절하는 이상으로 흡수되지 않기 때문인 것으로 생각된다.

표 5-10 사과 후지/M.26의 시기별 잎의 무기성분 함량의 적정 범위

구분	5월 하순	6월 하순	7월 하순	8월 하순
질소(g/kg)	24.9~29.5	24.0~28.2	23.3~27.1	22.7~25.8
인(g/kg)	1.92~2.66	1.42~2.44	1.27~2.13	1.12~2.13
칼륨(g/kg)	17.1~22.0	13.3~17.4	11.8~16.4	10.9~16.5
칼슘(g/kg)	6.30~10.5	7.24~11.2	8.50~13.1	8.93~13.2
마그네슘(g/kg)	2.20~3.41	2.20~3.30	2.23~3.40	2.11~3.37

나 시비량

(1) 이론적 시비량

시비량은 작물이 흡수한 비료성분 총량에서 천연적으로 공급된 성분량을 빼고, 그 나머지를 비료성분의 흡수율로 나누어서 계산하는 것이 이론적인 방법이다.

$$\text{시비 성분량} = \frac{\text{작물의 흡수량 - 천연공급량}}{\text{비료요소의 흡수율}}$$

과수에서 비료요소의 흡수량은 잎, 과실, 가지, 뿌리 등 그해에 새롭게 만들어진 기관이 흡수한 비료성분량과 비대부분이 흡수한 비료성분량을 합한 것으로 과수가 흡수한 비료성분량은 생육량과 수확량에 따라 크게 달라진다.

천연공급량은 전 흡수량의 질소는 1/3, 인산과 칼리는 각각 1/2 정도로 알려져 있다. 그러나 이 양은 과수원의 비배관리에 따라 차이가 있다. 토양에 시용된 비료성분의 일부는 유거수에, 다른 일부는 침투수에 의하여 유실되고, 또 다른 일부는 휘산되거나 불가급태로 변하므로 작물에 흡수, 이용되는 비료 성분량은 시용한 전량이 아니다.

비료성분의 흡수이용률은 기상 조건이나 토양조건, 비료의 형태, 시비방법 등에 따라 다르며 보통 과수에 대한 흡수이용률은 질소 50%, 인산 30%, 칼리 40%로 보고 있다. 10a당 2813kg을 생산하는 사과나무에 대한 비료요소의 흡수량이 질소 8.82kg, 인산 2.41kg, 칼리 9.0kg이라 하고 앞에서 제시한 방법과 비료성분의 흡수 이용률에 따라 시비할 비료성분량을 계산해 보면 <표 5-11>과 같다.

표 5-11 사과나무에 대한 시비량 계산(kg/10a)

구분	질소	인산	칼리	산출
흡수량	8.82	2.41	9.00	10a당 연간 수량이 2813kg인 경우,
천연공급량	2.94	1.21	4.50	질소는 흡수량의 1/3, 인산 및 칼리는 흡수량의 각각 1/2
필요량	5.88	1.20	4.50	흡수량-천연공급량
시용량	11.76	4.00	11.25	질소, 인산, 칼리의 이용률은 각각 50%, 30%, 40%로 간주

즉 질소 11.7kg, 인산 4.0kg, 칼리 11.25kg이 된다. 그러나 이 양은 이론적으로 계산한 것이고, 실제에 있어서는 품종, 토양, 대목, 재배법 등을 감안하여 가감해야 한다.

(2) 표준 시비량

적정 시비량을 결정하기 위해서는 많은 비료 시험을 실시하여야 한다. 그러나 과수에 대한 비료시험은 방대한 면적을 필요로 하며 오랜 세월이 소요되는 등의 이유로 매우 어렵다. 이 때문에 국내외에서 실시한 비료시험과 엽 분석을 통한 영양상태, 국내의 기상, 토양을 감안하여 일반 사과와 후지/M.9의 시비량을 보면 <표 5-12>, <표 5-13>과 같다.

유기물로 썩지 않는 구비를 사용할 때, 가을에 시용하면 화학비료를 30% 감량하고, 봄에 시용하면 질소는 50% 이상 감량하며, 인산, 칼리는 40% 감량한다. 그러나 재식밀도가 높아도 10a당 시비량을 넘어서는 안 된다.

표 5-12 일반 사과에 대한 시비성분량(kg/10a)

수령	질소	인산	칼리
	비옥지~척박지	비옥지~척박지	비옥지~척박지
1~ 4	2.0	1.0	1.0
5~ 9	2.0~ 4.0	1.0~ 2.0	2.0~ 3.0
10~14	5.0~ 8.0	2.0~ 5.0	3.0~ 5.0
15~19	10.0~15.0	5.0~ 8.0	8.0~12.0
20년 이상	15.0~20.0	8.0~12.0	12.0~20.0

표 5-13 **후지/M.9 밀식재배를 할 때 표준 시비량**

수령(연차)	수량(kg/10a)	표준 시비량(성분량, kg/10a)		
		질소	인산	칼리
1	-	2.5	0.7	1.7
2	1500	5.8	1.3	5.7
3	2500	7.9	1.8	8.3
4	4000	12.3	2.6	13.4
5	4500	13.2	2.9	14.9

※ 밀식재배 : 190주/10a,
자료 : 작물별 시비처방 기준. 2006. p.164

(3) 토양검정에 의한 시비량

과수원의 표준 시비량은 비옥지와 척박지로 구분하여 비료를 주도록 되어 있으나, 토양 중의 양분 함량이 고려되지 않은 것이므로 토양 중 양분 함량을 정확히 판단하여 시비처방을 하는 것이 중요하다. 또한 보조적인 방법으로 잎의 무기성분을 분석하여 나무가 양분을 제대로 흡수하고 있는지 판단할 필요가 있다.

가. 질소

질소는 질소 공급원이 되는 토양유기물을 진단하여 질소의 시비량을 결정한다. 즉 과수원 토양의 평균 유기물 함량 범위에서는 표준 시비량의 평균치를 적용하며, 토양 및 지역 간의 차이에 의해 평균 유기물 함량 범위보다 적으면 표준 시비량의 평균치보다 더 주어야 한다<표 5-14>.

표 5-14 **사과원 토양 내 유기물 함량에 의한 질소시비 성분(kg/10a)**

수령	유기물 함량(g/kg)		
	15 이하	16~25	26 이상
1~4년	2.0	2.0	2.0
5~9	4.0	3.0	2.0
10~14	8.0	6.5	5.0
15~19	15.0	12.5	10.0
20년 이상	20.0	17.5	15.0

* 자료 : 작물별 시비처방 기준, 2006, p.164

나. 인산

토양검정을 통한 인산의 시비량은 대부분의 과수원이 적정범위를 초과하고 있기 때문에 토양진단 후 시비량을 계산하여 시용하여야 한다.

751mg/kg이 되면 기비로 10a당 기본 시비량 1kg을 늦은 가을이나 이른 봄에 흡수를 촉진하기 위하여 시비한다<표 5-15>.

표 5-15 사과원 토양 내 유효인산 함량에 의한 인산시비 성분(kg/10a)

수령	유효인산(mg/kg)			
	350 이하	351~550	551~750	751 이상
1~4	1.0	1.0	1.0	1.0
5~9	2.0	1.5	1.0	1.0
10~14	5.0	3.5	2.0	2.0
15~19	8.0	6.5	5.0	3.0
20년 이상	12.0	10.0	6.5	3.0

* 자료 : 작물별 시비처방 기준, 2006, p.165

다. 칼리

토양 중 칼리 함량은 절대량이 부족하거나 과다하여도 문제가 되지만 칼슘과 마그네슘과 함량비도 고려하여야 한다. 치환성 양이온인 칼리, 칼슘, 마그네슘은 서로 길항작용을 하므로 칼슘 60~65%, 마그네슘 15%, 칼륨 5% 내외로 염기포화도가 80% 정도를 목표로 칼리시비량을 결정한다<표 5-16>. 칼슘이나 마그네슘 함량이 높으면 칼리 함량도 비율을 고려하여야 한다.

표 5-16 사과원 토양의 치환성 칼리 함량에 의한 칼리시비 성분(kg/10a)

수령	토양 치환성 칼리 함량(cmol/kg)			
	0.5 이하	0.51~0.80	0.81~1.10	1.11 이상
1~4년	1.0	1.0	1.0	1.0
5~9	3.0	2.5	2.0	2.0
10~14	5.0	4.0	3.0	3.0
15~19	12.0	10.0	6.5	3.0
20년 이상	20.0	16.0	9.5	3.0

* 자료 작물별 시비처방 기준, 2006, p.165

다 시비 시기

생장주기에 따라서 과수의 비료성분 요구도가 다르다. 이는 잎이 피고 가지와 과실이 생장하는 데 필요한 비료성분량이 다르기 때문이다. 즉, 사과나무가 생장함에 따라서 비료성분의 공급이 적절히 조절되어야 한다는 것을 의미한다. 비료를 일시에 다 주면 일시적인 과잉흡수로 웃자라고 다음에는 비료 부족 현상이 나타나기 쉽다. 또 강우에 의한 비료분의 유실도 나타나며, 토양반응의 급격한 변화가 일어나서 생육이 나빠질 염려도 있다. 따라서 사과나무의 조건, 토양조건, 비료의 종류, 기상조건 등을 감안하여 비료를 나누어 주어야 수량도 많고 품질이 좋아진다.

사과나무에 대한 시비는 휴면기에 시용하는 밑거름(基肥)과, 생육 중에 시용하는 웃거름(追肥), 과실을 수확한 후에 시용하는 가을거름(秋肥, 禮肥) 등으로 구분한다.

(1) 밑거름(基肥)

밑거름은 필요한 비료를 낙엽이 진 후부터 다음 해 봄, 발아 전까지 즉 휴면기에 주는 거름이다. 22년생 사과(홍옥)에 대하여 밑거름 시용 시기가 사과의 새 가지와 과실생장에 미치는 영향을 조사한 성적을 보면 <표 5-17>과 같다. 새 가지의 신장은 4월 및 7월 시용구가 양호하며, 과실의 결실량은 2월 시비구에서 가장 많고, 12월 시용구에서도 많다. 성숙 과실 수도 2월구에서 가장 많고, 12월 시비구가 다음이다. 과실의 착색률은 12월 및 2월 시용구가 비교적 양호한 편이다.

한 상자당 과실 수는 7월 및 4월 시용구에서 과실이 크고, 새 가지의 신장이 많았던 것은 낙과 비율이 높고, 한 그루당 착과 수가 적었기 때문으로 생각된다.

결국 전반적으로 보아 봄철, 발아 직전에 시비하는 것보다 초겨울에 일찍 시비하는 것이 과실의 낙과가 적고 수확량이 많으며 착색이 양호하였다. 비료를 늦게 시용하면 새 가지의 생장이 잘되는 등 양분경합 면에서 영양생장이 생식생장(과실생장)보다 우세하였다. 시용한 질소는 뿌리에 흡수 저장되었다가 발아와 더불어 지상부로 이동하는데, 일찍 흡수된 질소는 지상부보다 일찍 활동하는 뿌리의 생장에 우선 이용된다. 그리고 지상부의 잎눈이나 꽃눈이 활동을 시작하면 이 성분은 지상부로 이동한다. 이런 이유로 일찍 시비하여 휴면이 끝남과 동시에 흡수할 수 있도록 하여야 한다.

표 5-17 질소 시비기가 홍옥의 새 가지 및 과실생장에 미치는 영향

시비기(월)	새 가지 신장량(cm)	수확 전 낙과	성숙 과실 수	1상자당 과실 수	착색도
12	22.5	4,283	3,256	161	60.9
2	22.5	4,631	3,575	164	63.7
4	23.8	3,677	2,073	159	58.1
7	24.5	3,126	2,398	151	53.6
9	19.8	4,431	3,117	178	64.6
무비료	17.8	4,387	2,703	186	70.7

* 1929~1937 년간 평균 질소 시용량 : 450g/주/년
Overholser, 1940. Proc. Amer. Soc. Hort. Sci(37) : 81.

일반적으로 퇴비나 두엄 등의 완효성 유기질 비료는 화학비료와 혼용한다. 이때 미숙 퇴비나 두엄이 우선 분해되어야 하기 때문에 그 비효를 높이기 위해서도 낙엽 후 땅이 얼기 전에 시용하는 것이 좋다.

(2) 웃거름(追肥)

웃거름은 생육기간 중 부족한 비료 성분을 보충해 주어 신초생장, 꽃눈분화, 과실비대를 돕기 위해서 주는 거름으로 시비시기는 과실의 비대가 왕성해지기 전인 5월 중·하순이 적기이다.

예를 들어, 봄철 토양에 시용한 질소의 변화 중 3월에 시용한 질소성분이 18kg/10a이라면, 사과나무가 주로 흡수하고 그 나머지는 잡초가 흡수하거나 강우로 인한 유실, 휘산(揮散) 등에 의하여 5월 중순이 되면 무시용구(無施用區)와 토양 내 질소 함량이 비슷하게 된다. 이 결과로 보아 웃거름을 5월 중순에 주어야 후기에 필요한 양분을 공급할 수 있다는 것을 알 수 있다.

우리나라의 강우량은 7월에 집중되어 있어 토양의 침식도 많고 비료분의 용탈(溶脫)과 유실(流失)도 많다. 이때는 사과나무에 비료성분의 흡수가 많고 과실비대도 왕성한 시기이기 때문에 결실이 많은 과수원에서는 시기를 잘 판단하여

웃거름 주는 횟수를 2회 이상으로 나누어 주는 것이 좋다. 그러나 질소를 웃거름으로 많은 양을 시용하거나 속효성(速效性)이 아닌 비료를 시용하면 신초(新稍)의 생장이 늦게까지 계속되어 꽃눈분화가 불량해지며, 병해충에 대한 저항성도 약해지고, 과실의 착색이 불량해지며, 저장력도 떨어지므로 주의해야 한다.

(3) 가을거름(秋肥)

가을거름은 과실을 수확한 후에 수세를 회복시켜서 광합성 작용을 높이고 저장양분의 축적량을 증가시키기 위하여 시비하는 것으로 주로 속효성 비료를 시용한다. 저장양분의 다소는 내한성과 직접 관계가 있을 뿐만 아니라 다음 해 봄의 발아와 생장, 개화 및 결실에도 큰 영향을 준다. 따라서 수확 후 시비하는 가을거름은 매우 중요한 의미를 갖는 거름이다. 그러나 이때 시비량이 너무 많으면 2차 생장을 유발하여 생성된 동화물질을 소비하고 조직이 불충실해져 동해를 입는 경우도 있다. 조생종, 중생종은 수확 후 요소를 주고, 만생종(후지)은 토양 시용 대신 10월 말에 3~5%의 요소를 엽면살포를 하기도 한다.

라 분시(分施) 비율

비료의 분시비율은 수령, 품종, 토양조건에 따라 다르나 <표 5-18>과 같다. 질소는 조·중생종은 6 : 2 : 2로 분시하나, 만생종(후지)은 가을거름을 주기가 곤란하여 수확 후(10월 말) 요소 엽면시비로 대신하기도 한다. 유목 및 착색이 매년 안 되는 나무, 도장지의 발생이 많은 나무, 동해 피해를 받은 나무는 덧거름을 생략한다. 칼리는 6 : 4로 분시하나 토성, 강우, 지형 등에 따라 자주 나누어 주어도 좋다.

인산은 모두 밑거름으로 심경을 할 때 토양 전층에 시용하고 칼리는 밑거름으로 60% 정도 시비하고 덧거름으로 준다. 지효성 유기질 비료(퇴비, 두엄, 닭똥, 우분), 석회, 고토, 석회, 붕사는 전량을 밑거름으로 시용한다. 특히 사질 토양은 보비력이 약하기 때문에 밑거름의 비율을 줄이고 덧거름의 횟수를 늘려 2~3회로 하는 경우도 있다.

표 5-18 사과원에 대한 분시율(단위 : %)

비료성분	밑거름	웃거름	가을거름
질소	60	20	20
인산	100	0	0
칼리	60	40	0

마 비료의 종류

과수에는 유기질 비료와 무기질 비료가 다 같이 사용된다. 유기질 비료로는 어박, 골분 등의 동물성 비료와 깻묵, 쌀겨 등의 식물성 비료, 아미노산 발효 부산물이나 산업 부산물 등의 가공비료, 퇴구비, 녹비 등의 자급비료 등 여러 가지가 있다. 무기질 비료에는 질소, 인산, 칼리, 마그네슘, 칼슘, 붕소 등의 단일 성분을 함유하는 단비(單肥)와 몇 가지 성분이 혼합된 복합비료(2종 복합비료)가 있다. 그 밖에 무기양분과 유기양분을 혼합한 3종 복합비료도 있고 엽면살포용 비료도 있다.

최근에는 시비에 소요되는 노동력을 절감하는 측면에서 뿐만 아니라 비효를 높이고 품질이 좋은 과실을 생산하기 위하여 원예용 또는 과수전용 복합비료가 시판되고 있으나, 정밀농업을 위한 성분량 시비를 위해서 추비는 복비 사용보다 단비 위주의 시비를 할 필요가 있다.

유기질 비료는 분해와 용출 속도가 완만하여 토양용액에 급격한 변화를 주지 않으므로 과수에 일시적인 농도 장해를 주는 일이 없이 전 생육기간을 통하여 영양분을 고루 공급하는 동시에 강우나 관수에 의한 비료분의 유실염려도 적다. 그러나 유기질 비료는 비료의 성분이 낮아서 무기질 비료를 첨가해 주어야 하는 것이 일반적이다. 또한 유기질 비료에서는 토양미생물의 영양원이 되고 부식을 만들어서 토양의 이화학적 성질을 개선하고 질소, 인산, 칼리 이외에 붕소를 포함한 각종 미량 원소를 공급하는 효과도 있다. 유기질 비료와 무기질 비료가 과실의 생육, 수량 및 품질에 미치는 영향을 보면 수량과 나무의 생장은 무기질 비료구에서 좋은 편이나, 착색이 좋은 과실의 비율은 유기질 비료구에서 훨씬 높은 것을 볼 수 있다.

그러나 유기질 비료만으로는 과수가 필요로 하는 비료 성분의 양과 비율을 충족시키기 어렵고 가격이 비싸서 생산비가 높아지기 때문에 이 두 가지 비료를 적절한 비율로 병용해야 한다.

복합비료에는 대부분 붕소 성분이 0.3% 정도 혼합되어 있어 추가로 붕소비료를 시비하면 붕소과다 피해가 우려되므로 붕소의 시비량을 확인하고 시비하여야 한다.

사과원에서는 우분, 돈분, 계분 등의 비료성분의 함량이 높은 유기물이 시용되고 있다<표 5-19>. 이런 재료는 비료의 함량이 높아 기비로 줄 경우 기비 시비량에서 유기물 재료의 1년간 유효화되는 비료량을 감하고 나머지 양을 화학비료로 시용하여야 질소과다 및 비료의 유실량을 줄일 수 있다. 많은 사과재배농가가 생·축분을 시용하고 여기에 화학비료를 추가로 시용하여 질소와 인산 및 칼리가 과다 시용되는 사례가 많다.

사과원에서 토양개량용으로 시용하는 유기물 재료는 짚, 양송이 퇴비, 외양간 두엄(퇴비), 분쇄왕겨(팽연왕겨) 등과 같이 비료분이 적은 것이 바람직하다.

표 5-19 왜성 사과원의 유기물 종류별 시용 현황

구분	왕겨	짚	계분	돈분	우분	기타
비율(%)	9.4	9.4	17.2	21.9	25.0	17.1

* 자료 : 원시연보, 1987, 과수편, p.51

바 시비방법(施肥方法)

양분을 흡수하는 잔뿌리는 수관의 바깥 둘레 밑에 많이 분포하고, 수직 근군 분포는 지표로부터 0~60cm에 많다.

사과원에 대한 시비방법은 윤구시비법, 조구시비법, 전원시비법, 방사구시비법 등이 이용되는데 수령, 토양조건, 경사도 등에 따라 이들 중 하나 또는 둘을 병용한다. 배수가 불량한 과수원에서 윤구시비나 방사구시비를 하게 되면 물이 고이게 되어 나무의 생육을 오히려 해롭게 하는 경우가 있으므로 별도로 배수시설을 설치하거나 배수가 되는 방향으로 도랑을 파서 물이 잘 빠지게 해

야 한다. 이때는 자갈, 모래, 암거용 토관 등으로 암거를 한 후, 그 윗부분에 시비하는 조구시비가 바람직하다. 성목이 되어서 나무와 나무가 맞닿을 경우 윤구시비나 방사구시비를 하면 많은 노동력이 들 뿐만 아니라 뿌리가 많이 손상되어 나무의 생육을 저해하기 때문에 성목원에서는 조구시비나 과수의 전면에 비료를 살포하는 전원시비를 한다.

표 5-20 사과나무의 수세판단과 시비요령

구분	수세판단	시비요령
수세강	● 약간 비스듬히 자란 가지가 40cm 이상 자라고, 2차 생장(7월 말)이 많다. ● 도장지 발생이 많고, 꽃눈이 작다. ● 결과지는 중·장과지가 많다. ● 나무색이 흑색에 가깝다. ● 잎은 녹색이 강하고, 낙엽기 이후에도 달려 있다. ● 과실의 착색이 불량하고, 맛이 없다.	● 화학비료를 줄인다. (특히 질소질 비료) ● 덧거름, 가을거름을 주지 않는다. ● 부숙되지 않은 퇴비를 삼간다. (돈분, 계분, 생 가축분뇨)
수세약	● 약간 비스듬히 자란 가지가 25cm 이하로 가늘고, 2차 생장이 적다. ● 꽃눈은 많으나 작다. 일찍 낙엽된다. ● 도장지가 적고, 최단과지가 많다. ● 나무색이 적색에 가깝다. ● 과실이 적고, 착색은 좋다.	● 시비량을 늘린다. ● 덧거름, 가을거름을 준다. ● 완숙퇴비를 시용한다. ● 심경 또는 심토파쇄를 실시한다.

전원시비를 할 경우는 표토에만 시비하게 되므로 뿌리의 향비성에 의해 천근성이 되어 건조의 해나 동해를 받을 우려가 있으므로 주의해야 한다.

칼슘 성분은 토양 내에서 이동성이 매우 낮고, 토양 pH를 교정하기 위한 수단으로 시비하므로 석회비료는 심층시비를 해야 하고, 인산질 비료도 토양 내 이동이 낮아 심층시비를 해야 한다. 또한 웃거름이나 가을거름을 주는 시기는 생육 중에 준다. 이때에 뿌리가 손상되면 나무에 좋지 못한 영향을 미치므로 이런 웃거름은 비가 오기 전에 지표면에 시용한다.

나무의 영양상태는 많은 시간과 비용이 소요되는 엽 분석방법으로 모든 농가가 판정할 수 없으므로 <표 5-20>에서와 같은 방법으로 수세를 판단하여 시비하면 많은 도움이 된다.

05 토양개량

Apple cultivation

사과나무가 잘 생육하기 위해서는 심토까지 토양의 물리·화학성을 좋게 하여야 한다. 사과원의 토양개량은 토양물리성 개량(깊이갈이, 폭기식 심토파쇄)과 화학성 개량(석회시용 양분의 균형) 등을 들 수 있으며 토양개량의 목표치는 <표 5-21>과 같다.

표 5-21 과수원 토양개량 목표

항목		목표치
물리성	유효토심(有効土深)	60cm 이상
	근군이 분포된 토층의 굳기	22mm 이하
	지하수위(地下水位)	지표 하 1m 이하
화학성	pH(H_2O)	6.0~6.5
	유효 인산 함량	200~300mg/kg
	염기포화도	60~80%
	석회(칼슘) 함량	5~6cmol/kg 이상
	고토(마그네슘) 함량	1.5~2.0cmol/kg
	칼리 함량	0.6~0.9cmol/kg
	마그네슘/칼리비율	당량비로서 2 이상
	붕소 함량	0.3~0.5mg/kg 정도
	유기물 함량	25~35g/kg

가 물리성 개량

<표 5-22>는 사과(후지)나무에 대한 심경의 효과로 물리성만 개량한 '심경(1)구'와 물리성과 화학성을 종합적으로 개량한 '심경(2)구'이다. 심경구는 대조구보다 수량, 개화 비율 및 간주가 월등히 좋았으며, '심경(2)구'가 '심경(1)구'보다는 간주가 약간 증가하였다. 이 결과로 보아 물리성 개량이 화학성 개량보다 중요하다는 것을 알 수 있다.

표 5-22 심경 사과나무(후지) 생육 및 수량에 미치는 영향(1973)

처리	간주(cm)				개화 비율 (%)	수량		
	1년 후	2년 후	3년 후	4년 후		개수 (개)	수량(kg/주)	평균과중 (g)
대조	15.3	19.8	21.0	25.3	32	106	32	302
심경(1)	15.0	20.2	24.8	30.6	56	162	51	315
심경(2)	15.2	21.8	26.4	33.1	64	162	52	321

* 심경(1) : 나무로부터 70cm 떨어진 곳에 40cm 폭으로 심경
심경(2) : 심경(1) 처리에 고토탄산석회, 용성인비, 부식질 개량제 투입
津川力, 1984, リンゴ栽培技術, p.420

심경은 심토의 고상률을 적게 하고 공극률을 많게 함으로써 공기와 물을 함유할 수 있는 부분을 크게 하여 나무가 잘 자란다. 그러나 깊이갈이는 최근에 거의 이루어지지 않고 있다

물리성 개량방법으로 폭기식 심토파쇄 처리를 하는데, <표 5-23>은 토양물리성 개선효과를 나타낸 것으로 심토파쇄 처리를 함으로써 포화수리전도도가 증가하였고 고상이 감소하여 전용적밀도가 낮아지는 등 물리성 개선효과가 있음을 볼 수 있다. 과실 품질과 수량에 미치는 영향을 보면 처리구가 과중이 커지며 수량이 증가하였고, 착색이 향상되어 품질이 좋아졌다<표 5-24>. 최근에는 폭기식 심토파쇄 처리와 함께 석회 또는 기비를 전층시비할 수 있는 폭기식 심토파쇄기가 개발되어 효과가 좋을 것으로 기대된다.

표 5-23 폭기식 심토파쇄 처리에 의한 물리성 개선효과

처리	포화수리전도도 (cm/h)	삼상(%)			전용적밀도 (g/cm³)
		고상	액상	기상	
1회(봄)	1.08	53.2	24.7	22.1	1.40
2회(봄·여름)	1.22	50.6	19.8	29.6	1.33
무처리	0.25	54.8	24.1	21.1	1.44

* 자료 : 박진면, 1997, 원예학회지 38(2), p.138-139

표 5-24 심토파쇄가 후지 품종의 과실 수량과 품질에 미치는 영향

처리	과중 (g/개)	당도 (° Brix)	착색 (1-10)	수량 (kg/10a)
1회 봄	282.1a	14.7a	8.7a	2,449
2회(봄·여름)	296.1a	15.0a	8.8a	2,561
무처리	253.9b	15.1a	8.3b	2,211

* 자료 : 박진면, 1997, 원예학회지 38(2), p.139

<그림 5-2> 폭기식 심토파쇄 + 석회시용

나 화학성 개량

사과원 토양 중의 양분 함량 변화는 <표 5-25>와 같다. 토양 산도, 칼슘 및 마그네슘은 적정 범위에 근접해 있으나 유기물은 부족한 상태이며, 유효인산과 칼리 함량은 과다 축적되어 있는 것으로 나타났다. 성분별 변화 양상을 보면 특히, 유효인산과 칼리가 과다 축적되는 과정으로 관행적인 재배법이 계속될 때는 앞으로도 축적될 것으로 예상된다. 이와 같은 원인은 무분별한 유기질 또는 가축 부산물 비료의 과다시용이 주원인으로 조사되고 있다. 따라서 올바른 유기질 및 가축 부산물 비료의 사용법이 요구된다.

유기질 비료는 종류가 다양하며, 같은 유기질 비료라도 부숙 정도나 재료의 혼합비율에 따라서 비효가 크게 다르다. 특히 최근에는 산업폐기물로 나오는 유기물을 비료화하여 유기질 비료로 판매하고 있는 실정이므로 사용에 각별한 주의가 요망되고 있다. 그러나 농가에서 실제로 쓰고 있는 비료는 주로 농축산물이 주종을 이루고 있으며, 외부에서 반입되는 톱밥비료나 폐수처리장의 찌꺼기 등을 사용할 경우 내용물에 대하여 신경을 써야 한다. 특히, 값이 싸고 내용물이 무엇인지 확실히 알지 못할 때는 가급적 이용하지 않는 것이 바람직하다.

표 5-25 사과원 토양 화학성 변화

구분	pH (1:2.5)	유기물 (g/kg)	유효인산 (mg/kg)	Ex.cat(cmol/kg)		
				칼리	칼슘	마그네슘
1987	6.4	10.4	289	0.65	4.39	1.01
1992	6.2	18.0	423	0.71	5.40	2.00
2002	6.6	21.9	615	0.90	6.50	1.90

※ 1987(원시연보), 1992(농기연보고서), 2002(농특보고서)

유기물의 시용은 목적에 따라서 다르게 되므로 우선 유기물의 성질 파악이 제일 중요하다. 즉 유기물이 선택되고 나면 토양의 성질을 파악하고 거기에 심겨진 작물에 따라 목적을 명확히 하여 시용량을 결정하고 유기물을 구입 또는 자가 생산을 하여야 할 것이다. <표 5-26>은 토양유기물 함량에 따른 유기물 시용량으로 옛날과 같이 유기물은 무조건 많이 넣으면 좋다는 생각이 아니며,

최근에 생산되는 유기물은 비료적 성격이 많으므로 적량 투입하여야 한다.

표 5-26 사과원 토양 유기물 진단에 의한 퇴비 시용량 (kg/10a)

수령 (년)	토양의 유기물 함량(%)		
	1.5 이하	1.6 ~ 2.5	2.6 이상
1~4	1,000	700	500
5~9	1,500	1,000	800
10~14	2,000	1,500	1,000
15~19	2,500	2,000	1,500
20 이상	3,000	2,500	2,000

※ 우분톱밥 퇴비는 볏짚퇴비와 동일량, 돈분톱밥 퇴비는 볏짚퇴비 시용량의 40%,
계분톱밥 퇴비는 볏짚퇴비 시용량의 35%를 시용한다.

<유기물의 효과>

- 식물양분의 저장고 및 완충성 증대로 양분 결핍과 과다 방지
- 물을 보관할 수 있는 능력 증대로 토양유실 및 가뭄 피해 경감
- 토양입자를 결합시켜 입단형성으로 토양 물리성 개선
- 토양 미생물의 활성을 촉진하여 양분의 가용화를 촉진
- 유효인산의 고정억제

농축산 부산물로 주로 쓰이는 유기물은 <표 5-27>과 같으며 계분과 돈분은 특히 질소 함량이 많아 비료적 성질이 강하고, 퇴비가 제일 좋은 유기물 재료이며, 우분은 비료적 성질보다는 물리적 개량효과를 높일 수 있는 재료이다. 이외에도 통용하고 있는 식품산업 폐기물이나 도시 쓰레기 퇴비 등이 때때로 과원에 유입되고 있으나, 비료적 성분이 많고 중금속이 함유된 경우도 있어 유의를 하여야 한다.

시판되는 유기질 및 부산물 비료도 주로 농축산물이나 경우에 따라서는 산업폐기물이 섞이는 경우도 있으므로 주의를 요한다. '96년 시중에 유통되는 유기질 및 부산물 비료의 비료성분 분석결과는 <표 5-28>과 같다.

표 5-27 유기물 1톤당 성분량

구분	수분 (%)	성분량(kg/톤)				
		질소	인산	칼리	석회	고토
퇴비	75	4	2	4	5	1
우분뇨	66	7	7	7	8	3
돈분뇨	53	14	20	11	19	6
계분	39	18	32	16	69	8
왕겨퇴비	55	5	6	5	7	1

<표 5-27>에서 보는 바와 같이 질소와 인산 성분이 많은 경우가 있어 다량 시용할 경우에는 인산과 질소의 과비가 우려된다. 따라서 토양분석을 거치지 않고 시용할 때는 300평당 500kg을 넘지 않도록 해야 과비를 예방할 수 있다. 그렇지 않고 가축분뇨를 옛날의 퇴비로 생각하고 많이 넣으면 과다 시비가 된다<그림 5-3>.

<그림 5-3> 가축 부산물 비료 과다 시용

이와 같이 과비가 되면, 질소는 말할 것도 없고 인산이 축적되어 과실품질에 좋지 못한 영향을 미친다. 앞으로는 환경농업이 중요시되고 IFP에서도 필요 이상의 비료는 사용하지 않는 것으로 되어 있기 때문에 전체 양분을 고려한 시비가 되어야 한다.

표 5-28 시판되는 유기질 및 부산물 비료성분 분석결과(현물중)

구분	수분 (%)	pH	EC (dS/m)	유기물 (%)	전질소 (%)	P_2O_5 (%)	K_2O (%)	CaO (%)	MgO (%)
최소	12.4	6.6	4.0	9.6	0.23	0.19	0.06	0.04	0.03
최대	87.8	10.0	54.1	53.4	1.75	4.85	1.47	1.85	0.39

제VI장
생리장해

01 생리장해 발생 요인 및 특성

잎, 가지, 과실에 병해충이나 물리적 피해를 받지 않는 상태에서 외부형태 또는 구조적 이상이 생기거나 생리적 기능이 정상이 아닌 상태를 생리장해, 또는 생리병이라고 한다. 재배환경 또는 관리방법이 부적합하여 각종 영양소의 흡수가 균형적으로 이루어지지 못하면 나타나게 된다.

이러한 생리장해는 정확한 진단을 통하여 적절한 대책을 세울 수 있으나, 발생 요인이 복잡하기 때문에 단순히 외관적인 증상만으로 진단을 내리는 것은 2차적인 부작용이 초래될 수 있으므로 신중을 기하여야 한다. 비료 요소들의 흡수는 토양 및 기상환경, 재배관리 방법 등에 따라 흡수의 난이도(難易度)가 달라지므로 입지조건에 맞는 재배기술을 도입하여 결핍이나 과잉으로 인한 생리장해가 발생되지 않도록 하여야 한다.

가 생리장해 발생 요인 및 특성

사과에 나타나는 대부분의 생리장해는 생육에 필요한 양분(미량요소)의 과부족과 생육기 기상환경(온도, 광, 수분 등)이 불량하거나 외부적인 요인에 의해 식물체가 피해를 받는 경우 발생된다. 또한 생육기 이후 과실을 저장하는 동안 저장조건의 부적합 등에 의해 생리적 피해를 받음으로써 나타난다. 한편, 병해충 및 약제에 의해 발생되는 경우도 있으나 이것에 의해 직접적인 생리장해를 유발시키기보다는 2차적인 피해로 발전됨으로써 식물체의 생리장해 피해로 나타난다.

나 생리장해의 일반적인 특성

생리장해는 일단 증상이 나타나면 치유되는 데 상당한 기간이 소요되며, 피해를 받기 전의 원상회복은 불가능한 특징을 갖고 있다. 따라서 생리장해 증상이 발현되면 완전 회복보다는 피해의 확산을 방지하는 데 중점을 두어야 하고, 재배자는 생리장해 증상이 의심될 경우, 식물체에 나타나는 주요 증상 등을 면밀히 관찰하여 생리장해 유무의 판단을 정확히 해야 한다. 특히, 과실에 증상이 나타나면 상품가치가 떨어져 경제적 손실이 크기 때문에 수체 또는 과실에 나타나는 주요 생리장해 증상들의 발현 양상을 숙지할 필요가 있다. 따라서 사과에 발생되는 주요 생리장해의 특성과 발생원인에 대한 세부적인 고찰과 함께 신속하면서도 효과적인 대책을 수립하는 것이 중요하다.

02 미량요소의 결핍 및 과잉되기 쉬운 조건

Apple cultivation

가 유효토심이 낮은 사과원

심경이나 유기물 시용을 하지 않고, 부초만으로 관리하는 사과원은 뿌리가 지표 부근에만 분포되어 있으므로 토양 내에 존재하는 영양분, 특히 미량요소들을 충분히 이용할 수 없다. 또 가뭄으로 토양이 건조하거나 장마로 과습 상태가 계속될 경우도 뿌리 분포가 얕은 사과나무는 뿌리의 활력이 떨어져 필요한 만큼의 영양분을 흡수하기 어렵다. 특히 경사지 청경재배 과수원에서는 토양의 유실이 많아 유효 토심이 낮아지고, 염기도 함께 유실되어 토양이 산성화되기 쉬우므로 이로 인한 영양분의 흡수도 크게 지장을 받는다.

나 석회를 시용하지 않거나 일시에 과다 시용할 때

석회시용은 토양반응의 교정과 식물 영양적인 면에서 고려되어야 한다. 사과나무는 pH 6~6.5인 미산성에서 약산성 범위 사이에서 잘 자란다. 토양이 산성화하면 인산이 토양에 고정되어 부족하기 쉽고 철, 망간, 아연, 구리 등은 과다하게 녹아나와 과잉 장해를 일으키거나, 강우 시 지표 위로 흐르는 물을 따라 칼슘, 마그네슘과 같은 염기와 붕소 등과 함께 유실되거나 토양 중으로 용탈되는 양이 많아져서 결핍되기 쉬운 등 pH는 토양 중 양분의 유효도에 끼치는 영향이 크다. 산성토양에서 망간 과잉에 의한 적진병 발생은 잘 알려져 있다.

산성토양을 개량하기 위해서는 석회를 시용해야 한다. 적정 토양산도로 교정하는 데 소요되는 석회의 양은 1회 시용 시 사질토양에서는 300평당 200~300kg, 점질토양에서는 400kg 이상 시용하지 말아야 한다. 한꺼번에 많은 양의 석회를 시용하여 토양 반응이 일시적으로 알칼리성이 되면 토양수 중에 녹아나오는 미량요소들의 양이 적어지기 때문에 결핍이 초래되는 수가 있다.

다 시비가 부적절한 경우

특정 성분이 함유된 비료를 과다하게 시용하거나, 적게 시용할 경우 비료요소 간의 상호 작용에 의하여 장해가 유발되는 경우가 많다. 특히 질소 비료가 과다하여 새 가지의 자람이 왕성하면 칼슘, 마그네슘, 철, 망간, 아연, 붕소 등의 미량요소들이 토양 내에 충분히 있더라도 식물체 내에서 이동이 잘 안 되기 때문에 새 가지 선단부는 결핍증상이 나타나기 쉽다. 또한 요소 간에도 흡수와 이동을 서로 도와주는가 하면 서로 억제하는 작용이 있다.

인산질 비료를 과다하게 시용한 경우는 아연 결핍장해가 발생되고, 철과 망간은 서로 한 요소가 과잉 흡수될 때 다른 요소의 흡수를 억제하여 결핍 장해를 유발하며, 석회(칼슘) 시용량이 많을 때는 칼륨(K)흡수가 억제되는 등의 작용이 있으므로 시비기준을 참고하여 필요한 양만큼 시비되도록 노력해야 한다.

라 토양이 건조하거나 과습한 경우

토양이 과도하게 건조하면 토양 내에 있는 수분의 양이 적어지기 때문에 그중에 녹아 있는 영양분의 농도는 상대적으로 높아져서 흡수할 수 없게 될 뿐만 아니라 농도 장해를 일으키게 된다. 또한 장마 때와 같이 토양에 수분이 많은 상태로 오래 지속되면 뿌리의 호흡작용이 억제되어 영양분을 흡수하는 데 필요한 에너지를 얻을 수 없고 뿌리 자체가 가지고 있는 탄수화물도 생존하기 위해 무기호흡기질로서 많이 소모하게 되므로 결국은 영양이 부족하게 되어 뿌리 자체도 죽게 된다. 따라서 토양수분을 적절히 유지하는 것도 생리장해를 방지하는 수단이 된다.

마 미량요소 결핍증상

사과나무에서 미량요소의 결핍에 의하여 생리장해가 발생하면, 정상적인 나무에 비하여 엽록소 생성이 불량하고, 엽면적의 감소로 광합성 능력이 떨어지며, 체내 대사에 지장이 생겨 수세가 불안정해지고 꽃눈분화 수가 적어지므로 안정적인 결실을 기대하기 어렵다. 그러므로 그 장해 양상을 정확히 진단하여 응급대책을 세움과 동시에 그 발생 요인을 여러 가지 면에서 종합적으로 분석하여 근본적인 대책을 강구해야 한다.

03 미량요소 과부족에 따른 증상

Apple cultivation

가 붕소결핍(B) 및 과다장해

(1) 붕소결핍

가. 축과병

붕소결핍의 전형적인 증상은 우선 과실에 나타나며, 증상 부위는 심식충류의 피해와 유사하다. 과육은 부정형으로 코르크화된다. 홍옥에는 과피에 적갈색 내지 자색의 주근깨 모양의 얼룩이 생기고 약간 움푹하게 들어가며, 증상이 심하면 찢어진다.

나. 신초고사

붕소결핍의 정도가 심하게 되면 영양생장이 방해되어 신초고사증상을 일으킨다. 봄에 1년생 가지의 잎눈이 살아 있으면서 늦게까지 발아하지 않고 잠자는 상태로 남아 있다. 정아는 싹이 터 나와도 잎이 작고 가늘며, 잎 가장자리가 말리고 담황색으로 된다. 황색의 반점이 불규칙하게 생기고 새순은 짧게 자란다. 또 새 가지의 결순이 총생현상(여러 개의 잎이 짤막한 줄기에 무더기로 나는 현상)을 나타내기도 한다. 1년생 가지의 표피가 매끈하지 않고 울퉁불퉁하게 거칠며, 칼로 표피를 벗겨보면 검게 죽은 조직이 섞여 있는 것을 볼 수 있다. 이와 같은 가지는 그해 여름~가을 동안에 말라 죽게 되며 살아남은 경우에는 표피가 터지고 거칠어져 적진병과 흡사한 증상을 나타낸다. 다음 해 봄에 죽은 가지 아래쪽의 눈에서 새 가지가 돋아난다.

다. 발생하기 쉬운 조건

붕소결핍은 유효토층이 얕거나 모래 자갈층이 있는 토양, 신개간지, 경사지의 상부토양 등 건조하기 쉬운 사과 유목원에 많이 발생한다. 그러나 최근에는 지하수위가 높은 과수원에서도 많이 발생하는데 이것은 뿌리의 분포가 얕기 때문에 가물 때에는 토양건조의 영향을 받기 쉽다는 것을 나타낸다.

라. 방지대책

우리나라 토양은 토양 내 붕소 함량이 적은 데다가 너무 강산성이기 때문에 붕소결핍이 많은 것으로 생각된다. 토양이 강산성이면 토양 중의 붕소가 가용성으로 변하여 쉽게 용탈되어 뿌리가 잘 흡수하지 못하게 된다. 대부분의 붕소결핍 토양은 강산성이고, 유기물의 함량이 적으므로 붕소시용은 물론이고 석회를 시용하여 토양산도를 교정하고 퇴비를 많이 시용해서 토양의 보수력과 보비력을 높이는 것이 좋다. 붕소비료의 시용은 봄에 밑거름과 함께 수관 하부에 뿌려주고 10cm 정도 덮어준다. 붕소의 시용량은 10a당 2~3kg을 2~3년마다 시용한다. 토양시용에 의한 효과는 다음 해에 나타나는 것이 보통이므로 효과를 신속히 보기 위해서는 붕산 또는 붕사를 0.2~0.3%(물 20ℓ당 40~60g)의 수용액을 만들어 나무 전체에 뿌려주며 붕소결핍증이 나타난 잎은 약해를 일으키기 쉬우므로 0.1%의 생석회(붕사의 반량)를 가용하여 약해를 줄이도록 한다. 붕사는 소량의 뜨거운 물에 녹인 후 적당량이 되도록 묽혀서 만든다.

<그림 6-1> 붕소 결핍증상(축과병, 신초고사)

(2) 붕소과다

가. 증상

봄에 신초나 잎은 정상적으로 생육하나 5월 하순~6월 초순경에 신초의 상부에 위치한 잎자루가 비정상적으로 비대하며, 황화되고, 잎자루 아래쪽 부분이 검게 된다. 잎은 뒤로 말리면서 처지게 된다. 이러한 잎은 손으로 건드리거나 바람이 불면 엽병이 부러지면서 낙엽이 되어 6월 하순~7월 초순이 되면 신초만 앙상하게 남게 된다. 더욱 심하면 6월 중순부터 신초가 검게 고사한다. 과실은 바탕색이 빨리 황색으로 변하고 조기에 낙과한다. 과육에 밀증상과 함께 갈변증상이 나타나는 경우가 많으며 후지 품종이 민감하다.

나. 발생원인 및 대책

붕소과다는 한 해에 10a당 5~10kg의 과다한 붕소시용이나 매년 10a당 2~3kg의 붕소를 시용하는 경우에 나타나기 쉽다. 붕소가 함유된 2종이나 3종 복합비료의 첨가시용을 삼가고, 붕소가 서서히 식물체에 흡수되도록 토양조건을 개선하며 토양의 pH는 6.0 정도로 교정한다. 이러한 과다증상은 장마철이 되면 빗물에 의해 용탈되어 더 이상 진전되지는 않는다.

<그림 6-2> 엽의 주맥 부위가 황화되며 엽이 처지면서 뒤로 말리는 증상과 내부 갈변

나 마그네슘(Mg) 결핍장해

(1) 증상

마그네슘의 결핍증은, 줄기의 기부 부근에 있는 잎부터 위쪽으로 올라가면서 잎맥 사이가 황화되며, 심하면 갈변되어 낙엽이 되는 증상이다. 홍옥, 골든 딜리셔스, 인도와 같은 품종에서는 마그네슘 결핍에 의해 엽맥 간 황화현상이 나타나고, 후지에서는 황변현상이 나타나지 않고 바로 엽맥 간이 흑갈색의 변색부가 나타난다. 일반적으로 잎의 갈변은 8월 중에 나타나며, 갈변증상이 넓어지면 낙엽이 된다. 그러나 결핍이 심할 때에는 6월 하순부터 엽맥 간 황화가 일어나기도 한다. 결핍이 심한 나무는 수확기가 되어도 신초의 2차 신장이 많고, 과실은 작아진다. 붉은색 품종의 경우 색깔이 검붉게 되고, 바탕색이 어두워지며 과육에 푸른색이 남게 되어 착색이 대단히 불량하다.

<그림 6-3> 마그네슘 결핍에 의한 잎맥 사이 황화, 증상이 심한 상태의 모습

(2) 발생하기 쉬운 조건

마그네슘 결핍은 유효 토심이 얕고, 하층에 모래자갈층이 있는 토양의 뿌리 분포가 얕은 사과원에서 많이 발생한다. 지형적으로는 경사지의 배수가 양호한 곳에서도 발생하기 쉽다. 토양 중에 마그네슘이 상당량 있어도 칼리의 함량이 많으면 칼리가 마그네슘의 흡수를 방해하기 때문에 결핍증이 발생한다. 신개간지 토양 등 강산성 토양에서는 마그네슘이 빗물을 따라 땅속 깊이 녹아 들어가므로 결핍되기 쉽다. 가뭄으로 토양이 건조하거나 공기의 유통이 나쁠 때에도 잘 흡수되지 못하므로 결핍증이 발생되기 쉽다.

(3) 방지대책

가. 고토비료의 시용

토양산성을 교정하고 동시에 마그네슘을 공급하기 위해서는 근본적으로 고토석회를 시용해야 한다. 시용량은 고토 함량에 따라 다르나 10a당 200~300kg을 2～3년마다 유기물과 함께 넣어 준다. 결핍증상이 나타나면 황산마그네슘을 물 10ℓ당 200g(2%)을 녹여서 6월 상순부터 7~10일 간격으로 3~4회 엽면살포를 한다.

나. 칼리비료의 제한

칼리는 마그네슘의 흡수를 방해하는 길항작용이 있으므로 칼리의 시용량을 줄이는 것이 좋다. 또 각종 화학비료의 과다한 시용은 토양을 산성화하고, 석회와 마그네슘과 같은 염기를 땅속으로 용탈시키기 때문에 과다한 시비를 삼가야 한다.

다. 기타 관리

토양에 유기물을 충분히 공급해서 보수력과 보비력을 높여 주고, 건조 시에는 관수를 하며, 하층토가 단단하거나 배수가 나쁠 때에는 깊이갈이 또는 배수처리를 해 주어 뿌리의 기능을 원활하게 해준다.

다 망간(Mn) 과잉장해(적진병)

우리나라에서는 1960년경부터 적진병이 많이 발생했으나, 1963년 원예시험장(현 원예특작과학원)에서 망간의 과다흡수가 원인임을 밝힌 이래 성목원에서는 대부분 치유되었다. 그러나 토양 산도가 낮은 신 개간지에 심겨진 유목원에서는 간혹 발생하기도 한다.

(1) 증상

적진병은 8월 중·하순경에 1년생 신초에 작은 돌기가 생겨 차차 부풀어 발진상으로 된다. 수령이 진전됨에 따라 수피가 윤문상(병반 모양의 일종으로 병반 안에 테를 만드는 것)으로 찢어지거나 함몰이 생겨 특유의 적진현상을 나타낸다. 이 장해가 발생한 경우에는 가는 뿌리의 생육이 불량해져서 수세가 쇠약해지고, 수량감소 등의 현상이 뒤따라 나타난다. 증상이 심하면 신초와 2~3년생 가지의 표면에 울퉁불퉁한 융기증상이 나타나며 이 부분의 내부조직에는 검은색의 죽은 부분이 생기고, 가지의 선단으로부터 아래쪽으로 말라 죽는다. 적진병은 신초고사현상과 흡사한 점이 많으나 잎눈이 제대로 발아하는 점이 다르다. 발생이 심한 품종은 딜리셔스계, 후지 등이다.

<그림 6-4> 줄기에 발생된 적진병 증상

(2) 발생하기 쉬운 조건

지하수위가 높거나 유효토심이 얕은 토양, 건습의 반복이 심한 토양과 칼슘이나 마그네슘 등의 염기 함량이 적은 강산성 토양에서 많이 발생한다. 위와 같은 조건에서 불가급태 망간이 가급태 망간으로 변화되고 사과나무가 많이 흡수하여 발생하게 된다. 대목 중 환엽해당은 삼엽해당보다, M.26 대목은 MM.106 대목보다 발생이 적다.

(3) 방지대책

석회를 시용하여 토양의 pH를 6.0 정도까지 교정한다. 석회시용 방법으로는 폭기식 심토파쇄기 등을 이용하여 고토석회를 추천량만큼 넣어준다. 배수불량지에서는 암거배수조치를 하여 배수를 양호하게 한다. 질소비료를 과용하지 않도록 하고, 가뭄 때는 관수와 수관 하부 멀칭으로 토양의 건조를 방지한다. 적진병이 발생한 나무는 착과량을 줄이고, 절단 전정 등으로 수세회복을 도모한다.

라 철(Fe) 결핍 증상

새 가지 선단부의 잎에 황색의 반점들이 발생하여 잎이 누렇게 보이고, 2차 생장지의 잎은 심하게 황화되어 황백화 현상을 나타낸다. 토양 pH가 높게 되면 철이 불용화하기 때문에 발생하기 쉽다. 인산을 많이 시용하면 체내에 인산이 과잉 흡수되어 철과 화합하여 체내 철이 부족하게 되고, 또한 토양이 건조하면 철의 흡수를 억제한다. 방지대책으로 적절한 토양 pH를 유지하고 관수를 철저히 한다.

마 망간(Mn) 결핍 증상

망간은 체내에서 이동이 늦으므로 새잎이 엽맥만을 남겨놓고 황화한다. 증상이 진행되면 엽맥 사이가 갈색이 되어 고사한다. 토양 pH가 높아지면 망간 흡수가 나쁘게 되어 결핍 증상이 발생하기 쉬운 조건이 된다. 이때는 유기물 시용으로 완충능이 강한 토양으로 만든다. 토양 pH가 높으면 유안, 염화칼리 등의 산성비료를 사용하고, 결핍증상이 나타나면 가급적 빨리 황산망간액 0.2~0.3%액(생석회 0.3% 가용)을 10일 간격으로 2~3회 엽면살포한다.

<그림 6-5> 철 결핍 증상

<그림 6-6> 망간 결핍 증상

바 철(Fe), 망간(Mn), 아연(Zn), 구리(Cu), 붕소(B) 복합 결핍증상

새 잎 전개 시부터 잎이 황화되며, 전년도 2차 생장지는 붕소 결핍과 마찬가지로 기부 쪽은 짧은 새 가지가 총생하고, 선단부는 빈 가지가 되며, 선단부부터 고사되어 기부 쪽으로 점차 죽어 들어간다. 가지 기부의 잎은 가장자리가 황화되며, 잎 내부의 녹색부와 경계가 뚜렷하다. 그리고 기부 쪽의 눈에서 계속 새 가지가 발생되어 붕소 결핍 시와 마찬가지로 나무가 점차 빗자루 모양이 된다.

<그림 6-7> 철(Fe), 망간(Mn), 아연(Zn), 구리(Cu), 붕소(B) 복합 결핍증상

04 과실의 반점성 장해

사과 과실의 반점성 장해는 과피 또는 과육에 작은 반점상의 괴사조직이 발생하는 생리장해이다. 반점의 크기는 일반적으로 직경이 1cm 이하로 5mm 이하의 것이 많으며, 여러 가지 형태를 보이고 있으나 국제적으로 통하는 분류법이 아직 확립되어 있지 않다.

가 발생원인과 대책

사과의 반점성 장해 발생 원인에 대해서 칼슘이 관여한다는 것이 밝혀진 이래, 반점성 장해와 칼슘과 관계에 대한 연구가 계속되어 칼슘을 공급하면 기타의 다른 반점성 장해도 방지된다는 사실이 밝혀졌다.

과실 중 칼슘은 세포벽의 펙틴 물질의 카르복실기와 결합하여 물에 불용성인 칼슘펙타이드를 형성하고 있는데, 칼슘이 부족하면 그 형성이 방해되어 세포벽 사이에는 전분립이 축적된다. 이것은 전분이 당으로 가수분해되는 과정이 저해되어 일어나는 현상으로 반점성 장해의 원인이 된다고 한다. 또한 질소, 칼리, 마그네슘 등의 성분은 칼슘흡수와 길항작용을 나타내서 장해발생을 촉진한다.

(1) 발생에 관여하는 요인

□ 재배관리

강전정이 약전정보다 반점성 장해 발생을 많게 한다. 세력이 강한 유목이나 생육이 좋은 결과지에 착과된 과실, 그늘 속의 과실, 수확을 너무 빨리한 미숙한 과실 등에 발생한다. 생육 전반기인 5~6월의 건조와 생육 후기의 다습은 반점성 장해의 발생을 조장한다.

□ 무기영양

- 질소 : 질소는 오래전부터 고두병을 일으키는 중요한 요인으로 알려져 왔다. 앞에서 말한 바와 같이 유목이나 강전정한 나무에서 발생하기 쉽다는 것은 질소가 과잉된 상태라고 볼 수 있다. 질소의 시비량이 많은 조건하에서는 잎의 질소 함량이 높게 되어도 과실 중의 칼슘 함량이 낮아진다. 질소의 과다 시비는 칼슘이 과실로 분배되는 것을 방해하는 요인이 된다.

  특히 배수 불량지에서의 질소의 과다 시용은 고두병의 발생을 더욱 심하게 하는데, 과다 시용에 의한 생육전반기의 과다흡수는 고두병의 발생을 증가시키는 요인이 된다. 또한 질소시용 시기와 고두병의 발생률을 보면 <표 6-1>과 같이 5월 초에 시용한 것은 33.3%나 발생하였으나 7월 하순에 시용한 것은 전혀 발생하지 않는다. 이러한 결과로 보아 질소의 과다 시비에 의한 생육 전반기의 질소의 과다흡수는 고두병 발생을 증가시키는 요인이 된다는 것을 알 수 있다.

- 칼리 : 질소공급을 증가시킨 경우에는 거의 전체 과실에 고두병이 발생하며, 질소를 줄이고 칼리를 증가시킨 경우에도 많이 발생한다. 이것은 칼슘과 길항작용 관계가 있는 칼리가 질소와 마찬가지로 고두병 발생을 증가시키는 중요한 요인임을 보여준다.

표 6-1 질소의 사용시기와 고두병 발생(산기, 1964)

시용시기	엽 내 질소 함량(%)				고두병 발생률(%)
	6월 7일	7월 14일	8월 19일	8얼 25일	
5월 6일	4.32	3.28	3.50	3.37	33.0
7월 24일	2.43	1.88	3.13	3.24	0

표 6-2 수경액의 칼슘농도와 골든 딜리셔스/M.9의 고두병 발생

수경액의 칼슘농도 (ppm)	과실 중의 칼슘 함량 (dw ppm)	고두병 발생률 (%)
15	과육 상부 137 과육 하부 83	12.5
115	과육 상부 141 과육 하부 101	2.7

* 김몽섭 미발표

- 칼슘 : 사과 과실의 무기성분 흡수의 경시적인 변화를 보면 칼슘은 생육 초기에 흡수가 현저하나 후기에 과실 중에 흡수되는 양은 다른 무기성분에 비하여 현저하게 낮다. 과육 중의 칼슘은 생육 초기에 다량 흡수된 후, 과실이 비대함에 따라 7월부터 흡수가 급격히 감소하여 성숙기부터 수확기까지는 저농도를 나타낸다. 또한 과심부는 과육부보다, 후지/M.9가 후지/M.26보다 칼슘 함량이 높다. 수경재배 시 고두병의 발생은 칼슘 고농도 구보다 저농도 구에서 높고, 경와부(열매꼭지가 달린 과실의 움푹 들어간 부위)보다 체와부(과실의 적도면 아래 부위)에서 낮으며, 저농도 구의 체와부에서는 더욱 낮아 고두병 발생이 현저하다. 이것은 고두병이 체와부에서 많이 발생하는 이유를 명확히 보여주는 증거이다.

나 방지대책

□ 질소 및 칼리의 시비제한

질소와 칼리는 칼슘의 흡수를 방해하는 길항작용을 한다. 그러므로 토양 중 칼슘이 다량으로 존재하더라도 질소와 칼리가 많으면 고두병 발생이 쉽게 된

다. 따라서 질소와 칼리의 시비량을 줄이거나 발생이 심한 사과원에서는 과감히 2~3년간 무비료 재배를 한다.

□ 수세 및 착과량 조절

칼슘은 생육 초기에 세포분열이 왕성한 신초나 과실에 다량 이동 집적되므로 수세가 강한 나무에서는 잎과 과실 간에 칼슘쟁탈이 일어나 과실에 칼슘축적이 어렵게 된다. 따라서 수세를 안정시키고 너무 큰 과실이 되지 않도록 착과량을 조절하는 것이 중요하다.

□ 칼슘의 공급

석회를 토양에 충분히 시용하는 것이 근본적인 대책이다. 칼슘은 토양 중에서 이동이 어려우므로 깊이갈이를 하여 유기물과 함께 깊이 시용해주고 생육초기에 건조할 때에는 물주기를 하여 칼슘의 흡수를 촉진해야 한다.

다 반점성 장해의 종류

(1) 고두병

고두병은 과실의 반점성 장해 중 가장 많이 발생하는데, 지역과 해에 따라 상당한 피해를 보이는 장해로 감홍 품종에 많이 발생하며, 후지와 딜리셔스계에서도 발생한다. 발생시기는 수확 전부터 나타나며, 저장 중에도 많이 발생한다. 수확 전에 발생하는 것을 트리 피트(Tree pit), 저장 중에 발생하는 것을 스토레이지 피트(Storage pit)로 구별하는데 본질적인 차이는 없다. 전형적인 증상은 체와부(과실의 적도면 아래 부위)의 과피에 주로 발생하며, 과피의 바로 아래의 과육에 발생하는 것은 저장 중에 나타난다. 초기증상은 과피에 붉은색을 띠나 오목한 반점으로 진전되며, 적색품종은 암적색, 황색품종은 녹색~회록색의 2~5 크기의 반점이 된다. 반점 부위 아래의 세포는 거의 붕괴되며, 과육은 암갈색의 스펀지 상태로 된다. 반점이 나타난 부위는 쓴맛이 있고 마마처럼 들어간다 하여 고두병(苦痘病)이라고 부르고 있다. 이와 같은 고두병은 과실의 외관을 손상시키며, 저장 중에 피해 부위로 부패균이 침입하여 과실을 부패시키는 피해가 더 커진다. 유목, 강전정 및 과다 시비 한 나무에서 생산된 대과에서 많이 발생한다. 기상적으로는 5~6월에 강우가 적고 건조한 해와 생육 후기에 강우가 많은 해에 많이 발생한다.

<그림 6-8> 감홍의 고두병

<그림 6-9> 서광의 코르크 스폿

(2) 코르크 스폿(Cork spot)

성숙 전에 발생하는 반점성 장해로서 딜리셔스계, 레드 골드 등에 많이 발생하며, 후지나 홍옥에서도 발생한다. 발생시기는 8월 하순에서 수확기까지 발생한다. 그러나 저장 중에는 발생하지 않는 것이 고두병과 다르다. 발생부위는 주로 과실의 과경부(과실의 적도면보다 위쪽)에 나타나나 과실 전체에 나타나기도 한다. 반점은 과피와 과육부에 발생하나 과면이 약간 오목하게 들어가고 그 아래의 과육은 갈색으로 변하며, 코르크화되어 딱딱하고 흑색, 적색 또는 녹색을 나타내기 때문에 주변의 건전부와 구별된다. 반점의 크기는 보통 직경이 5mm 이상으로 증상이 심한 경우에는 그 부분이 찢어진다. 세력이 강한 유목이나 고접한 나무에서 중간 대목 부분에 일시에 강전정한 경우와 과다 적과로 대과가 달린 경우에 많이 발생한다.

(3) 홍옥반점병(Jonathan Spot, 조너선 스폿)

수확기 전후로부터 저장 초기의 홍옥에 많이 발생하고, 딜리셔스계 품종이나 쓰가루에도 나타나는 반점성 장해로 미국에서는 렌티셀 스폿(Lenticel Spot)이라고 한다. 이 장해는 직경이 2~4mm의 반점이 과피부에 발생하는데 반점이 빨갛게 착색한 부분이 발생하면 흑색, 비착색부에 발생한 반점은 갈색이 된다.

반점은 과점(Lenticel)을 중심으로 발생하는 것이 많으나 때로는 과점 이외의 부위에도 나타난다. 피해부는 과피와 바로 아래의 수층의 세포에 한한다. 반점부는 차츰 전체가 오목하게 들어가지만 그 이상 부패가 진전되지 않는다. 그러나 저장 후기에는 부패균이 2차적으로 기생하여 과실이 부패하는 경우가 있다. 상대적으로 조기에 수확한 과실에 많이 발생한다. 발생조건은 고두병과 유사하다. 과실의 칼슘 함량이 낮고, 칼리나 질소 함량이 높을 때 많이 발생하는 경향이 있고, 과피조직의 미세한 상처를 기점으로 하여 발생하는 경우도 있다.

(4) 렌티셀 블로치 피트(Lenticel Blotch Pit)

과피에 5~10mm의 갈색 또는 흑색의 반점이 생긴다. 반점은 원형 또는 국화무늬를 드러낸다. 외관적으로는 과피세포가 붕괴한 후 고두병과 구별되지 않으며, 피해부는 과피 및 바로 아래 수층의 세포에 한한다. 쓰가루, 홍옥, 후지 등의 품종에 발생하며, 발생시기는 고두병과 같다.

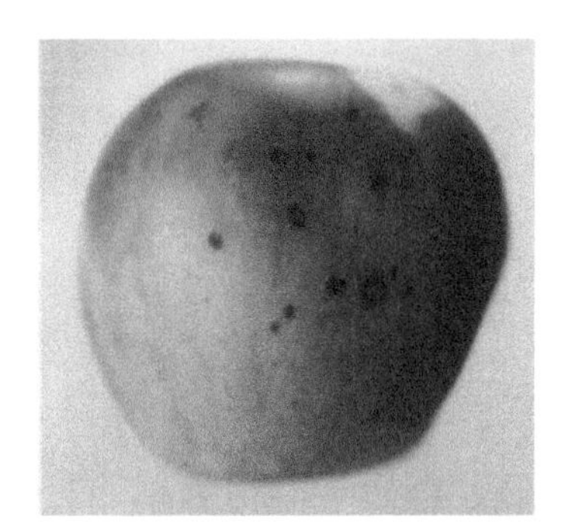

<그림 6-10> 홍옥반점병과 갈라 렌티셀 블로치 피트

05 재배관리상 발생되는 생리장해

가 사과 동녹(Russeting)

(1) 증상

동녹은 감홍에 많이 발생하고, 홍옥 및 쓰가루에서도 많이 발생하기도 한다. 정도의 차이는 있지만, 그 밖의 여러 품종에서도 과면이 거칠어져서 상품성이 저하되는 수가 있다. 동녹은 과피가 매끈하지 않고 쇠에 녹이 낀 것처럼 거칠어지는 증상을 나타내는데, 거칠게 보이는 물질은 코르크 조직으로서 이들이 표피세포 바깥층인 큐티쿨라층 밖으로 튀어나와 형성되어 있다.

낙화 후 10~40일에는 과피를 보호하는 큐티쿨라층이 미발달상태에 있기 때문에 내·외부의 자극에 의하여 녹이 발생되기 쉽다. 특히, 녹의 발생이 심한 품종에는 큐티쿨라층을 구성하는 왁스 물질이 적고, 큐티쿨라의 생성이 아주 불량하므로 과실의 비대에 따라 큐티쿨라층에 틈이 생겨 표피가 노출되기 쉬운데, 이와 같이 되면 여기에 코르크 형성층이 발달되어 코르크 세포가 만들어진다.

다습한 조건은 큐티쿨라의 발달을 저해하며, 수세가 강한 나무에서는 과실비대의 일변화가 심하여 큐티쿨라의 균열이 생기기 쉽기 때문에 동녹이 많이 발생한다. 또, 측과는 과경부 부근이 급격히 비대해지므로 중심과에 비하여 동녹이 많이 발생한다. 그 밖에 직사광선, 약해, 병해, 저온, 기계적인 상처 등도 동녹발생을 조장한다.

(2) 방지대책

발생이 심한 품종은 낙화 후 10일 이내에 작은 봉지를 씌워 주는 것이 가장 안전한 방법이다. 작은 봉지 대신에 피막제(생석회, 탄산칼슘 등)를 낙화 직후부터 1주일 간격으로 3회 정도 살포하거나, 지베렐린 A_{4+7}(포미나) 100~200ppm을 이 시기에 살포해도 동녹발생을 감소시킬 수 있다. 그 밖에 질소시비 용량을 알맞게 하여 수세를 안정시키고, 유과기에 동녹의 발생을 조장하는 유제, 보르도액, 구리수화제 등의 살포는 삼가는 것이 중요하다.

<그림 6-11> 저온에 의한 고리 모양의 동녹, 감홍 품종의 동녹

나 사과 열과(Cracking)

(1) 증상

열과는 국광 품종에서 많이 발생하고, 후지 품종에서는 심하게 발생하지 않지만 과경부에서 잘 발생한다. 고온건조하에서는 과피세포의 분열이 일찍 정지되어 후막화가 촉진되는데, 이와 같은 과피는 가을철 이후의 과실비대에 따른 탄력성이 적어 미소한 장해 부분을 기점으로 하여 쉽게 열과된다. 열과는 이와 같이 과피가 탄력성을 잃은 후에 갑작스러운 강우로 인해 많은 수분이 과실로 흡수될 경우 과피가 이를 견디지 못하고 터지게 되는 현상이다. 또한 쓰가루 품종의 수확 전 낙과방지를 위하여 옥신 계통의 생장조정제(2, 4-dichlorophenoxy propionic acid trieth-anolamin 염 : 2, 4-DP)를 고농도로 살포하거나, 중복되어 살포된 경우에 과육의 생장을 견디지 못하여 과피가 열과되기도 한다. 특히 후지의 과경부 열과는 과실이 클수록 열과가 많고, 수령이 어리고 수세가 강한 유목과 투수성이 나쁜 상태의 토양에서 열과가 많이 발생한다. 기상조건으로는 7월 하순부터 9월에 걸쳐서 강수량이 많은 해일수록 발생이 많다.

<그림 6-12> 후지 과경부 열과와 쓰가루 품종의 열과 증상

(2) 방지대책

후지의 과경부 열과는 과실의 발육 초기나 중기에 비가 적게 올 때에는 관수를 해 주어 적정 토양 수분을 유지하고, 심토파쇄와 암거배수를 통해서 토양의 투수성을 좋게 한다. 봉지를 씌워 주는 것이 가장 실용적인 방지대책으로 만개 후 60일 이내에 마친다. 또한 염화칼슘 0.3% 액을 6월 하순부터 1주일 간격으로 3~4회 엽면살포하면 어느 정도 효과가 있다. 직사광선을 받는 부위의 과실은 열과 발생률이 높으므로 일찍 수확해야 한다. 쓰가루 품종의 수확 전 낙과 방지제 살포에 의한 열과의 방지는 칼슘화합물을 0.3% 정도 혼용하여 살포하면 약간 방제가 되며, 특히 SS기를 이용하여 살포할 경우 중복 살포되지 않도록 유의해야 한다.

다 엽소현상

(1) 증상

주로 과총엽의 선단부 또는 잎의 한쪽이 흑갈색으로 괴사하거나 심해지면 잎자루만 남고 잎 조직이 흑색으로 말라 죽으면서 결국 조기에 낙엽이 되고 만다.

(2) 발생원인

8월의 고온건조인 조건하에서 기공의 개폐기능이 저하된 잎이 과도한 증산작용으로 엽에 수분이 부족할 때, 뿌리에서 충분한 수분을 공급하지 못하여 엽소현상이 나타나게 된다. 어린잎보다는 잎의 기능이 떨어진 노화된 잎에서 많이 발생한다.

(3) 방지대책

토양개량과 유기물을 투입하여 뿌리의 기능을 원활하게 함으로써 뿌리의 수분흡수를 용이하도록 한다. 장마철에 배수가 잘되지 않는 곳에서 뿌리의 기능이 저하되어 수분흡수가 지장을 받게 되므로 장마철에 배수관리를 철저히 해야 한다.

가지와 잎이 과번무하지 않도록 균형시비하고, 수분관리를 철저히 한다.

<그림 6-13> 8월 중 발생된 엽소 증상

라 밀병(water core)

(1) 증상

밀 증상은 저장 중에 과육 갈변장해의 원인 또는 요인이 되기 때문에 서구에서는 생리장해로 취급되고 있다. 일본에서도 밀 증상은 일종의 생리장해로 간주되어 밀병으로 불리다가 현재 밀입 또는 밀 증상으로 불려 '맛있는 사과'의 조건 중 하나로 꼽히고 있으며 또한 과실의 숙도 판정의 지표로 이용되고 있다. 밀 증상은 과육 또는 과심의 일부가 수침상으로 되는 것인데 수침상의 부분은 황색 또는 황록색을 나타내고, 과실은 전분냄새가 사라지며, 감미가 증가하고, 품종 특유의 향기가 발생한다. 밀 증상의 발생기구는 아직도 불명확한 점이 많으나, 과실 내 솔비톨의 축적이 관여하는 것으로 알려져 있다.

솔비톨은 일종의 당 알코올로 밀 증상이 많은 품종에서는 수확시기가 늦을수록 과실 내에 많이 축적된다. 또한 밀 증상 발생부위는 주변조직보다 더 많은 솔비톨이 존재하고 있다. 광합성으로 만들어진 포도당은 솔비톨의 형태로 변하여 수체 각 부위에 운반되는데, 과실당의 대부분을 차지하는 과당은 포도당 → 솔비톨 → 과당의 경로로 축적된다. 과실 중의 밀은 솔비톨이 어떠한 이유로 세포뿐만 아니라 세포간극에 집적된 것인데 이러한 이유의 하나는 잎에서 보내오는 솔비톨의 양이 많아서라고 추정된다. 또한 솔비톨은 삼투압으로 집적시키는 힘이 강하기 때문에 밀 증상은 수침상으로 된다. 밀 증상 발생은 품종 간 차이가 있는데, 딜리셔스, 레드 골드, 후지 및 신육성 품종인 홍로에서 현저하게 발생하고, 골든 딜리셔스, 쓰가루, 육오 등의 품종에서는 거의 발생하지 않는다.

(2) 발생하기 쉬운 조건

밀 증상의 발생은 기온의 영향을 많이 받는다. 일반적으로 기온이 높을 경우에 발생이 빠르고 그 정도도 현저하다. 밀 증상은 과실의 수확기가 늦을수록, 과실이 클수록, 1과당 잎 수가 많을수록 발생이 증가한다. 또한 일반 대목보다 왜성대목에 접목한 사과나무의 경우에 많이 발생한다. 후지는 수확 1개월 전인 10월 상순부터 밀 증상의 발생이 시작되어 10월 하순이 되면 발생률이 현저히 증가한다. 증상이 확대되는 것은 11월 이후부터이다. 무대과실이 유대과실에 비하여 발생도 빠르고 그 증상도 크다.

(3) 방지대책

후지, 딜리셔스 등의 저장 중 과육의 내부 갈변은 밀 증상이 현저한 과실에서 많이 발생한다는 것은 밝혀졌다. 하지만 밀 증상이 발생되지 않은 과실을 저장하지 않는 방법 이외에는 내부 갈변의 방지법이 구명되어 있지 않다. 표에서와 같이 후지는 판매와 저장기간을 고려하여 수확시기를 달리하는데 이때에

밀 증상 정도가 숙도판정의 지표로 이용된다. 밀 정도가 미약한 것은 저장 중에 소실되지만 심한 것은 내부 갈변의 원인이 되므로 과실의 횡단면의 밀 발생 정도를 보아 저장기간을 결정한다. 또한 큰 과실의 저장은 피하고, 생육기에 염화칼슘 0.3% 액을 3~4회 엽면살포하면 이러한 증상을 경감시킬 수 있다.

06 비료의 요소와 생리적 역할

Apple cultivation

가 비료의 요소와 생리적 역할

- 16대 필수원소는 공기와 물에서 흡수하는 탄소(C), 수소(H) 및 산소(O)가 있고, 토양에서 흡수하는 질소(N), 인(P), 칼륨(K), 칼슘(Ca), 마그네슘(Mg), 황(S), 철(Fe), 붕소(B), 구리(Cu), 망간(Mn), 아연(Zn), 몰리브덴(Mo) 및 염소(Cl) 등이 포함된다.
- 비료의 3요소 : 질소, 인산, 칼리
- 비료의 5요소 : 질소, 인산, 칼리, 칼슘, 마그네슘
- 다량요소 : 비료의 5요소 + 탄소, 수소, 산소, 황
- 미량요소 : 철, 붕소, 구리, 망간, 아연, 몰리브덴, 염소
- 우리나라 토양 및 기후의 문제요소 : 붕소 부족, 망간 과잉
- 수시 포장 내 육안 관찰, 엽 및 토양분석에 의한 영양상태 파악 → 원인분석, 토양개량 및 시비량 조절, 엽면시비
- 토양은 식물체 생장에 필요한 무기양분 및 수분을 공급, 식물체 지탱 → 뿌리의 발달이 양호, 원활하게 기능을 수행할 수 있는 토양조건의 유지 또는 개선 필요
- 과수 생리장해의 발생원인

- 토양 : 산성, 물리성 불량, 유기물 부족
- 기후 : 장마철 다우로 토양양분 유실, 봄과 가을 가뭄으로 양분의 흡수 및 과실비대 불량
- 시비형태 : 다비재배에 따른 길항작용으로 다른 원소의 부족증상 초래
- 재배관리의 부적절

나 비료의 요소와 생리적 역할

(1) 질소(N)

가. 질소의 역할

질소는 단백질을 구성하는 주성분 중의 하나이며, 광합성에 관여하는 엽록소의 구성요소이고, 과수나무와 과실의 생장 및 발육과정에 관여하는 효소, 호르몬, 비타민류 등의 구성성분이기도 하다. 과수나무에 함유되어 있는 전체 질소의 85%가 단백질 중에 들어 있으며, 10%의 질소는 핵산, 그리고 5%의 질소는 유리아미노산이나 아미드와 같은 작은 분자로 되어 있다.

질소는 생육 초기에 전엽 수를 증가시키고 엽면적을 확대시킴으로써 활발한 광합성 작용에 의한 탄수화물 합성을 원활하게 한다.

나. 질소의 흡수와 이동

과수원에서 요소를 시용하면 토양의 미생물이 분해하는 효소(Urease)에 의하여 탄산암모늄으로 변화되고 다시 탄산암모늄이 암모늄과 탄산으로 해리된다. 토양 중에 시용된 유기물은 분해되어 단백질 → 아미노산 → 암모니아 형태로 변화된다. 암모니아 형태의 질소는 토양 중의 세균(질산화성균)에 의하여 질산태 질소로 전환된 후 뿌리에 흡수된다. 뿌리에서 흡수된 질산태 질소는 곧바로 뿌리에서 암모니아태로 환원되고, 이어서 탄수화물과 결합하여 아미노산이 만들어진 후 가지, 잎 및 과실로 이동되어 생장과 발육에 이용되고, 최종적으로 단백질의 형태로 나무와 과실 조직에 저장된다. 가을철 낙엽기에는 잎에 저장된 단백질의 약 30%가 다시 아미노산으로 가수분해되어 가지로 이행하여 축적됨으로써 이듬해 봄의 개화와 전엽 및 신초생장에 재활용된다.

다. 질소성분과 과실의 맛

과수나무는 충분한 양의 질소를 공급해야 신초와 잎의 생장이 양호하고 이로 인하여 광합성량이 많아짐으로써 크고 맛 좋은 과실을 생산할 수 있다.

질소질 비료를 지나치게 많이 시용하면 가지가 번무하여 수관 내부의 광량이 적어져 오히려 과실의 발육이 억제되고, 맛없는 과실이 생산되며, 과실로의 칼슘축적이 적어져서 여러 가지 생리장해가 발생되고 저장력이 떨어진다.

라. 질소의 과부족에 의한 생리장해

질소가 부족하면 생장속도가 매우 빈약하고 개화가 되더라도 결실률이 낮으며 과실의 발육도 불량하여 수량도 적고 품질도 좋지 못하다.

한편 잎의 결핍증상은 엽록체의 발달이 정상적으로 되지 않아 대개 황화현상을 나타내며, 하부엽부터 시작하여 전체 잎에서 나타난다.

1) 질소과다

질소의 과다증상은 질소질 비료를 많이 시용하는 우리나라 과수원에서 흔히 볼 수 있는 현상이다. 전형적인 증상은 새 가지의 신장이 과도하게 촉진되고 잎이 비정상적인 암녹색을 띠게 된다. 수체의 세포가 연약하게 커지며 세포 내에 내용물의 농도가 낮아져서 동해를 받기 쉽다. 질소가 과다하면 많은 탄수화물이 단백질 합성에 소모되므로 꽃눈형성이 불량해지고, 과실에 공급될 탄수화물이 부족하여 과실이 작아진다.

고두병 및 여러 가지 생리장해가 많이 발생하므로 질소를 균형 있게 시용하는 것이 매우 중요하다.

2) 방지대책

질소는 수체 내의 흡수와 이동이 매우 잘되므로 부족할 우려가 있을 경우에는 질소질 비료를 사용함으로써 쉽게 회복시킬 수 있다. 토양 여건상 뿌리가 질소질 비료를 제대로 흡수할 수 없거나 결핍증상이 심해지면 토양시용과 더불어 요소를 엽면시비(0.5%)하는 것이 효과적이다. 질소가 과다한 경우에는 당분간 질소질 비료를 주지 말고 유기물만을 공급하며 나무의 상태를 보면서 서서히 질소비료의 시용량을 늘려간다.

(2) 인산(P)

가. 인산의 역할

인산은 새 가지와 잔뿌리 등 생리작용이 왕성한 어린 조직 중에 많이 함유되어 가지와 잎의 생장을 충실하게 하고, 탄수화물의 대사에 중요한 역할을 한다. 인산은 단백질의 합성에 중요한 성분으로서 수량을 증가시키고, 당 함량을 많게 하는 반면 신맛을 적게 하여 과실 품질을 양호하게 한다. 인산은 성숙을 촉진시키고 저장력을 증가시킨다.

나. 인산의 흡수와 이동

과수나무 뿌리는 인산 흡수력이 매우 강하여 토양 중의 인산의 농도가 낮아도 비교적 많은 인산을 흡수할 수 있다. 인산은 pH 6.0 정도에서 뿌리에 흡수가 잘되며 마그네슘이 신초나 열매로 이동할 때 함께 이동할 수 있어 서로 도와준다. 과수나무에 흡수된 인산은 10분 이내에 흡수된 인산염의 80%가 여러 유기화합물에 합류된다. 식물체 안에서의 인산은 매우 이동성이 커서 상하좌우로 전류되는데 도관부를 통하여 상향 이동이 되고, 사관부를 통하여 뿌리 쪽으로 하향 이동된다.

다. 인산의 과부족

1) 인산의 결핍

인산의 결핍증상은 일반 과수원 포장에서 발견하기가 매우 힘드나, 결핍되면 잔뿌리의 생장이 억제되며, 가지의 생육이 불량해지고, 어린잎이 기형화되어 암녹색을 나타낸다. 잎은 광택이 없어지고, 잎과 줄기의 각도가 좁아진다. 증상이 진전됨에 따라 잎의 선단과 잎의 가장자리에 엽소현상이 나타나고 심하면 낙엽이 된다. 결핍증상의 발현은 영양생장이 왕성한 시기에 나타나기 때문에 영양생장이 완료되는 늦여름에는 증상이 덜 뚜렷하다. 곁눈도 휴면상태로 있거나 죽어서 곁가지의 발생이 적어진다. 개화와 결실량이 감소되고 봄에 발아가 지연되는 수도 있다.

2) 인산의 과다

인산은 많은 양이 토양 중에서 불용성으로 고정되고, 또한 토양 내에서 이동이 극히 제한되어 있기 때문에 배나무나 과실에서의 인산과다 증상은 발견하기 힘들다. 인산을 지나치게 많이 시용하면 토양의 염류농도를 높여서 농업용수 및 식수의 오염원이 된다.

3) 방지대책

인산결핍은 토양 중에서 인산의 불용화에 기인하는 경우가 많으므로 유효태 인산으로 유지하기 위해서는 토양산도를 pH 6.0 정도로 교정하고, 퇴비 등 유기물과 인산을 함께 시용해서 인산의 흡수를 높여야 한다.

인산이 결핍된 나무에서는 인산의 비효가 빨리 나타나게 하기 위해서 제1인산칼륨 1% 액을 생석회 0.5% 액과 혼합하여 살포해 준다.

(3) 칼리(K)

가. 칼리의 역할

칼리는 생장이 왕성한 부분인 생장점, 형성층 및 곁뿌리가 발생하는 조직과 과실 등에 많이 함유되어 있다. ATP(아데노신 3인산)의 생성을 촉진하여 동화산물의 이동을 촉진시키고 과실의 발육을 양호하게 하며 과실의 당도를 높인다. 과실의 저장성을 높이며 부족하면 과실의 발육이 불량하여 수량이 적어진다.

나. 칼리의 길항작용

과수원에 칼리를 과다 시용하면 마그네슘과 칼슘의 흡수를 억제시키는데 이와 같은 현상을 길항작용이라 한다. 같은 원인으로 석회나 고토를 과다 시용하면 배나무 뿌리에서 칼리의 흡수량이 상대적으로 적어져 결핍증이 나타난다.

배나무에 칼리비료를 지나치게 많이 시용하면 유부과의 발생률이 많아지는데 이 유부과에는 칼슘의 함량이 매우 적다. 따라서 이와 같은 길항작용을 최소화하기 위해서는 균형시비가 필요하다.

다. 칼리의 흡수와 이동

칼리는 과수나무의 뿌리에서 능동적으로 흡수하기 때문에 흡수율이 높으며, 식물체 내에서 이동이 원활하여 노화된 조직에서 어린잎으로 재이동된다.

식물체 내의 칼리는 대부분 영양생장기에 흡수되며 과실이 자람에 따라 과실 내로 많이 이동된다. 흡수된 칼리는 세포질에 50% 이상이 유리상태로 존재한다.

라. 칼리와 과실 수량 및 품질

과실발육 중에 칼리가 부족하면 과실비대가 심하게 억제되어 소과가 생산되는 것으로 보아 칼리는 과실의 크기와 다수확을 위해서는 매우 중요한 비료이다. 특히 6월 중에 칼리가 부족하면 과실비대가 극히 불량해진다. 배의 경우 칼리와 과실 맛의 관계는 칼리부족에 의해 당 함량이 다소 감소되지만 그 감소의 범위는 대개 1% 내외다.

마. 칼리의 과다결핍에 의하여 나타나는 생리장해

1) 칼리의 결핍

칼리의 결핍증상은 생장 초기에 나타나는 일은 드물고, 발육이 상당히 진행된 후 성엽의 가장자리에 엽소현상이 나타난다. 칼리가 결핍되면 어린잎은 크기가 작아지지만 증상이 노화된 잎보다 덜 심하며, 대개 과다결실된 나무의 노화된 잎에서 증상이 현저하다.

2) 칼리의 과다

과수나무에서 칼리의 과다증상은 발견하기가 매우 어려우나 토양에 칼리가 많이 함유되면 칼슘과 고토 등 양이온의 흡수를 억제하여 이들 원소의 결핍을 유발할 수 있다.

3) 방지대책

칼리는 뿌리에서 흡수가 용이하므로 부족하게 될 염려가 있으면 토양에 시용하면 되고, 사질토양에서는 보비력이 약하므로 여러 차례 나누어 분시하는 것이 효과적이다.

엽면시비는 인산과 마찬가지로 제1인산칼리 1% 액에 생석회 0.5% 액을 혼합하여 살포한다. 칼리를 과다 시용한 경우에는 길항작용에 의해 흡수가 부족할 것이 예상되는 원소들을 엽면살포와 동시에 당분간 칼리질 비료를 줄인다.

(4) 칼슘(Ca)

가. 칼슘의 역할

칼슘은 비료의 역할보다는 토양 중화제로서의 역할에 더 큰 비중을 두어 왔다. 토양에서의 역할은 산성토양에서 생기기 쉬운 망간의 활성화, 마그네슘, 인산의 불용화를 방지한다. 칼슘은 유익한 토양 미생물의 활동을 촉진시켜 토양의 입단구조를 양호하게 하여 토양의 이화학성을 개량하는 효과가 매우 크다.

식물체에서는 각종 효소의 활성을 향상시키고 단백질의 합성에 관여하며, 세포막에서 다른 이온의 선택적 흡수를 조절한다. 또한 세포막의 펙틴화합물과 결합하여 세포벽의 견고성을 유지하는 역할을 한다. 에틸렌의 발생을 적게 하고, 과실의 저장 중 호흡을 억제시켜 저장력을 향상시킨다.

나. 칼슘의 흡수와 이동

식물체의 칼슘의 흡수는 토양 용액 중 칼슘의 절대 농도보다는 다른 양이온성 무기염류의 농도에 의하여 그 흡수량이 좌우될 때가 많다. 즉 암모늄 이온은 칼슘 흡수를 저해하고 칼리, 마그네슘, 나트륨 이온의 순으로 칼슘의 흡수를 억제한다. 한편 질산과 인산 같은 음이온은 칼슘의 흡수를 촉진시킨다.

칼슘은 다른 원소와 달리 수동적 흡수에 의존하므로 잎의 증산작용이 활발할 때에 흡수속도가 빠르며, 또한 뿌리의 표피가 갈변된 이후에는 칼슘의 흡수가 거의 불가능하여 주로 새 뿌리에서 칼슘이 흡수된다. 토양 중에 충분한 칼슘이 분포하더라도 토양이 너무 건조하면 뿌리가 흡수하지 못하므로 적당한 토양수분이 공급되어야 한다.

뿌리로부터 흡수된 칼슘은 목질부 도관까지 이동되면 원줄기와 연결된 도관을 통하여 가지, 잎, 과실로 이동하는데 식물체 내에서의 이동성이 매우 적어 식물체 각 기관에서의 분포가 균일하지 않다. 일반적으로 칼슘은 성엽에 많이 축적되고, 과실 내의 집적은 매우 적으며, 수체의 상단부로 갈수록 함량이 낮다.

다. 칼슘의 과·부족에 의하여 나타나는 생리장해

1) 칼슘의 결핍

전형적인 칼슘의 결핍증상은 잎의 선단이 황백화되고, 신초생장이 정지되며 차차 갈변 고사한다. 칼슘은 세포벽의 구성 물질로 부족하면 세포벽이 쉽게 붕괴되므로 분질화되고 저장력이 저하된다.

2) 칼슘의 과다

석회질 비료를 일시에 과다 시용하면 토양 pH의 상승으로 다른 비료 요소(붕소, 철 등)의 불용화에 따른 결핍증상이 나타난다. 특히 칼리와의 길항작용으로 칼리결핍을 초래할 염려가 있다.

3) 방지대책

결실수에서 석회질 비료는 생육 초기에 토양에 시용해야 하고, 이 시기에 적당한 토양조건 및 기상조건이 과실의 칼슘 함량에 중요한 영향을 끼친다. 과도한 영양생장은 과실과 신초생장의 경합으로 과실 내 칼슘의 함량을 감소시킨다. 가뭄은 토양의 칼슘의 이동을 제한시키고 뿌리의 흡수를 억제하므로 관수를 통한 토양수분의 유지가 필요하다.

칼슘의 흡수부족과 이동의 불균형으로 과실에 생리장해가 우려되면 염화칼슘 0.3~0.4% 액을 결핍증상이 나타나는 부위를 중심으로 엽면살포를 한다.

(5) 마그네슘 (Mg)

가. 마그네슘의 역할

마그네슘은 엽록소를 구성하는 필수원소이며, 칼슘과 더불어 세포벽 중층의 결합염기에 중요한 역할을 한다. 인산 대사나 탄수화물 대사에 관계하는 효소의 활성도를 높여준다. 토양 중에서는 칼슘과 함께 토양산성의 교정능력이 있다.

나. 마그네슘의 흡수와 이동

마그네슘의 공급은 석회암 토양에서는 가급태 마그네슘이 대부분으로 충분하나, 강한 산성 토양에서는 결핍되기 쉽다. 흡수된 마그네슘은 칼슘과 마찬가지로 도관부 증산류를 타고 위쪽으로 이동하며, 체관부에서도 어느 정도 이동이 가능하다. 적당량의 칼리는 마그네슘이 과실과 저장조직으로 이동하는 것을 돕는다.

다. 마그네슘의 결핍에 의하여 나타나는 생리장해

1) 마그네슘의 결핍

마그네슘은 생장이 왕성한 유목이나 근권 환경이 불량하여 흡수가 저해될 때, 특히 과실비대가 왕성한 7월 이후에 나타나기 쉬우며, 착과부위의 잎이나 발육지 기부의 잎에서 많이 발생한다. 심한 경우에는 칼리의 결핍증같이 잎 가장자리가 타는 현상이 나타날 수도 있지만 보통 엽맥 사이의 엽록소가 파괴되어 황백화한다. 증상이 경미할 때는 과실에 피해가 없으나, 심하면 조기 낙엽으로 인하여 과실비대가 부진하고 단맛이 감소하여 품질이 떨어진다.

식물체가 이용하는 치환성 마그네슘의 함량은 주로 산성화가 진행됨에 따라 용탈되어 감소되고, 또한 칼리질 비료의 시용이 지나치게 많으면 길항 작용에 의하여 마그네슘이 결핍된다.

2) 방지대책

마그네슘 결핍을 방지하기 위해서는 토양 산성화를 방지하고 칼리질 비료의 과다 시용을 피한다. 고토석회, 황산마그네슘, 농용석회 등을 토양에 시용하며 토양 물리성을 개량하여 주고 유기물을 충분히 넣어 준다. 응급조치로 황산마그네슘 2% 액을 수관 살포한다.

(6) 붕소(B)

가. 붕소의 역할

붕소는 미량요소이지만 적정 함량의 범위에서 조금이라도 부족하거나 과다해도 예민하게 각종 생리장해를 유발하여 이상 증상을 나타나게 된다.

붕소는 원형질의 무기성분 함량에 영향을 주어 양이온의 흡수를 촉진하고, 음이온의 흡수를 억제한다. 붕소는 개화 수정할 때, 꽃가루의 발아와 화분관의 신장을 촉진시켜 결실률을 증가시킨다. 붕소는 뿌리와 신초의 생장점, 형성층, 세포분열기의 어린 과실에 필수적이며, 붕소가 부족하면 이들 분열조직이 괴사한다. 붕소는 잎의 광합성 산물인 당분이 과실, 가지 및 뿌리로 전류되는 것을 돕는다.

나. 붕소의 흡수와 이동

붕소는 광물질 원소 중 가장 가벼운 비금속 원소로 토양 및 식물체에서 3가지 형태의 화합물로 존재한다. 식물에 대한 붕소의 유효도는 토양 pH, 토성, 토양수분, 식물체 중의 칼슘 함량 등에 의해서 영향을 받는다. 식물의 붕소흡수는 pH의 증가와 더불어 감소되는데, 수용성 붕소의 함량이 동일할지라도 pH가 높아지면 식물의 붕소 함량은 감소된다.

비가 오지 않고 건조한 기간이 지속되면 토양 중 세균의 활성이 저하되어 유기물의 분해가 늦어져서 붕소의 방출량이 적어질 뿐만 아니라 붕소 고정량이 증가하고, 토양 중의 붕소의 이동이 제한되어 부족현상을 초래하기 쉽다.

다. 붕소의 결핍과 과다

1) 붕소의 부족

붕소의 결핍증상은 신초, 잎과 영양생장 부위보다 과실에서 먼저 나타나는데, 과육에 코르크 증상이 나타나거나 과육이 갈변되기도 한다. 영양생장 부위에 나타나는 전형적인 붕소결핍 증상은 정단분열조직의 발육이 중지되고, 새 가지의 선단이 고사하며, 그 밑에 약한 가지가 총생한다. 또 심하면 흑변하여 말라 죽는다.

붕소는 알칼리성 토양이나 석회질 비료의 시용이 과다할 때, 사질토양에 유실이 많을 때, 건조에 의해 유실이 많을 때에 부족하기 쉽다.

2) 붕소의 과다

붕소의 과다 증상은 7월 중순경부터 나타나며 신초 중앙 부위의 잎이 활처럼 아래쪽으로 굽어지고, 잎의 주맥을 따라 부근 조직이 황화되며, 잎 전체가 기형으로 뒤틀리는 모양이 된다. 시일이 경과함에 따라 이 증상은 새 가지의 선단 쪽으로 이행하며, 증상이 진전되면 1~2년 된 가지도 고사한다. 일반적으로 우리나라 토양은 붕소 함량이 낮은 편이나, 최근에 붕사의 시용량이 많아지면서 토양에 누적되어 과다증상이 자주 나타난다. 또한 빈번한 붕소의 엽면살포 시에는 과다증상이 유발될 경우가 있다.

3) 방지 대책

붕소의 결핍을 방지하기 위해서는 충분한 유기물을 시용하여 토양의 완충능을 높이고, 5~6월 한발기에는 한발(가뭄) 피해를 받지 않도록 주의하며, 2~3년에 1회 정도 붕사를 10a당 2~3kg을 시용한다. 결핍증상이 나타날 우려가 있을 때에는 0.2~0.3%의 붕사용액을 2~3회 엽면살포한다.

붕소과다증상이 발생하면 붕소의 시용을 중단하고 농용석회를 과원 전면에 살포하여 붕소를 불용화시켜 뿌리에서의 흡수를 억제한다.

(7) 철(Fe)

가. 철의 역할

철은 과수나무의 수체 내의 여러 가지 효소 구성성분으로, 이들 효소 가운데 특히 엽록소의 생성에 필수적인 철이 부족하면 효소의 불활성화에 의하여 잎이 황화 또는 황백화가 된다. 철은 광합성 작용과 호흡작용 또는 뿌리의 음이온의 흡수 등에도 직간접으로 관여한다.

나. 철의 흡수와 이동

철은 우리나라 토양 중에 충분히 함유되어 있고, 산성토양에서는 그 용해도가 높아서 배나무에 용이하게 흡수된다. 철은 붕소나 석회와 마찬가지로 수체 내에서 이동이 잘되지 않기 때문에 신초의 생장점에 가까운 어린잎에서 철 결핍증이 발생한다.

다. 철의 결핍에 의하여 나타나는 생리장해 및 대책

철의 결핍은 과수원이 석회암 지대에 있거나 석회를 일시에 지나치게 많이 시용했을 때 발생된다. 구리, 망간, 니켈 및 코발트 등의 중금속 원소가 토양 중에 과다할 때 길항작용에 의하여 철의 흡수가 억제된다. 계분 등과 같이 인산이 다량 함유되어 있는 퇴구비나 인산질 비료를 다량 연용하여 토양 내 인산 함량이 높으면 철이 인산에 의하여 고정되어 불용화될 때 철 결핍 증상이 일어나기 쉽다.

철의 결핍 증상으로는 발육지의 생장이 왕성한 5월경 신초 선단부 잎에서 엽맥 주위의 엽록소는 그대로 있지만 엽맥 부분은 황백화가 되어 잎 전체가 그물처럼 보인다. 이 증상은 신초에 가까울수록 심하며, 잎에 다수의 갈색 반점이 생기고, 신초의 생장이 중지되며, 시간이 경과하면 낙엽이 되거나 가지가 말라 죽는다.

석회과용으로 인한 철분결핍은 유기철(Fe-EDTA 또는 구연산철) 1kg을 물 10ℓ에 녹여 수관 하부에 뿌린다. 배수가 불량하거나 지하수위가 높은 곳은 배수시설을 한다. 응급조치로는 황산철 0.1~0.3% 용액을 엽면시비한다.

사과 재배

07 생리장해 판단 및 증상별 엽면살포 농도

Apple cultivation

가 주요 부위별 생리장해 판단

(1) 잎

□ 잎맥 사이가 황화되며 심하면 갈변되어 낙엽이 된다.
→ 마그네슘 결핍(비료요소), 생리적 역할(마그네슘)

□ 새 가지 선단부의 잎에 황색의 반점들이 발생하여 잎이 누렇게 보이고, 2차 생장지의 잎은 심하게 황화가 되어 황백화 현상을 나타낸다. → 철 결핍(비료요소), 생리적 역할(철)

□ 봄에 1년생 가지의 잎눈이 늦게까지 발아하지 않고 잠자는 상태로 남아 있다 → 붕소 결핍(비료요소), 생리적 역할(붕소)

□ 손으로 건드리거나 바람이 불면 엽병이 부러지면서 낙엽이 되어 6월 하순~7월 초순에 신초만 앙상하게 남게 된다.
→ 붕소 과다(비료요소), 생리적 역할(붕소)

(2) 줄기·가지

□ 신초와 2~3년생 가지에 울퉁불퉁한 융기증상이 나타나며, 그 하부조직이 검게 죽고, 가지의 선단으로부터 말라 죽는다.
→ 적진병(망간 과다)

□ 수확기까지도 신초의 2차 생장이 많다
→ 질소 과다, 마그네슘 결핍(비료요소), 생리적 역할(질소)

□ 새 가지의 결순이 총생현상을 나타내고, 1년생 가지가 울퉁불퉁하게 거칠고 그 부위의 표피를 칼로 벗겨 보면 검게 죽은 조직이 섞여 있다.
→ 붕소 결핍(비료요소), 생리적 역할(붕소)

□ 6월 중순부터 신초 끝이 검게 고사한다.
→ 붕소 과다(비료요소), 생리적 역할(붕소)

(3) 과실

□ 체와부의 과피에 주로 반점이 발생하며, 과피 아랫부분의 과육 세포는 저장 중에 코르크화되는데, 적색품종은 암적색, 황색 품종은 녹색~회록색의 2~5mm 크기의 반점이 생긴다.
→ 반점성 장해, 고두병(비료요소), 생리적 역할(칼슘)

□ 8월 하순부터 수확기까지 과피에 직경 5mm 이상의 반점이 생기며, 과면이 약간 오목하게 들어가고 그 아래의 과육은 코르크화되어 딱딱하고 흑색, 적색 또는 녹색을 나타낸다.
→ 반점성 장해, 코르크 스폿(비료요소), 생리적 역할(칼슘)

□ 과실이 작아지고, 착색이 불량하며, 과육에 푸른색이 남는다.
→ 마그네슘 결핍(비료요소), 생리적 역할(마그네슘)

□ 어린 과실의 표면이 움푹 들어가고 그 부위의 색깔이 짙은 초록색이며, 그 하부의 과육이 코르크화되어 과실의 모양이 부정형이 된다. → 붕소 결핍(비료요소), 생리적 역할(붕소)

□ 과피가 매끈하지 않고 쇠에 녹이 낀 것처럼 거칠어지는 증상을 나타낸다. → 동녹

□ 과육 또는 과심의 일부가 수침상으로 되며, 황색 또는 황록색을 나타낸다. → 밀 증상

□ 과피가 터지는 현상을 나타낸다. → 열과

나 주요 부족증상별 엽면살포 농도

표 6-3 주요 성분별 약제 및 살포농도

구분	약제	농도
질소	요소	생육기간 : 0.5% 정도 수확 후 : 4~5%
인산	제1인산칼슘 또는 제1인산칼리	0.5~1.0%
칼리	제1인산칼리	0.5~1.0%
칼슘	염화칼슘 또는 질산칼슘	0.3~0.5%
마그네슘	황산마그네슘	2% 정도
붕소	붕사 또는 붕사	0.2~0.3%
철	황산철, Fe EDTA	0.1~0.3%
아연	황산아연	0.25~0.4%

제Ⅶ장 병해충 방제

1. 사과 병해
2. 사과 해충

01 사과 병해

사과나무의 기생성 병해는 전 세계적으로 96종이 보고되었으며, 우리나라에는 총 41종으로, 진균성 병해 32종, 세균성 병해 4종, 바이러스성 병해 4종, 바이로이드 병해 1종이 알려져 있다. 그러나 생육기간 중에 살균제를 사과나무 전체에 살포하여 방제해야 하는 병은 붉은별무늬병, 검은별무늬병, 점무늬낙엽병, 갈색무늬병, 겹무늬썩음병, 탄저병, 그을음병 및 그을음점무늬병 등 8종 정도이다. 또한, 부란병과 토양 병해인 역병, 자주날개무늬병, 흰날개무늬병도 사과원에 따라서는 농약을 이병 부위에 처리하여 방제할 필요가 있다.

사과나무의 병해 발생변천에 관여하는 요인은 품종·대목 및 재배관리, 방제약제 종류 및 살포방법 등의 변화와 같은 인위적인 요인과, 온도와 강수량 등과 같은 자연(기상)요인으로 나누어 볼 수 있다.

과실에 발생하는 병해 중 탄저병과 겹무늬썩음병은 그 중요도가 바뀐 대표적인 병해로, 1970년대까지는 홍옥과 국광이 주품종이어서 탄저병이 문제 병해였으나, 1980년대 이후에는 후지가 주품종으로 변화되면서 겹무늬썩음병이 문제 병해로 되었고, 특히 1998년도에 대발생하여 많은 농가에 피해를 입혔다. 하지만 방제 기술 개발의 노력으로 2000년대에 들어서면서 겹무늬썩음병의 발생량이 많이 줄어들었고, 최근에는 조·중생종 품종 재배면적 증가 등으로 인하여 탄저병의 발생량이 늘어나고 있다. 왜성 사과재배가 확대되면서 MM.106 대목과 M.26 대목의 사과나무에서는 주간부 역병, 줄기마름병 및 뿌리의 날개무늬병 발생이 증가되고 있다.

1960년대까지는 살균제로 석회보르도액 등 무기농약이 주종을 이루었으나, 이후 점차 유기합성 살균제로 바뀌면서 병의 발생도 변화되고 있다. 갈색무늬병은 1960년대까지 문제되는 낙엽병이었으나, 석회보르도액 및 효과가 좋은 유기합성 살균제가 사용되면서 1960년대 말부터는 점무늬낙엽병으로 중요도가 바뀌었고, 1990년대에는 또다시 갈색무늬병이 가장 중요한 낙엽병으로 변화되었다.

줄기의 부란병은 1960년대 초까지는 관리가 소홀한 사과원에서 국부적으로 발생되었으나, 동계방제 시 석회유황합제 사용이 감소되고, 질소비료를 너무 많이 준다거나, 나무가 노령화됨에 따라, 병원균의 밀도가 증가되고 나무의 저항성이 약해져서 1970~1980년대에 피해가 컸다. 1990년대 이후는 약효가 있는 네오아소진의 사용과 각종 도포제를 이용한 지속적인 예방과 치료가 이루어져 발생이 감소하였으나 최근 발생량이 조금씩 늘어나고 있다. 특히 네오아소진이 2008년부터 생산이 중단되었으므로 앞으로의 병 발생추이를 예의 주시해야 한다.

앞으로, 사과는 후지와 쓰가루 품종의 일부 대체 품종으로 홍로, 감홍 등 신품종의 재배가 점차 증가될 것이며, 저수고 고밀식 왜화재배 체계가 확산됨에 따라 대목도 MM.106 및 M.26의 이용이 감소되고 M.9가 급격히 증가될 것으로 전망된다.

표 7-1 **연대별 사과 병 발생상의 변천**

병명	연대별 발생상						
	1950	1960	1970	1980	1990	2000	2010
탄저병	+++	+++	++	++	+	++	+++
겹무늬썩음병	±	±	++	+++	+++	+++	++
점무늬낙엽병	-	±	++	+++	+	++	++
갈색무늬병	++	++	+	+	+++	+++	+++
붉은별무늬병	+	+	++	+++	±	±	±
열매검은병	+	+	+	+	±	±	±
흰가루병	+	+	+	+	±	±	±
부란병	+	++	+++	+++	++	+	++
검은별무늬병	-	-	±	±	+	-	-
역병	-	-	-	-	++	+	+
날개무늬병	-	-	-	-	++	+	++

* - 미기록, ± 미, + 경, ++ 중, +++ 심(1950~1980 : 이두형, 1990 : 대구사과연구소)

표 7-2 사과나무에 발생하는 병해의 가해부위별 분류

병해명 \ 부위	피해정도*				
	꽃	잎	과실	줄기(가지)	뿌리
꽃썩음병	◎	○	○	○	-
흰가루병	○	◎	○	○	-
점무늬낙엽병	-	◎	○	○	-
갈색무늬병	-	◎	○	-	-
붉은별무늬병	○	○	○	-	-
검은별무늬병	-	○	-	-	-
잿빛곰팡이병	-	○	-	-	-
탄저병	-	-	◎	○	-
겹무늬썩음병	-	-	◎	◎	-
그을음병	-	○	◎	○	-
그을음점무늬병	-	-	◎	○	-
과심곰팡이병	-	-	○	-	-
잿빛무늬병	-	-	○	-	-
부란병	-	-	-	◎	-
줄기마름병	-	-	○	◎	-
역병	-	-	○	◎	◎
은잎병	-	○	○	◎	-
흰날개무늬병	-	-	-	-	◎
자주날개무늬병	-	-	-	-	◎
흰비단병	-	-	-	-	◎
뿌리혹병	-	-	-	○	◎
고접병	-	-	○	◎	-
바이러스병	-	○	-	-	-
바이로이드병	-	-	◎	-	-

* -, 발생무; ○, 소; ◎, 중~심

이에 따라 홍로 품종 등에서 탄저병과 점무늬낙엽병의 발생이 다시 증가되며, 왜화도가 높은 대목은 뿌리의 발달이 적고, 겨울철 저온과 건조 등 기상변화에 대한 적응성이 적어서 줄기마름병 등 새로운 병해 또는 생리장해가 발생될지도 모른다. 또한, 상품성과 수량 저하의 원인이 되는 각종 바이러스와, 외국으로부터 화상병이 침입해 올 경우에 피해가 우려된다.

가 붉은별무늬병(赤星病)

- 병원균 : *Gymnosporangium yamadae* Miyabe ex Yamada
- 영　명 : Japanese apple rust
- 일　명 : アカホシ病

(1) 병징과 진단

- 잎, 과실, 가지에 발생하나, 주로 잎에서 발생한다.
- 5월 상·중순부터 잎 표면에 1mm 정도의 황색 반점이 나타나 윤기 있는 등황색(오렌지색)으로 변하며, 병반은 0.5~1cm 정도로 커진다. 병반은 부풀어 올라 돌기와 같은 소립인 정자기(精子器)를 많이 형성하고 이 소립이 흑갈색으로 변하면서 잎 뒷면이 두꺼워져 6월부터 털 모양의 수포자기(銹胞子器)를 많이 형성한다. 이 수포자기는 7월까지 터져서 안에 들어 있던 수포자가 빠져나가면 찌그러지고 나중에는 병반에서 없어지게 된다.
- 드물지만 병의 발생이 심할 경우에는 과실, 가지에도 병반이 형성되는데 잎과는 달리 동일한 병반면에서 정자기와 수포자기를 형성한다.

표 7-3 중간기주가 되는 향나무의 종류

속	향나무의 종류	기생 정도
향나무속	향나무	심
	피라밋향나무(가이스까)	심
	둥근향나무(옥향나무)	경
	노간주나무	경
편백속	편백나무	무
측백나무속	측백나무	무

(2) 병원균

- 담자균(擔子菌)으로 사과나무에서 정자(精子)와 수포자(銹胞子)를 형성하고, 향나무에서는 동포자(冬胞子)와 담포자(擔胞子)를 형성하는 이중기생균이다.

- 정자는 타원형으로 무색, 단세포이며, 크기는 3~8×1.8~3.2μm이다. 수포자는 구형~타원형으로 오렌지색, 단세포이며, 직경이 17~28μm로 그 표면에는 작은 돌기가 밀생하고 여러 개의 발아공이 있다. 동포자는 방추형으로 등갈색, 2세포이며 크기는 32~45×15~24μm이다. 동포자에서 형성된 전균사에서는 담자기(擔子器)가 생기고 그 위에 담포자가 형성된다. 담포자는 난형으로 단세포이며, 크기는 13~16×8~10μm이다.

표 7-4 향나무와의 거리별 발병 정도

거리(m)	발병률(%)
0~100	98.7
101~500	51.8
501~1000	24.1
1001~2000	4.9
2001 이상	0.0

* 농업기술연구소, 1977

(3) 발생생태

- 사과나무 잎 뒷면에서 9~10월에 형성된 수포자는 형성 직후 발아하지 않고 월동 후 다음 해 봄에 향나무에 침입한다. 그해 여름을 지낸 후 병반을 형성하고 그다음 해 봄 3~5월에 동포자퇴가 형성된다.
- 동포자퇴는 4~5월 강우에 부풀어 담포자가 형성되고 바람에 의해 비산되며 비산거리는 2km 내외에 달한다. 비산된 담포자는 사과나무에 침입, 발병하여 피해를 주고 다시 정자와 수포자를 형성한다.
- 이 병은 한국, 일본, 중국 등지에 국한해서 발생하는데, 우리나라에서는 1918년 수원에서 처음 발생이 보고되었으며, 1975년 이후 경북 지역을 위시하여 전국에서 발생량이 증가하였고 피해가 늘어났으나 현재는 사과원에서 5월에 평균이병엽률이 1%, 발생과원율은 70%로 그 피해는 경미하다.

(4) 방제

- 사과원 부근 2km 이내에 중간기주인 향나무를 심지 않도록 한다.
- 향나무에 형성된 혹(동포자퇴)이 터져서 한천 모양이 되기 전에 잘라서

태우든가 4~5월에 석회유황합제나 적용약제를 살포한다.

- 사과나무에는 낙화 후 검은별무늬병, 점무늬낙엽병, 그을음(점무늬)병과 동시 방제하는 것이 효과적이다.

나 검은별무늬병(黑星病)

- 병원균 : *Venturia inaequalis* (Cooke) Winter
- 영　명 : Apple scab
- 일　명 : クロホシ病

(1) 병징과 진단

- 잎, 과실, 가지에 발생하나, 주로 잎이나 과실에서 발생한다.
- 잎 앞면에 직경 2~3mm의 녹황색 반점이 나타나고 갈색의 가루가 덮여 있는 형태가 되는데 이 가루가 병원균의 분생포자이며 분산하여 새로운 병반을 만들게 된다. 시간이 경과하면 잎 표면이 부풀어 오르고, 여름이 되면 표면의 분생포자가 소실된다.
- 과실에서는 1~2mm의 흑색 반점이 나타나 과실의 비대와 함께 표면에 균열이 생기고 기형과가 된다.
- 드물지만 발생이 심한 경우에는 가지에서도 발생하는데 표면이 거칠어 지고 껍질이 터져 흑색 병반이 형성된다.

(2) 병원균

- 병원균은 *Venturia inaequalis*로서 자낭균(子囊菌)에 속한다.
- 자낭균으로 자낭포자(子囊胞子), 분생포자(分生胞子)를 형성한다.
- 자낭각은 구형으로 흑색이고, 직경 90~150µm이며, 자낭각당 50~100개 정도의 자낭을 함유하고 있다. 자낭은 곤봉형으로 무색이며, 크기는 55~75×6~12µm로 8개의 자낭포자를 함유하고 있다. 자낭포자는 담황록색~황갈색으로 장타원형이며, 2세포이고, 크기는 11~15×5~7µm인데 아래쪽 세포보다 위쪽 세포가 더 짧고 넓다. 두 세포의 같지 않은 크기 때문

에 지금의 이름(V. inaequalis)이 붙게 되었다. 분생자경은 갈색으로 물결무늬이다. 분생포자는 암갈색으로 난형~방추형이며 한쪽이 좁으며 단세포이고, 크기는 12~22×6~9μm이다.

(3) 발생생태

- 병든 잎과 과실에서 자낭각 형태로 월동한다. 또한, 해양성 기후에서는 가지 병반상에 균사로 월동하기도 하지만 이 월동 방법은 그 밖의 지역에서는 흔치 않은 일이다. 가을에 균사체를 형성한 후 낙엽한 4주 이내에 대부분의 자낭각이 형성된다. 동면기 후(온도 0℃)에 자낭각은 계속해서 성숙하며 자낭과 자낭포자가 발달한다. 습기가 자낭각 발달에 필요하다. 자낭각 발달에 최적온도 범위는 8~12℃이며, 자낭포자 성숙의 최적온도는 16~18℃이다.
- 사과원의 월동엽이 젖어 들어감에 따라 성숙한 자낭이 주공을 통해 팽창하며 자낭포자를 방출하게 되는데 이것은 바람에 의해 분산된다. 이들이 1차 감염을 시작한다. 대부분의 경우에 발아기경에 1차 자낭포자가 성숙하며 감염을 일으킬 수 있다. 자낭포자는 계속 성숙하며 5~9주 동안 포자방출은 계속된다. 자낭포자 최대 분산 시기는 보통 개화 직전과 만개기 사이에 일어난다.
- 자낭포자가 얇은 층의 습기가 찬 상태의 잎이나 과실표면에 부착되면 발아는 일어난다. 수분은 발아의 시작에 필요하다. 그러나 시작 후에는 상대습도가 95% 이상인 한 발아는 계속된다. 감염이 일어나는 데 필요한 시간은 유습시간과 온도의 함수관계가 있다. 과실감염에 필요한 유습기간의 지속은 과실의 노숙 정도에 따라 증가한다. 부착기, 침입발을 형성한 후에 균사는 표피를 뚫고서 표피와 큐티클층 사이에 형성된다. 균사의 큐티네이즈 효소가 침입과정에 관련된다. 감염은 1~26℃의 온도범위에서 일어난다. 자낭포자 감염에 필요한 유습시간 수는 온도에 따라 각각 달라 6℃에서는 21시간, 16~24℃에서는 9시간이다. 감염은 26℃ 이상에서는 거의 일어나지 않는다.
- 균이 일단 큐티클층을 통과하면 큐티클층 밑의 자좌로 분지하며 나중에

가서는 육안으로 보이는 병반상에 분생자경, 분생포자를 형성한다. 중앙 부위에 분생포자를 가지는 병반은 온도와 상대습도에 따라 9~17일 이내에 볼 수 있다. 포자형성의 최소 상대습도는 60~70%이다. 그러나 최저 습도 이하일지라도 이 균에 치명적인 것은 아니다. 분생포자는 여름철 병 발생에 관여하는 주된 접종원이다.

- 분생포자(1개 잎 병반당 10만 개까지도 생성됨)는 튀기는 빗물이나 바람에 의해 나무의 새 잎이나 과실 표면에 분산된다. 이들은 발아하여 기주를 뚫으며 자낭포자일 때와 유사한 방법으로 새 병반을 만든다. 감염기 발생빈도와 기주조직의 감수성에 따라 생육기 동안 몇 번의 2차 감염이 일어난다. 가을 낙엽 후에 균은 부생성으로 들어간다.
- 미국 등 이 병의 발생이 심한 곳에서는 봄에 정기적으로 살균제를 살포해야 하는데 Mills table이 발생예찰의 중요한 기초가 된다. 기상조건 및 과원환경에 따라 감염 여부를 알 수 있는 발생예찰 프로그램이 개발되어 있어 현장에서 실용화되고 있다.
- 이 병은 전 세계 대부분의 사과재배 지역에서 발생하고 있으며, 미국이나 유럽에서는 가장 중요한 사과병해이다. 우리나라에서는 1972년 미국에서 도입된 사과나무의 묘목에서 최초로 발생이 확인되어 정착되었으며, 1990년에 경북 청송 등지에서 발생이 심하였다. 최근 청송, 영주, 거창, 장수 등 해발이 높은 산지 사과원을 중심으로 발생이 증가하고, 발생지역이 확대되는 경향이다. 현재 관행방제 사과원에서는 평균 이병엽률이 1% 미만으로 거의 발생하지 않지만 산지 사과원의 경우 봄철에 약제방제가 소홀하면 잎이나 과실에 이병률이 70% 이상으로 심하게 발생하므로 이런 지역에서는 약제방제를 철저히 할 필요가 있다.

(4) 방제

- 사과원의 습도를 낮추기 위해 배수관리를 철저히 한다.
- 병든 잎과 과실은 불에 태우거나 땅속 깊이 묻는다.
- 외국에서 병 발생이 심할 경우에는 가을철 낙엽에 질소질 비료를 살포하여 겨울철 동안 잎의 분해 비율을 높임으로써 월동 전염원을 감소시킨

다. 그러나 우리나라와 같이 겨울이 건조하고 추운 기상조건에서는 실용화 가능성이 적다고 생각된다.

- 봄철 1차 감염시기의 방제가 가장 중요하므로 4월 중순~5월 중순에 점무늬낙엽병, 붉은별무늬병, 그을음(점무늬)병의 방제와 겸하여 적용약제를 살포하는 것이 효과적이다.

다 흰가루병(白粉病)

- 병원균 : *Podosphaera leucotricha* (Ellis et Everhart) Salmon
- 영　명 : Powdery mildew
- 일　명 : ウドンコ病

(1) 병징과 진단

- 잎, 가지, 꽃, 과실에 발생하나, 주로 신초의 어린잎, 가지에서 발생한다.
- 처음에 흰색의 균총이 나타나고 병반이 확대되어 잎 전체가 흰 가루 모양의 분생포자로 덮이며, 오그라든다.
- 과실에서는 유과기에 발생하여 동녹의 원인이 된다.

(2) 병원균

- 자낭균(子囊菌)으로 자낭포자(子囊胞子)와 분생포자(分生胞子)를 형성한다.
- 자낭각은 흑갈색으로 구형이며, 직경 75~96μm이다. 자낭은 준구형으로 크기는 55~70×44~50μm이다. 자낭포자는 무색으로 단세포이며, 타원형~난형이고, 크기는 22~26×12~14μm이다. 분생포자는 분생자경위에 연쇄상으로 형성되고 무색으로 단세포이고, 원통형이며, 크기는 28~30×12~19μm이다.
- 이 병원균은 표피세포에 흡기를 삽입하여 영양분을 흡수하며, 기주조직이 죽으면 병원균도 죽는 활물기생균이다.

(3) 발생생태

- 병든 새순이나 가지에서 균사나 자낭각의 형태로 월동하여 봄에 잎이 전개할 때 자낭포자에 의해 1차 감염이 이루어진다. 1차 감염된 잎에서 형성된 흰 가루 모양의 분생포자에 의해 2차 감염이 이루어진다. 5~6월에 발생이 많으며, 홍옥이 감수성 품종이다. 이른 봄 기온이 한랭하고 안개가 많이 낄 때 발생이 많다.
- 이 병은 세계 각지에 널리 분포하는데 우리나라에서는 1917년 마산에서 처음 발견된 이후 1940년대까지는 함경남도 원산 지방에서 많이 발생한 것으로 기록되어 있다. 현재는 사과원에서 평균 이병엽률이 1% 미만, 발생과원율은 5% 미만으로 거의 발생하지 않는다.

(4) 방제

- 피해 받은 새순의 끝이나 피해 가지를 잘라 태우거나 땅속 깊이 묻는다.
- 4월 중순~5월 중순에 검은별무늬병, 점무늬낙엽병, 붉은별무늬병, 그을음(점무늬)병과 동시방제하는 것이 효과적이다.

라 점무늬낙엽병(斑點落葉病)

- 병원균 : *Alternaria mali* Roberts
- 영　명 : Alternaria blotch
- 일　명 : ハンテンラクヨウ病

(1) 병징과 진단

- 잎, 과실, 가지에 발생하는데, 주로 잎과 과실에서 발생한다.
- 5월부터 잎에 2~3mm의 갈색 또는 암갈색 원형 반점이 생기며, 품종과 기상조건에 따라 병반이 확대되어 0.5~1cm 정도의 크기로 되기도 하고 회색 병반으로 되기도 한다. 여름에 자라 나온 새 가지의 잎에 많이 발생한다.
- 과실에서는 5~6월부터 과점으로 감염되기 시작하여 8~9월까지 감염되

며, 흑색의 작은 반점을 형성하여 병반은 크게 확대되지 않고 과실이 성숙하면 병반 주변이 적자색으로 된다.

- 가지에서는 껍질눈을 중심으로 회갈색의 병반을 형성하며 주변이 터진다.

(2) 병원균

- 병원균은 *Alternaria mali*로서 유성세대(有性世代)가 밝혀지지 않은 불완전균(不完全菌)으로 분생포자(分生胞子)를 형성한다.
- 분생자경에 5~13개의 분생포자가 연쇄상으로 형성된다. 분생포자는 흑갈색이고, 곤봉형으로 한 개 내지 여러 개의 격막이 있으며, 크기는 13~50×6~20μm이다.

(3) 발생생태

- 병든 잎, 과실, 가지에서 균사 또는 분생포자로 월동한 후 봄에 형성된 분생포자에 의해 1차 감염이 이루어진다. 포자비산은 4월부터 일어나기 시작하여 10월까지 계속되는데 6월에 가장 많고 7~9월에 꾸준히 비산된다. 2차 전염은 잎에서 발생한 병반에서 형성된 분생포자에 의해 계속 일어나며, 과실의 감염은 7~8월에 가장 많이 일어난다. 품종에 따라 발병 정도가 다르며, 여름에 고온다습하면 발생이 많고, 질소비료의 과다로 인해 잎이 연약하고 배수와 통풍이 잘되지 않는 과수원에서 피해가 많다.
- 우리나라에서는 1917년에 대구에서 처음 발견되어 1960년대부터 경북지역을 중심으로 인도, 스타킹 품종에 많이 발생하기 시작하여 전국적인 발생양상을 보였다. 현재는 사과원에서 5월부터 발생하기 시작하여 10월 평균 이병엽률이 10% 미만, 발생과원율은 90% 이상으로 잎에서의 피해는 그다지 크지 않으나 과실에 감염되면 상품가치를 떨어뜨린다.

(4) 방제

- 이른 봄에 낙엽을 모아 태운다.
- 여름 전정을 통하여 병반이 많은 도장지를 잘라서 없애고 통풍, 투광을 원활히 한다.
- 질소비료가 과다하여 잎이 연약할 때 발생이 많으므로 과다 시비되지 않

도록 한다.

- 4~5월에는 검은별무늬병, 붉은별무늬병, 그을음(점무늬)병과 동시방제하고 6~8월에는 겹무늬썩음병, 갈색무늬병과 동시방제하는 것이 효과적이다.

마 갈색무늬병(褐斑病)

- 병원균 : *Diplocarpon mali* Harada et Sawamura
- 영　명 : Marssonina blotch
- 일　명 : カッパンビョウ

(1) 병징과 진단

- 잎, 과실에 발생하나, 주로 잎에서 발생한다.
- 잎에 원형의 흑갈색 반점이 형성되고 점차 확대되어 직경 1cm 정도의 원형~부정형 병반이 되며, 병반 위에는 흑갈색 소립이 많이 형성되는데 이것이 병원균의 포자층으로 많은 포자를 생성한다.
- 잎은 2~3주 후에 황색으로 변하여 일찍 낙엽이 되나 황변하지 않고 그대로 나무상에 남아 있는 것도 있다.
- 병반이 확대되어 여러 개가 합쳐지면 부정형으로 되며, 발병 후기에는 병반 이외의 건전부위가 황색으로 변하고, 병반 주위가 녹색을 띠게 되어 경계가 뚜렷해지며, 병든 잎은 쉽게 낙엽이 된다.

(2) 병원균

- 자낭균(子囊菌)으로 자낭포자(子囊胞子)와 분생포자(分生胞子)를 형성한다.
- 자낭반은 월동한 병든 잎에서 형성되는데 직경은 0.1~0.2mm이고 높이는 0.1~0.2mm이다. 자낭은 긴 원통 또는 곤봉상이고, 크기는 55~78×14~18μm이며, 8개의 자낭포자가 있다.
- 자낭반은 월동한 병든 잎의 각피 아래에 형성되며, 성숙하면 각피를 뚫고 나와 찻잔 모양의 자낭반이 된다.
- 자낭포자는 무색이고, 한 개의 격막이 있어 2세포이며, 크기는 23~33×

5~6μm이다.

- 분생포자는 잎의 표피세포의 큐티클층 아래에 형성되는 분생자퇴 위에 생성되는데 무색이며, 2세포로 하나는 원형에 가깝고 다른 하나는 끝이 가느다란 장타원형이며, 크기는 20~24×7~9μm이다.

(3) 발생생태

- 병든 잎에서 균사 또는 자낭반의 형태로 월동하여 다음 해 자낭포자와 분생포자가 1차 전염원이 된다.
- 이 병은 분생포자나 자낭포자의 공기전염에 의하며 포자비산은 5월부터 시작되어 10월까지 계속되는데 7월 이후 증가하여 8월에 가장 많은 양이 비산된다. 잎에서는 빠르면 5월 하순에 병징이 나타나기 시작하며, 7월 상순경에는 과수원에서 관찰할 수 있다.
- 8월 이후 급증하여 9~10월까지 계속된다. 여름철에 비가 많고 기온이 낮은 해에 많이 발생하며, 배수불량, 밀식, 농약살포량 부족인 과수원에서 발생한다. 사과나무에서 조기낙엽을 가장 심하게 일으키는 병이다.
- 포자비산은 5월부터 10월까지 이루어지는데 포자비산양 조사를 통해서 초기 발생시기와 이후의 발생 정도를 예측할 수 있다. 과수원에서 보통 빠르면 5월 하순, 늦어도 7월 상순에는 관찰할 수 있기 때문에 초기 병징의 발현을 방제시작의 신호로 보면 된다.
- 이 병은 일본, 한국, 중국, 인도네시아, 캐나다, 브라질 등지에서 발생하는데 우리나라에서는 1916년 수원, 1917년 나주, 대전, 대구 등지에서 최초 발생이 보고된 이래 1960년대까지 우리나라 전역에 걸쳐 발생하여 탄저병과 더불어 그 피해가 극심하였다.
- 1960년대까지는 주재배 사과 품종이 갈색무늬병에 이병성인 홍옥과 국광이었으나, 1970년대 이후는 후지 등의 신품종으로 대체하여 재배하였고, 농약의 개발로 이제까지 갈색무늬병의 발생은 크게 문제되지 않았다.
- 그러나 1990년대에 들어서면서 홍옥 품종은 물론 후지 등 신품종에도 발생하기 시작하여 매년 발병률이 증가하고 있는 실정이며 농약의 관행방제 과수원에서도 많이 발생되어 조기낙엽 등의 피해를 일으키고 있다.
- 특히, 7~8월에 강우량이 많고 저온이었던 1993년에 대발생하여 큰 피해

를 입었다. 그 이후 계속해서 여름철에 많이 발생하고 있으며, 1998년에는 봄철 고온다우로 인해 병 발생이 5월부터 시작되었고, 여름철엔 비가 온 날이 계속되었으며, 9~10월 고온조건이 유지되어서 10월 평균 이병엽률이 50% 이상, 발생과원율은 100%로 그 피해가 심각하였다.

(4) 방제

- 관수 및 배수 철저, 균형 있는 시비, 전정을 통해 수관 내 통풍과 통광을 원활히 한다.
- 병에 걸린 낙엽을 모아 태우거나, 땅속 깊이 묻어 월동전염원을 제거한다.
- 약제에 의한 방제는 6월 중순경(발병 초)부터 8월까지 가능한 한 강우 전에 정기적으로 적용약제를 수관 내부까지 골고루 묻도록 충분한 양을 살포한다. 과수원에서 초기 병반이 보이는 즉시 약제를 살포한다. 이 병은 한번 발생하면 방제하기가 매우 곤란하므로 예방에 초점을 맞추어 방제한다.

바 탄저병(炭疽病)

- 병원균 : *Glomerella cingulata* Spauld. et Schr.
- 영　명 : Bitter rot
- 일　명 : タンソ病

(1) 병징과 진단

- 환경조건이 병 발생에 알맞을 때는 어린 과실에서도 발생하지만 주로 성숙기인 8월부터 수확기까지 생기며, 저장 중에도 많이 발생한다.
- 처음에는 과실에 갈색의 원형 반점이 형성되어 1주일 후에는 직경이 20~30mm로 확대되며, 병든 부위를 잘라보면 과심방향으로 과육이 원뿔 모양으로 깊숙이 부패하게 된다.
- 과실표면의 병반은 약간 움푹 들어가며, 병반의 표면에는 검은색의 작은 점들이 생기고, 습도가 높을 때 이 점들 위에서 담홍색의 병원균 포자덩이가 쌓이게 된다.

(2) 병원균

- 자낭균으로 병반에서는 주로 분생포자를 형성하나, 드물게는 병반조직 내에 자낭각을 형성하여 자낭포자도 생성한다.
- 자낭각은 흑색이고, 구형 또는 플라스크형으로 직경이 210~280㎛이다.
- 분생포자의 크기는 9~29×3~8㎛이다.

(3) 발생생태

- 세계 각지에서 사과나무, 배나무, 포도나무 등 300여 종의 식물에서 발견되며, 비교적 온난하고 다습한 지방에서 많이 발생한다.
- 주로 홍옥, 국광, 인도, 욱 품종에서 심하게 발생하며, 한 해 동안 50~90%의 이병과율을 나타낸 경우도 있어 1970년대 말까지 우리나라 사과병해 중 가장 피해가 심했던 병이다. 1960년대 말부터 후지 등 탄저병 저항성 품종이 재배되면서부터는 병의 발생이 현저히 줄어들었다.
- 주로 사과나무 가지의 상처부위나 과실이 달렸던 곳, 잎이 떨어진 부위에 침입하여 균사의 형태로 월동한 후 5월부터 분생포자를 형성하게 되며 비가 올 때 빗물에 의하여 비산되어 제1차 전염이 이루어지고 과실에 침입하여 발병하게 된다.
- 병원균의 전반은 빗물에 의해서 이루어져 기주체 표면에서 각피 침입하여 감염되며, 파리나 기타 곤충 및 조류에 의해서도 분산 전반되어 전염이 이루어지는 것으로 되어 있다.
- 과실에서는 7월 상순경에 최초 발생하며, 7월 하순에서 8월 하순까지 많이 발생하고, 9월 중순 이후 감소한다. 저장 중에도 많이 발생한다.
- 병원균의 생육온도는 5~32℃이며, 생육적온은 28℃이다.

(4) 방제

- 중간기주가 되는 아카시아 나무를 사과원 주변에서 없앤다.
- 병든 과실은 따내어 땅에 묻고 수세가 강하게 비배관리를 철저히 하며, 과실은 봉지 씌우기를 하면 병원균의 전염이 차단된다.

사 겹무늬썩음병(輪紋病)

- 병원균 : *Botryosphaeria dothidea* Cesati et de Notarise
- 영　명 : white rot
- 일　명 : リンモン病

(1) 병징과 진단

- 일부 일소 피해를 입은 과실에서는 7월 하순에 발병하는 경우도 있지만 대부분 9월 하순 이후에 자주 발생한다. 초기에 발병된 과실에서는 병반상에 작은 흑색소립이 밀생하는 경우가 있는데 이들은 내부에 다량의 병원균 포자를 형성하여 2차 전염원이 된다.
- 최초의 병징은 과점을 중심으로 갈색의 작고 둥근 반점이 생기는데, 이 반점의 주위는 붉게 착색되어 눈에 잘 띈다. 병반이 확대되면 둥근 띠 모양으로 테가 생기지만 띠 모양이 확실하지 않은 경우도 있고, 과실이 썩으면서 색깔이 검게 변하는 것도 있다.
- 과실을 잘랐을 때 썩는 부위가 연한 갈색 혹은 짙은 갈색으로 불규칙하며 이런 증상은 V자 모양을 나타내어 씨방 쪽으로 썩어 들어가는 탄저병과는 뚜렷하게 구별되는 분류 포인트가 된다.
- 가지에서의 병반은 사마귀를 형성하는 것과 사마귀를 형성하지 않고 조피증상을 나타내는 것, 검붉은 색의 암종을 형성하는 것 등 3가지 유형으로 나누어진다.
  ① 사마귀를 형성하는 경우는, 처음 병원균이 침입한 가지의 피목부위가 융기하여 사마귀 형태가 되는데, 그 후 수개월이 지나면 사마귀 주변으로 균열이 생기면서 갈라져 조피증상을 나타내며, 이 사마귀 내에 다수의 병자각이 군생한다.
  ② 사마귀를 형성하지 않고 조피증상만 나타나는 경우에는, 가지의 피목부위에서 장타원형의 균열이 생기며 이곳에서 다수의 병자각이 형성된다.
  ③ 검붉은 색의 암종을 형성하는 것은 주로 딜리셔스 계통 품종인 나무에서 많이 발견되지만 거의 모든 품종에서 찾아볼 수 있다. 이 증상은

동해, 한해, 영양결핍에 의해 쇠약해진 나무에서는 더욱 뚜렷하게 나타나며 수분스트레스를 지속적으로 받은 가지, 오래된 가지일수록 증상이 잘 나타난다.

(2) 병원균

- 자낭균에 속하며 동일한 자좌 내에 병자각과 자낭각을 형성한다. 자좌 속에 보통 2~4개의 자낭각이 존재하며, 병자각은 단독 또는 군생한다. 자낭각의 모양은 병자각과 거의 같으며, 크기는 175~320×230~320㎛이다. 자낭은 80~130×12~23㎛ 크기로 곤봉형이며, 2중벽 구조로 되어 있고, 8개의 포자를 가진다. 자낭포자는 무색, 단포, 방추형~장란형(長卵形)이며 크기는 16~28×7~12㎛이다.
- 병자각은 줄기 및 가지의 병반은 물론 과실 병반에서도 형성되며, 크기는 103.5~287.5×92~287.5㎛이며, 병자각실 내벽 전면에 분생자병이 발달하고 그 위에 병포자가 단생한다. 병포자는 무색, 단포, 타원형~방추형으로 크기는 4.3~7.3×20.0~31.3㎛이다.
- 소형 분생포자를 형성하는 경우가 있는데 이것도 역시 병자각 내에 형성되며, 무색, 단포, 간상형이고, 크기는 1×2~3㎛이며, 그 기능은 분명치 않다.
- 병원균의 생육온도는 10~35℃이며, 생육적온은 28~32℃이다.

(3) 발생생태

- 세계 각지에서 사과나무, 배나무 등 20과 34속 식물에서 발견되며, 비교적 온난하고 다습한 지방에서 많이 발생한다.
- 1970년대부터 병원균에 감수성이 높은 후지 품종의 재배증가와, 무봉지재배 그리고 이전까지 사과원에서 빈번히 사용되어온 보르도액이 제조상의 번거로움과 과실 색택의 문제로 인해 사용되지 않게 되면서 이 병의 발생이 증가되었다.
- 자낭포자는 강우가 없어도 전반이 이루어지지만, 분생포자는 강우 시에 전반된다. 병자각에서 분출되는 병원균의 양은 강우의 양과 지속시간에 관계가 있다.

- 병원균은 균사, 병자각, 자낭각의 형태로 사마귀 조피증상이나 가지 마름증상, 전년도 이병과실에서 월동하고 다음 해 5월 중순~8월 하순경에 비가 올 때 포자가 누출되고 빗물에 튀어 과실의 과점 속에서 잠복하고 있다가 과실이 성숙되어 수용성 전분 함량이 10.5%에 달하는 생육 후기에 발병한다.
- 포자가 과실 표면에 도달하여 감염이 성립되기 위해서는 15℃에서는 24시간, 20℃에서는 10시간, 25℃에서는 8시간의 보습기간이 필요하며, 우리나라에서 감염 최성기는 장마 기간 중이다.

(4) 방제

- 병원균의 월동처에서 비산된 포자가 과실에 부착하지 못하게 하는 봉지 씌우기 재배가 가장 효과적인 방법이지만 노동력 투하로 인한 생산비 상승이 문제된다. 우리나라에서는 봉지 씌우기를 6월 상순에서 중순에 걸쳐 이행하는데 겹무늬썩음병 방제만을 고려한다면 장마가 시작되기 전까지만 봉지를 씌워도 방제에는 큰 문제가 없다.
- 이 병은 감염 가능기간이 길고 이 기간 중 비만 오면 언제든지 대량감염의 우려가 있으므로 최대 비산 및 감염시기가 되는 장마기 전부터 8월 하순까지 매회 방제효과가 높은 약제를 살포해야 한다.
- 어린 유목시기에 가지에 형성된 사마귀 병반부위를 도포제 혹은 수성페인트로 발라두면 병원균의 비산방지와 예방에 효과가 있으나, 노목의 경우 도포처리의 어려움과 비용 과다로 효과적이지 못하다.
- 현재 우리나라에서는 거의 쓰이지 않고 있는 보르도액이 겹무늬썩음병에는 탁월한 효과가 있으나, 후지 품종에 있어서는 과실의 표피가 거칠어지고 색깔이 검어지는 문제가 있다.
- 전정한 나뭇가지를 밭에 방치하지 않도록 한다. 과수원 바닥에 전정 가지를 방치하면 여기에 병원균이 부생적으로 기생하여 다량의 포자를 형성하게 되어 이들이 전염원이 될 수도 있다. 약제 살포 시 가지에 약이 충분히 묻도록 하는 것도 중요하다.

아 그을음병(煤斑病)/ 그을음점무늬병(煤点病)

- 병원균 : *Gloeodes pomigena* (Schweints) Colby/
  Schizothyrium pomi (Mont.& Fr.) Arx
- 영　명 : Sooty blotch/Flyspeck
- 일　명 : ススハンタ病/スステン病

(1) 병징과 진단

- 그을음병은 과실 표면에 흑녹색의 원형 또는 부정형 모양으로 병반이 형성된다. 나뭇가지에도 장타원형의 병반이 형성되며, 병반은 과실 전면에 형성되고 손으로 문질러도 간단히 제거되지 않는다.
- 그을음점무늬병의 병반은 과실의 표면에 6~8개, 때로는 50개 이상의 암흑색의 작은 점이 원을 이루어 형성되며, 이들 작은 점은 광택이 있고 약간 융기해 있어 마치 파리똥처럼 보이므로 이 병을 영명으로는 flyspeck 이라고 한다.

(2) 병원균

가. 그을음병(煤斑病)

- 자낭세대가 밝혀지지 않은 불완전균의 일종이며, 균총의 막을 과실표면에 만들어 그을음을 형성하고, 균사의 일부는 과실에 침입하여 생활한다.
- 병자각의 크기는 20~40㎛×60~130㎛이며 균사상에 휴막포자 형태의 세포가 형성된다.

나. 그을음점무늬병(煤点病)

- 자낭균으로 자낭각은 기주식물의 큐티클층 위에 형성하며, 크기는 150~375×30~50㎛이고, 자낭의 크기는 19~55×6~10.5㎛로 구형 또는 난형이며, 8개의 자낭포자를 가진다.

(3) 발생생태

- 사과와 배를 재배하고 있는 세계 각지에서 발생하며, 22종의 식물에 기생성이 있고, 비가 많은 조건하에서 특히 6~7월에 일조시간이 부족할 때 많이 발생한다.
- 그을음병은 봄에 포자를 형성하며, 강우에 의해 포자가 분산되는 과실의 감염은 빠르면 낙화 2~3주부터 시작된다. 최적 조건에서는 12~18일간의 잠복기를 거쳐 발병하게 되며, 포장조건에서는 20~25일의 잠복기간이 소요된다.
- 그을음병의 발생시기는 6월 중순부터 9월 하순까지인데 봄과 가을에 발생이 많고, 특히 이 기간에 기온이 낮고 강우가 잦으면 발생이 많아지며, 여름의 고온기간에는 발생이 적다.

(4) 방제

- 과수원 내 통풍이 나쁜 나무에서 발생이 많으므로 정지·전정을 할 때 가지를 적절하게 배치한다.
- 비가 올 때에는 봉지 씌우기 작업을 절대 하지 않도록 하며, 봉지 씌우기 전 약제살포를 하도록 한다.
- 점무늬낙엽병 및 겹무늬썩음병의 방제를 위해 정기적으로 약제를 살포하면 그을음병과 그을음점무늬병은 동시에 방제된다.
- 방제 약제로는 유기유황계 농약이 효과적으로 알려져 있으며 1회 살포로 30~40일간 방제효과가 지속되나 캡탄과 EBI(Ergosterol Biosynthesis Inhibitor)제는 효과가 낮은 것으로 알려져 있다.

자 꽃썩음병

- 병원균 : *Monilinia mail* (Takahshi) Whetzel
- 영 명 : blossom blight
- 일 명 : モニリア病

(1) 병징과 진단

- 이른 봄부터 6월 상순까지 발생하며, 잎, 꽃, 어린 과실에 발병한다.
- 잎 : 잎이 전개된 후 어린잎의 주맥으로부터 잎맥에 길이 2~3㎝ 정도로 적갈색의 변색부를 나타내고 썩는다. 심하면 잎 전체가 갈색으로 마른다.
- 꽃 : 병에 걸린 지 2~3일 이내에 갈색으로 변하여 서리 피해를 받은 것처럼 말라 죽게 된다.
- 과실 : 어린 과실의 일부 또는 반에 썩은 반점이 나타나고, 병반이 진전되면서 과실 표면이 움푹 들어가고 황갈색의 물방울이 맺힌다.

(2) 병원균

- 자낭균의 일종으로 균핵 및 자실체를 형성하고 자낭포자와 대형의 분생포자를 형성한다. 자실체는 부패된 이병과에서 발생하지만 자낭반 형성에는 0~2℃의 저온이 20일 이상 경과해야 한다.
- 자낭포자는 무색으로 단포이며, 타원형이고, 크기는 8.8~9.6×3.1~3.6㎛로 균사의 생육적온은 18~23℃이다.

(3) 발생생태

- 봄철 개화기에 비가 자주 내려 기온이 낮고 다습하여 밤과 낮의 온도차가 심하면 발생한다. 홍옥, 얼리블레이즈 품종은 꽃썩음증상에 약하고 후지, 육오 품종은 과실썩음증상에 약하다.
- 이른 봄에 균핵으로부터 자실체가 형성되고 그 위에 자낭포자가 형성된다.
- 자낭포자가 비산하여 개화기의 어린잎이나 꽃에 침입하여 잎썩음과 꽃썩음이 나타나고, 여기서 만들어진 분생포자가 개화 중 암술머리에 침입하여 과실썩음을 일으킨다.
- 꽃썩음증상은 병원균이 직접 꽃에 침입하여 일어나는 것이 아니라 잎썩음증상의 진행에 의해 화총의 기부가 감염되어 직접 병원균의 침해를 받지 않은 꽃과 잎이 시드는 것이다.
- 화총의 기부로부터 병반이 거꾸로 잎자루, 중맥, 엽맥 순으로 갈변하면서 갈비뼈 모양의 병반을 형성한다.

- 병든 과실은 6월 중·하순에 땅에 떨어져 균핵으로 되어 월동한 후 이듬해 전염원이 된다. 잎의 발병시기는 주로 개화기 직전부터 6월 상순까지로 볼 수 있다.

(4) 방제

- 자실체 발생을 방지하기 위하여 과원을 건조하게 하고 발아 7~10일경 10a당 소석회 30~40㎏을 시용한다.
- 전년도 병든 낙엽을 제거하여 다음 해 과원 내 1차 전염원을 제거한다.
- 병든 부위는 빨리 제거하여 2차 전염을 막는다.

차 과심 곰팡이병

- 병원균 : *Alternaria sp. Fusarium sp.* 외 기타 불완전균류
- 영 명 : Moldy Core and Core Rot
- 일 명 : 心かび病

(1) 병징과 진단

- 피해과는 6월 하순경부터 꽃받침부위에서 황갈색의 진물이 나오면서 과형이 울퉁불퉁하게 되고, 과실이 자라면서 낙과가 많이 발생하며, 낙과는 수확기까지 계속된다.
- 과실 표면은 이상이 없으나, 과실을 자르면 과심부에 흰색, 회색 혹은 진한 분홍색의 곰팡이가 자라 있는 것을 볼 수 있다.
- 발생품종은 생육기간 중에 과실의 꽃받침부위에서 심실에 이르는 조직이 벌어지는 특징이 있고, 이 구멍이 병원균의 침입구가 된다.
- 과심부(과일 내부 심실) 내에서 병원균이 번식하여 멈추는 형태는 수확전에 많이 나타나고, 과심부에서 번식한 후 병원균이 주변의 과육을 부패시키는 형태는 저장고 내에서 많이 발생한다.

(2) 병원균

- **과심부에서 병원균이 번식하여 멈추는 형태 :**
  주로 *Alternaria spp., Stemphylium spp., Cladosporium spp., Ulocladium spp., Epicoccum spp., Coniothyrium sp., Pleospora herbarum* 등의 병원균이 알려져 있다.
- **과심부에서 번식한 후 병원균이 주변 과육을 부패시키는 형태 :**
  주로 *Penicillium spp.*에 의해 발생하며, *Mucor piriformis, Fusarium spp., Pestalotia laurocerasi, Botryosphaeria obtusa, Botrytis cinerea* 등의 병원균이 알려져 있다.

(3) 발생생태

- 주로 초기 과실비대가 빠른 조·중생종 품종에서 많이 발생하지만 만생종 품종에서도 발생한다. 관련된 병원균은 20종 전후로 알려져 있으며 병원성이 강한 것은 많지 않다.
- 낙화 후 비가 많이 올 때 과실의 초기 생장은 빨라지며 이때 꽃받침부위와 과심부 사이의 공간이 열리게 되는데, 수분이 된 후 수술과 암술의 잔재물에 붙어 기생하고 있던 병원균들이 이 열린 공간을 타고 과심부로 침입하게 된다.
- 병원균이 침입하고부터 증상이 발현되기까지는 1개월 이상의 기간이 필요하며, 조기에 감염된 과실은 6월 하순에 꽃받침 부위에서 진물이 나오고, 7월 하순경부터 낙과가 시작되는 경우가 많다. 낙과는 수확기까지 계속된다.
- 저장고 내에서 과심곰팡이 증상의 원인은 과실이 저장고 내의 오염된 물에 젖을 때 발생이 심하게 된다.

(4) 방제

- 과실의 형태적 특징성에 기인하는 병해이기 때문에 약제방제는 곤란하고, 유효한 방제법은 확립되어 있지 않으나 개화기 이후 비가 많으면 낙화 후 가능한 한 일찍 약제를 살포하여 피해를 줄일 수 있다.

- 수확작업 중에 과실에 흙이나 상처가 생기지 않도록 주의하며, 과실을 저장하는 저장고는 청결하게 유지한다.

카 부란병(腐爛病)

- 병원균 : *Valsa ceratosperma* (Tode ex Fries) Maire
- 영　명 : Valsa canker
- 일　명 : フラン病

(1) 병징과 진단

- 가지, 줄기에 발생한다.
- 나무껍질이 갈색으로 되며, 약간 부풀어 오르고 쉽게 벗겨지며, 시큼한 냄새가 난다. 병이 진전되면 병에 걸린 곳에 까만 돌기가 생기고 여기서 노란 실 모양의 포자퇴가 나오는데 이것이 비, 바람에 의해 수많은 포자로 되어 날아간다.

(2) 병원균

- 자낭균(子囊菌)으로 자낭포자(子囊胞子), 병포자(柄胞子)를 형성한다.
- 자낭각은 흑색으로 플라스크형이며, 크기는 0.3~0.5×0.5~0.9mm이다. 자낭은 무색으로 곤봉형이며, 크기는 28~33×5~6μm이다. 자낭포자는 무색으로 단세포이며, 크기는 7~8×1.5~2μm이다. 자좌는 흑색의 작은 점으로 표피 밑에 생긴다. 비온 후 병자각에서는 노란색의 많은 포자가 누출된다. 병자각은 불규칙형으로 크기는 0.5~1.6×0.9mm이다. 병포자는 무색, 단세포, 신장형이고, 크기는 4~10×0.8~1.7μm이다.

(3) 발생생태

- 병반상에서 형성된 자낭포자와 병포자가 전염원인데, 우리나라에서는 자낭포자의 형성 빈도가 매우 낮으므로 주전염원은 병포자이다. 병자각 내에서 형성된 병포자는 빗물에 의해 이동하여 사과나무의 상처부위에

서 발아하여 감염된다. 병원균이 가장 쉽게 침입하는 곳은 과대, 전정 부위, 밀선, 큰 가지의 분지점, 동·상해를 입은 곳 등인데 반드시 죽은 조직을 통해서 감염된다. 감염은 포자만 있으면 연중 어느 시기에나 일어날 수 있고, 감염최성기는 12월에서 4월까지이다. 감염 후 발병까지는 짧게는 수개월 길게는 3년이 소요된다. 일단 발병하면 병반은 연중 진전되며 봄에서 초여름까지 가장 빠르게 진전하고 여름에는 일시 정체하나 가을에 다시 진전하며, 겨울에도 느린 속도이긴 하지만 병반의 진전은 계속된다.

- 이 병은 한국, 일본, 중국 등지에서 발생하는데, 우리나라에서 처음 알려진 것은 1919년으로 우리나라에서 사과의 상업적 생산이 시작된 직후이다. 그 후 1960년대 중반까지는 별로 큰 문제가 없었으나, 1960년대 후반부터 차츰 피해가 증가하여 1970년대 초에는 우리나라의 사과 산업에 중대한 위협이 되었으며, 이 시기에 많은 과수원이 이 병으로 인해 폐원에까지 이르게 되었다. 현재 사과원에서는 평균 이병률이 1% 미만, 발생과원율은 40%로 그다지 크지 않으나, 발병한 부위는 제거해야 하기 때문에 일찍 발견하여 치료해서 다른 부위에 더 이상 감염되지 않도록 하는 것이 중요하다.

(4) 방제

- 비배관리를 양호하게 한다.
- 전정 부위나 동해를 입은 곳 등을 통해 감염되기 때문에 전정 부위는 바짝 잘라 적용약제를 바르고, 동해를 입지 않도록 한다.
- 전정은 이른 봄에 하고, 병에 걸린 부위를 일찍 발견하여 깎아내거나 잘라내고 적용약제를 바른다. 잘라낸 병든 가지는 모아 태워 전염원을 제거한다.
- 줄기의 발병부위는 깎아내고 지오판 등의 도포제를 바르고, 가지부란병이 많은 사과원은 3월 하순경에 지오판수화제 등의 적용약제를 살포하는 것이 효과적이다.

타 역병(疫病)

- 병원균 : *Phytophthora cactorum* (Lebert & Cohn) Schroeter
- 영　명 : Phytophthora fruit rot
- 일　명 : エキ病

(1) 병징과 진단

- 사과 역병은 피해 부위에 의해 4가지 종류로 나눌 수 있다.
  ① 과실역병(fruit rot)
  ② 뿌리역병(root rot)
  ③ 대목역병(crown rot)
  ④ 줄기역병(collar rot)
- 과실역병과 줄기역병에 의한 피해는 매우 적으며 땅가 부분(지제부, 땅에 접하는 부위)과 뿌리에 발생하여 나무전체를 고사시키는 뿌리역병과 대목역병의 피해가 심하다.
- 과실역병은 주로 어린 과실에 감염이나 발병이 많으며, 특히 하천이 범람하고 사과나무가 물에 잠긴 경우에는 숙과에서도 거의 70% 이상의 과실에서 발병한다.
- 과실에서 처음에는 선명하지 못한 갈색의 병반이 과실표면에 생겨 점차 진전되면서 과실 전체가 갈색으로 변하고, 변색된 과실은 부패하지 않고 딱딱한 상태로 있으며 쉽게 낙과된다. 부패된 과실을 절단하면 과실 중심부에 백색의 균사가 보인다.
- 대목역병은 땅가 부분(地際部)과 접하는 대목부에서 처음에는 목질부가 흑갈색으로 변색되고, 점차 진전되면서 건전부와의 사이에 균열이 생긴다. 이병된 나무는 갑자기 쇠약해지고, 잎이 황변하여 조기에 낙엽이 되며, 유목은 조기에 고사한다.
- 줄기역병은 보통 대목 접목부위에서부터 1m 정도 높이에서 발생하며, 빗물에 의해 토양이 튀어 올라 병이 발생한다. 초기에는 줄기의 피목부에서 검붉은색의 진물이 흘러나오는데 이 부위를 칼로 벗겨내면 약한 페놀 냄새와 함께 조직이 빠르게 붉은색으로 변색되는 것을 볼 수 있다.

- 뿌리역병은, 외견상 수세가 약화된 나무의 땅가 부분을 보면 수피가 완전히 갈변되어 부패된 것을 볼 수 있다. 나무 주위의 토양을 채취하여 잔뿌리를 보면 갈변되어 부패한 부분은 지표면 근처의 뿌리이고, 땅속 약간 깊은 곳의 뿌리는 건전한 것이 특징이다.

(2) 병원균

- 사과 역병에는 *Phytophthora cactorum*과 *P. cambivora* 2종의 병원균이 병 발생에 관여한다. 이 병원균은 유주자낭, 후막포자, 유성생식기관을 형성하며, 유주자낭은 장타원형 또는 난형이고, 크기는 36~50×28~36㎛ 정도로, 대체로 유두돌기가 뚜렷하게 나타난다.
- 난포자는 무색 또는 갈색을 띤 구형이며, 직경이 27~30㎛ 정도이고, 4㎛의 두께로 막을 가지고 있다. 병원균의 발육온도는 10~30℃이며, 발육 최적온도는 25℃ 정도인데, 35℃ 이상의 고온에서는 오래 생존하지 못한다.
- 균사는 격막이 없고 배양 시 무색 또는 흰색을 띠며, 오래된 유주자낭 속에는 두 개의 편모를 가진 유주자가 형성되어 분출됨으로써 단거리 이동이나 빗방울 또는 관개에 의한 전파가 가능하다.

(3) 발생생태

- 역병은 전 세계 사과재배지역에서 발생이 확인된 병이며, 우리나라에서는 1918년 수원, 조치원 등지에서 처음 발생했다는 보고가 있다. 1994년 이후 경북 의성, 영주지역 일부 사과원에서 다발생했던 사례가 있고, 그 후 발생상황 조사를 통해 전국 사과재배지에서 병 발생이 확인되었다.
- 병원균은 주로 병든 부위에서 균사나 난포자 형태로 월동하여 다음 해 1차 전염원이 되며, 토양 중에서도 난포자 형태로 오랫동안(2년 이상) 생존하여 전염원이 될 수 있다.
- 난포자는 환경조건이 나쁘면 발아하지 않고 견디다가 적당한 환경조건이 주어지면 발아하여 유주자낭을 형성하고, 유주자낭에서 유주자가 분출되어 땅가 부분의 목질부나 뿌리 부분에 침입한다.
- 병반에서 분출된 병원균은 빗방울에 튀어 땅가 부분의 과실에도 이병되

기 시작하고, 점차 상부 과실로 전파된다. 과실이나 가지의 이병부는 알맞은 온도와 습도가 주어지면 병반상에 유주자낭이 형성되어 2차 전염원이 된다.

- 장마가 오래 계속되는 해에 많이 발생하고, 늦은 봄과 이른 가을에 피해가 크며, 한여름에는 진전이 억제된다. 습하고 배수가 불량한 토양에서 병 발생이 심하며, 한번 발생하면 방제가 매우 어렵다.
- 대목별 역병 저항성 정도는 M.9>Mark>M.26>MM.106 대목 순으로 특히 MM.106 대목은 역병에 매우 약하다.
- 사과 역병의 발생은 나무의 동해, 한해, 과다결실 등 여러 가지 스트레스와 연관되어 발생하며, 토양 내 역병균 밀도증가는 장기간에 걸친 제초제 과다살포와 연관이 있다.

(4) 방제

- 과실역병은 낮은 위치에 결실된 과실이 감염되기 쉬우므로 왜성대목 나무에서는 낮은 가지에 결과를 시키지 않도록 하며, 봉지 씌우기를 한다.
- 토양에 서식하고 있는 역병균이 빗물에 의해 대목부나 줄기, 과실에 튀어 오르지 못하도록 지표면에 생초나 기타 피복재료를 깔아주어도 병의 발생을 다소 방제할 수 있다.
- 대목역병은 토양이 다습상태가 될 때 발생이 많으므로 암거배수 등으로 배수가 잘되도록 하고, MM.106 대목에서 M.26 대목으로 전환하며, M.26 대목을 심을 때에는 대목부가 지하로 완전히 묻히지 않도록 하는 것이 중요하다.
- 뿌리역병은 나무를 고사시킨다는 점에서 가장 중요시되나, 방제방법 역시 가장 어렵다. 약제살포에 의한 화학적 방제방법은 토양오염, 비용과다 및 약효저조로 인해 효과적이지 못하며, 역병 발생원에서는 자연 초생재배를 통해 연차별로 토양 내에서 병원균의 밀도를 줄여나가는 것이 효과적이다.

파 흰날개무늬병(白紋羽病)

● 병원균 : *Rosellinia necatrix* (Harting) Berlese
● 영　명 : white root rot
● 일　명 : 白モンパ病

(1) 병징과 진단

● 발병 초기에 나타나는 증상은 건전한 나무에 비하여 낙엽이 빠르고, 과실의 착색이 좋으며, 밀병과의 발생이 많게 되고, 수피색이 엷어진다.
● 지상부에 쇠약증상, 착화 과다, 여름철의 위조(식물체가 수분 부족으로 마르는 현상), 잎의 황변 등의 이상 증상이 급격히 나타나기도 한다.
● 굵은 뿌리의 표피를 제거하면 목질부에 백색 부채 모양(白紋羽)의 균사막과 실 모양의 균사속(菌絲束)을 확인할 수 있다. 시간이 경과하면 흰색의 균사는 회색 혹은 흑색으로 변한다.

(2) 병원균

● 자낭균의 일종으로 자연상태에서나 인공배지상에서 자낭각의 관찰은 쉽지 않다. 균사의 색깔은 백색이나 나중에 회갈색 또는 녹회색으로 착색되며, 균사의 직경은 8.7~11.5㎛ 정도이다.
● 균사는 격막을 가지고 격막부위가 서양 배(西洋梨) 모양으로 팽창되어 있다. 분생포자는 타원형~난형으로 무색, 단포이며, 크기는 4.5×3.0㎛ 정도이다.

(3) 발생생태

● 사과나무에서 이 병은 주로 재배한 지 10년 이상의 노목(老木) 및 오래된 과원에서 발생이 심하나, 심하게 발병하여 죽은 나무를 뽑아내고 새로운 유목으로 교체한 과원에서는 2~3년생의 유목에 발생하는 경우도 있다.
● 토양 내에서 병원균 포자에 의한 전염은 어려우며, 피해를 입은 뿌리에 붙은 병원균 균사로 전염이 이루어지고, 뿌리의 표면에서 균사가 자라 균핵을 형성한다.

- 생육온도 범위는 20~29℃이나, 최고온도는 35℃, 최적온도는 20~25℃, 최저온도는 10℃ 내외로 알려져 있다.

(4) 방제

- 묘목에 병원균이 묻어서 옮겨지는 경우가 많으므로 묘목을 심기 전에 반드시 침지 소독을 실시한다.
- 유기물 사용량을 늘리고, 배수 및 관수관리를 철저히 하여 급격한 건습을 피하고, 강전정, 과다결실, 과도한 건조를 피해야 하며, 부숙퇴비를 시용하는 것이 중요하다.
- 전정 가지를 잘게 부서뜨려서 유기물로 시용하는 것은 토양 병원균의 생존을 도와 오히려 토양병해 발생을 조장할 수 있으므로 흰날개무늬병 발생이 있는 밭에서는 이를 지양하는 것이 좋다.

하 자주날개무늬병(紫紋羽病)

- 병원균 : *Helicobasidium mompa* Tanaka
- 영　명 : violet root rot
- 일　명 : 紫モンパ病

(1) 병징과 진단

- 병 발생 초기에는 잎이 조기에 황화가 되고, 신초의 생육이 나빠진다. 화아의 착생이 많고, 과실의 굵기는 작아지며, 색깔이 빨리 난다. 병이 진행되면 잎이 황화되면서 지상부는 극도로 쇠약해지고, 결국에는 고사한다.
- 심하게 감염된 나무의 지하부 표피를 잘 살펴보면 적자색 실 모양의 균사(菌絲)나 균사속(菌絲束)을 볼 수 있다.
- 습도가 높은 경우에는 원줄기(樹幹) 상부에도 자주색 구름 모양의 버섯이 형성되는 경우가 있다.

(2) 병원균

- 담자균류의 일종이며 담포자와 균핵을 가지며, 분생포자는 알려져 있지 않고, 담자기는 3개의 격막을 가지며 4개의 세포로 나눠진다.
- 담자포자는 무색, 단포로 크기는 10~28×4.5~8㎛ 정도이다.
- 생육온도 범위는 8~35℃이고, 생육 최적온도는 27℃이다.

(3) 발생생태

- 산림토양이나 뽕나무 밭 등에서 많이 존재하고 생육도 왕성하므로 이러한 곳을 개간하여 과원을 조성한 곳에서 병 발생이 많다.
- 병원균은 토양 내에서 보통 4년간 생존이 가능하다. 이 병의 감염시기는 대략 7월 상순부터 9월 중·하순경으로 추측되며, 심하게 감염된 나무의 지하부 표피를 잘 살펴보면 적자색 실 모양의 균사(菌絲)나 균사속(菌絲束)을 볼 수 있다.
- 자주색 균사조직은 다른 토양 병원균에서 볼 수 없는 특징을 가지고 있으므로 쉽게 판정이 가능하며, 병에 감염된 뿌리는 표피가 쉽게 벗겨지고 목질부로부터 잘 이탈된다.

(4) 방제

- 과수원을 새로이 조성할 때에는 식물체의 뿌리나 잔재를 철저히 제거한 다음 토양소독을 실시하고, 묘목에 병원균이 묻어서 옮겨지는 경우가 많으므로 묘목을 심기 전에 반드시 침지 소독을 실시한다.
- 발병이 심한 과원에서는 객토 및 토양개량을 실시하고 석회나 인산질 비료를 시용한다.
- 적절한 수세관리를 위하여 유기물 사용량을 늘리고, 배수 및 관수관리를 철저히 하여 급격한 건습을 피해야 하며, 나무에 급격한 변화를 주는 강전정을 삼가야 한다.
- 토로스 수화제를 토양에 관주할 때에는 뿌리를 완전히 노출시킨 다음 병든 뿌리를 제거하고, 성목 1주당 40~80 ℓ를 뿌리 부근에 관주처리한 후 복토할 흙에도 약제를 혼합하여 복토한다. 치료 후 복토할 때 완숙퇴비를 시용하면 한층 효과가 높아진다.

거 줄기마름병(胴枯病)

- 병원균 : *Phomopsis mali* Roberts
- 영 명 : Die-back
- 일 명 : ドウガ レ病

(1) 병징과 진단

- 가지와 과일에 발생한다. 가지는 쇠약지에 주로 발생하며, 이병가지는 수피가 부패하여 병든 부위가 암갈색으로 변하고 움푹 들어간다.
- 병환부의 표면에는 흑색의 병자각이 형성되고, 점차 심해지면 병반이 가지 둘레로 확산, 상부의 가지가 갑자기 말라 고사하게 된다.
- 과실에는 방제가 부실한 포장에서 간혹 발생하나 큰 피해는 없으며, 저장 중에 과실의 과경부가 수침상, 암갈색으로 변하여 과실의 중심부로 확대되고, 심하면 과실 전체가 부패된다.

(2) 병원균

- 불완전 균류의 일종이며, 황갈색의 병자각을 형성하고, 병자각의 크기는 180~250㎛ 정도로 그 속에 많은 병포자를 형성한다.
- 병포자는 α, β형 두 가지가 있는데 α포자는 무색, 타원형 내지 방추형이고, 크기는 7~12×3.5~4.5㎛이다. β포자는 끝이 구부러진 낚싯바늘 모양으로 무색, 단세포로 크기는 12~18×1.5~3.0㎛이다. α, β포자 중 β포자는 병원성이 없는 것으로 알려져 있다.

(3) 발생생태

- 기주에 형성된 병반상에서 병자각형으로 월동하여 1차 전염원이 되며, 5~9월 강우가 계속되어 습도가 높아지면 병자각이 수분을 취하여 실 모양의 포자각을 분출하고, 빗방울이나 바람에 의하여 분산된다.
- 분산된 병원균이 나무껍질 표면에 부착되어 있어도 수세가 강건하면 잘 발병되지 않으며, 수체 내 탄수화물이 적어져 내한성이 약해지고, 수액의 유동이 불량해지면 동해나 한해의 발생이 많아져 발병의 좋은 조건이 된다.

(4) 방제

- 비배관리를 철저히 하여 수세를 건전하게 유지시켜 주고, 과습지는 병 발생이 많으므로 배수관리를 철저히 해야 한다.
- 햇빛이 잘 받는 부위에는 겨울철 온도교차가 커 동해를 받을 위험이 높으므로 도포제를 바르면 효과가 크며, 잔가지의 이병지는 제거 소각한다.
- 다른 병해 방제를 위해 약제살포 시 주간과 주지에 약액이 충분히 묻도록 살포해 주면 효과적이다.

너 잿빛곰팡이병(灰色黴病)

- 병원균 : *Botrytiscinerea Persoon* et. Fries
- 영　명 : Gray mold rot

(1) 병징과 진단

- 잎에는 처음 작은 갈색 또는 적갈색의 원형 병반이 형성되고 점차 커지면서 직경 1~2cm 정도의 윤문병반을 형성하며, 때로는 3~4cm의 대형 병반을 형성하기도 한다. 잎 둘레 혹은 끝부분에서 발병이 시작되는 경우가 많으며, 심하면 낙엽이 되기도 한다.

(2) 병원균

- 불완전 균류의 일종이며, 분생포자와 균핵을 형성한다.
- 생육온도 범위는 5~30℃이고, 생육적온은 22~24℃이며, 분생포자와 균핵은 15~20℃에서 가장 잘 형성된다.

(3) 발생생태

- 이 병원균은 분생포자나 균핵의 형태로 병든 식물체나 토양에서 월동하여 1차 전염원이 되며, 주로 비·바람에 의해 비산하여 전파된다.
- 사과 잎에서 병 발생은 6~7월경과 9~10월경 비가 자주 오고 기후가 서늘한 지역에서 다소 발생하나 피해율은 0.1% 미만 정도로 아주 경미하며, 생육 중인 과실에 발병되는 일은 거의 없다.

(4) 방제

- 과원의 주위를 깨끗이 하고, 이병과나 이병잎은 소각, 매몰한다.
- 다른 병해와 동시방제하도록 한다.

더 잿빛 무늬병(灰星病)

- 병원균 : *Monilinia fructigena* (Aderhold et Ruland) Honey
- 영 명 : brown rot
- 일 명 : ハイボシ病

(1) 병징과 진단

- 처음 과실 표면 일부가 담갈색으로 되고, 이 증상이 급속히 확대되어 둥근 무늬의 반점이 된다.
- 표면에는 백색 분말상의 포자덩어리가 다발생한다. 낙과하며 황갈색으로 변하면서 전체가 썩는다.

(2) 병원균

- 자낭균류의 일종으로 피해과에서 월동한 병원균은 균핵으로 되지 않고 자실체를 형성하며 여기에서 자낭포자를 형성하여 다음 해에 1차 전염원이 된다.

(3) 발생생태

- 병원균에 의한 과실침입은 일소 피해를 입은 부위, 복숭아순나방이나 복숭아심식나방 등 해충의 피해를 받은 부위, 새가 쪼아 먹은 상처 부위에서 주로 발생하지만 상처가 나지 않아도 발생한다.

(4) 방제

- 병든 과실은 일찍 따서 땅에 묻도록 하고, 다른 원인으로 땅에 떨어진 과실도 병원균의 월동처가 될 수 있으므로 과원에서 낙과를 없애도록 한다.

러 흰비단병(白絹病)

- 병원균 : *Athelia rolfsii* (Curzi) Tu and Kimbrough
- 영　명 : southern blight

(1) 병징과 진단

- 동해, 한해, 수분스트레스 등으로 나무가 쇠약해질 때 많이 발생하며, 특히 어린 묘목은 당년에 뿌리 및 지제부(땅가 부분)가 고사하여 피해가 심하다.
- 고온다습 조건하에서 맨 처음 나무의 줄기 밑동과 뿌리에 백색 견사(絹絲)와 같은 균사가 생기며, 백색 구형의 좁쌀만 한 균핵을 형성한다.

(2) 병원균

- 담자균류의 일종으로 균핵과 자실체(버섯)를 형성한다.

(3) 발생생태

- 토양 표층에서 왕성한 부생생활이 가능하며, 주로 균핵으로 토양 내에서 장기간 생존한다.
- 균사상태로 땅속 10cm까지 분포하고 있고, 균핵은 15cm까지 분포하며, 15cm 이하에 매몰된 균핵은 잘 발아하지 못한다.

(4) 방제

- 토양이 산성화되지 않도록 유의한다.
- 뿌리목 부근의 가벼운 피해일 때는 흙을 걷어내고 피해 부위를 깎아낸 다음 약제로 소독하고 도포제를 발라 보호한다.
- 회복되기 어렵다고 판단된 나무는 뿌리를 남기지 말고 완전히 파낸다. 파낸 자리는 토양소독 살균제로 소독한다.

마 은잎병(銀葉病)

- 병원균 : *Chondrostereum purpureum* Persoon
- 영　명 : Silver leaf
- 일　명 : ギンヨウ病

(1) 병징과 진단

- 잎이 천천히 납색(은빛)으로 변하고 증상이 진전되며, 잎의 표면에 가느다란 균열이 생기고, 잎이 변색되어 낙엽이 된다.
- 과일이 작아지고, 착색이 불량하게 되며, 유목에서는 발병이 적고 성목이나 노목에서 주로 발병한다.
- 심하게 병든 나무의 주간부나 주지에 버섯(자실체)이 생긴다.

(2) 병원균

- 담자균류이며 자실체(버섯)의 형태는 변이가 크며, 처음에는 수피에 달라붙어 형성되다가 생선 비늘처럼 부분적으로 중첩되어 형성된다. 색깔은 건조한 상태에서는 회갈색을 띠게 되나, 비가 온 후에는 선명한 자색 또는 자갈색을 나타내며 가장자리는 흰색을 띠게 된다.

(3) 발생생태

- 자실체는 증상이 진전된 나무에서 보통 수년이 경과한 후에 발생되지만 발생 최성기는 10월 하순에서 12월 상순경이다.
- 비산된 포자는 막 생긴 상처부(가지의 절단부, 전정흔, 열상부 등)에 침입하여 감염된다.

(4) 방제

- 감염원을 줄이기 위해 자실체가 생길 정도로 피해를 받은 나무는 벌채하고, 벌채한 나무는 소각한다.
- 전정 후 상처부위 등에 도포제를 바른다.

버 뿌리혹병(根頭癌腫病)

- 병원균 : *Agrobacterium tumefaciens*
  (E. F. Smith & Townsend) Conn
- 영　명 : crown gall

(1) 병징과 진단

- 병원균의 침입에 의해 혹이 발생하며, 크기는 지름이 수mm 이상으로 주로 뿌리 및 지제부 밑의 줄기에 발병되나, 가끔 지상부 줄기에 상처를 통해 발병하기도 한다.

(2) 병원균

- 세균의 일종으로 막대 모양의 간상형이며, 크기는 0.6~1.0×1.5~3.0㎛이다. 호기성이며, 그람음성균으로 1~6개의 편모를 가지고 운동성이 있다.

(3) 발생생태

- 병원균이 있는 토양에서 빗물, 농기구, 바람, 곤충, 동물 및 묘목의 이동 등에 의해 쉽게 인근 건전식물로 전파가 가능하다.

(4) 방제

- 묘목을 심기 전에 병든 묘목을 제거하고 스트렙토마이신 등 항생제 액에 침지 후 심는다.
- 병든 식물은 발견 즉시 소각하고, 흙을 훈증소독하며, 그 자리에는 4~5년간 재배하지 않는다.

서 털뿌리병(毛根病)

- 병원균 : *Agrobacterium rhizogenes* (Riker et al) Conn.
- 영 명 : hairy root

(1) 병징과 진단

- 주간의 기부, 근두 및 뿌리에 털 모양의 부정근이 다발로 형성되는데 발병 초기에는 뿌리 색깔이 정상적인 엷은 갈색을 유지하나 시간이 경과하면 암갈색으로 변하고 뻣뻣해진다.
- 뿌리의 정상적 발육이 저해되므로 지상부는 쇠약하게 되고, 증상이 심하면 일부 가지의 잎이 세로로 말리면서 결국엔 나무 전체가 고사한다.

(2) 병원균

- 뿌리혹병을 일으키는 *Agrobacterium tumefaciens*와 형태적, 생화학적 성질 및 DNA 염기서열 상동성에 있어서 고도의 유사성이 있다.

(3) 발생생태

- 전염경로 및 생활환은 뿌리혹병과 대단히 유사하며, 병원 세균이 기주체에 부착하여 감염을 개시하기 위해서는 반드시 상처가 필요하다.

(4) 방제

- 뿌리혹병의 방제에 준한다.

어 바이러스 병해

- 병원체 : Apple chlorotic leaf spot virus (ACLSV)
  Apple stem pitting virus (ASPV)
  Apple mosaic virus (ApMV)
- 영 명 : Virus diseases
- 일 명 : ウイルスビョウガイ

(1) 병징과 진단

- 과수가 바이러스에 걸리면 초본류와 같이 병징이 단기간 내에 나타나는 것이 아니라 서서히 생육저하, 수량저하, 품질저하 등을 일으킨다.

(가) 사과잎반점바이러스

- 잠복되어 병징이 나타나지 않는 경우가 많으며, 초봄에 엷은 반점증상이 나타나다 기온이 상승함에 따라 병징이 은폐된다.

(나) 사과 고접병

- 감염된 나무는 일반적인 쇠약증상을 나타내며 잎이 작아지고, 점진적으로 황화, 조기낙엽, 꽃이 많이 피고 과실이 작아진다.

(다) 사과 모자이크병

- 봄에 연한 노란색에서 크림색의 얼룩, 반점, 윤문을 형성한다. 엽맥을 따라 황화되며, 잎 주위가 갈변되고 심하게 감염된 잎은 조기에 낙엽이 된다.

(2) 병원체

- 잎반점병 : 사과잎반점바이러스(Apple chlorotic leaf spot virus: ACLSV)
- 고접병 : 사과줄기구멍바이러스(Apple stem pitting virus: ASPV)
- 모자이크병 : 사과모자이크바이러스(Apple mosaic virus: ApMV)

(3) 발생생태

- **잎반점병** : 아접, 절목, 삭아접에 의해 전염되며, 즙액전염에 의해 명아주 등 초본식물에 순화된 바이러스로 사과 어린 유묘에 즙액전염이 가능하다.
- **고접병** : 병은 접수가 바이러스에 감염된 나무로부터 와서 감수성 대목에서 자란 나무에 고접이 될 때만 전파된다. 사과 잠재 바이러스에 대해 검증되지 않은 나무로부터 접수의 무작위 선택은 병의 발생을 증가시킨다.
- **모자이크병** : 즙액 전염성으로 대부분의 자연 전파는 뿌리 접목에 기인한다. 봄이나 초여름에 발생하는 잎에는 병징이 나타나나 여름에 발생하

는 잎에는 병징이 나타나지 않는다. 이병성인 품종에서는 병징이 거의 나타나지 않고도 성장 피해, 수량감소를 가져온다. 병징은 나무 전체에 균일하지 않으며 가지에 따라 병징이 나타난다.

(4) 방제

- 감염된 나무의 제거와 검증된 바이러스 무독 대목의 사용이 가장 효과적이며 기본적인 방제 방법이다.
- 수세가 좋으면 병징이 은폐되어 피해가 크지 않으므로 수세증진에 노력한다.

저 바이로이드병

- 병원균 : Viroid
- 영　명 : Scar skin(dapple apple)

미국, 일본 등지에서 발생하며, 우리나라에는 1992년경 일본 아오모리현(青森縣)에서 들여온 묘목으로부터 접수를 채취하여 재배한 경북 의성군 농가에서 1998년에 최초 발견된 병이다.

(1) 병징과 진단

- 노란색 반점들은 과실이 성숙하여 과피가 붉은색을 띰에 따라 더욱 분명하게 드러나고 크기가 1~2cm까지 점차 확대되어 8월 중순 수확기에는 과피 전체의 50% 이상을 덮게 된다.

(2) 병원균

- 바이로이드의 일종이다.

(3) 발생생태

- 최초 병징은 7월 중순경 과실의 표피가 착색되기 시작하면서부터 직경 2~5mm 크기의 연노란색 둥근 반점이 형성된다.
- 인도, 국광 등의 품종에서는 동녹을 일으키며, 후지, 홍옥, 미끼라이프 등의 품종에서는 둥근 형태의 미착색부위를 형성한다.

(4) 방제

- 접목전염을 하므로 병든 대목을 사용하지 않는다.
- 병든 나무는 캐내고 태우도록 한다.

기타 병해

(1) 봉지 씌운 사과의 병해

- 과수용 2중 봉지의 속 봉지에는 병원균이 봉지 내에서 자라지 못하도록 방균제가 처리되어 있으나, 봉지 씌우기 전 점무늬낙엽병, 겹무늬썩음병, 그을음병 등 방제력에 따라 살균제를 충분히 살포한 후 봉지를 씌워야 한다.
- 봉지 씌운 사과의 병해발생이 많았던 '96년의 경우 봉지 씌우기 전에 강우가 많음에 따라 겹무늬썩음병, 점무늬낙엽병 등 다수의 병원균 포자비산이 있었다. 봉지 씌우기 전 병원균 포자가 과실에 부착되었고, 이들 약제에 의해 예방 또는 치료가 되지 않은 사과원에서 이상 증상 발생이 많았다.
- 경북 상주지역에서 봉지재배를 한 몇 농가를 조사한 결과 그을음증상 21%, 반점증상 15%, 부패증상 4%, 흑점증상 2%, 일소증상 2%의 피해를 나타내었다.
- 그을음증상은 그을음병균, 그을음점무늬병균에 의해, 반점증상은 겹무늬썩음병균, Alternaria spp., 부패증상은 겹무늬썩음병균, Alternaria spp., 탄저병균, 흑점증상은 Cephallocecium spp., Alternaria spp., Penicillium spp. 등에 의해 나타나는 것으로 밝혀졌다.
- 따라서 봉지 씌우기는 가급적 일찍 완료하는 것이 좋은데 봉지는 꽃이 진 후 30~40일(6월 상순~6월 중순) 사이에 씌워야 하며, 봉지 밑 중앙부를 손으로 쳐주어 과일이 봉지에 직접 닿지 않게 씌워야 한다.
- 봉지 씌우는 시기에 강우가 많은 해에는 봉지 씌우기 전에 특히 살균제를 철저히 살포해야 한다.
- 비가 내리는 가운데 봉지 씌우기 작업은 절대로 금하며, 또한 작업에 익숙지 못한 작업자가 씌워 빗물이 봉지 내로 들어가는 경우 빗물 내의 병원균에 의해 봉지 속에서 발병한다.

- 봉지 벗기기 작업 중 겉봉지와 속봉지를 동시에 벗기게 되면 갑자기 노출된 과실표면이 태양광선에 의한 온도 차에 의해 일소 피해가 발생할 수 있으므로 주의한다.
- 일소 피해 방지를 위해서 봉지 벗기기는 맑은 날을 택해 과일온도가 높은 오후 2~4시 사이에 벗기도록 하는 것이 좋다.

(2) 저장병해(貯藏病害, Postharvest diseases)

저장병해란 농산물 수확 후 수송, 저장 및 유통 중에 나타나는 병원균에 의한 피해와 생리장해를 통칭하는 것으로 특히 저장 중에 발생하는 피해를 말한다.

대부분의 병해는 과수원에서 병원균에 의해 직접 침입을 받아 이병, 잠복 감염된 상태로 저장되거나, 과일표면에 부생적으로 존재하다가 바람, 농작업이나 수송 및 유통 중 과일에 상처가 났을 때 침입하여 피해를 준다. 과일저장병을 일으키는 병원균은 크게 4가지 부류로 구분될 수 있다.

첫째, 사과 겹무늬썩음병처럼 수확 전부터 과수원에서 감염되어 잠복하다가 저장고의 관리가 소홀하여 온도가 높아질 때나, 출고되어 유통될 때 심하게 발병되는 경우이다.

둘째, 사과 속썩음병과 같이 외관상으로는 건전하나 수확 전에 이미 감염되어 저장기간이 증가되면 피해가 심하게 진전되는 경우이다.

셋째, 수확 전에 잠재 감염하고 있다가 저장기간이 증가됨에 따라 과일조직이 연해지면 피해를 주는 경우이다.

마지막으로 푸른곰팡이병균이나 잿빛곰팡이병균처럼 수확 전에는 과일 상에서 부생적으로 존재하거나, 공중에 부유하여 떠다니다 상처 난 과일과 접촉되면 침입하여 병을 일으키는 경우로 이들 두 병원균은 5℃ 정도의 저온에서도 잘 자라고, 많은 양의 병원균 포자를 만들므로 사과 저장 중에 큰 피해를 준다.

<사과 저장병해의 발생 실태>

사과 저장병해의 발생 정도는 농가, 저장기간, 저장조건별로 차이가 매우 크다. 2개월 이상 저장한 저장고를 중심으로 조사해 본 바에 의하면 저장병해를 줄일 목적으로 선과부터 유통과정까지 상처 난 것이나, 병에 이병된 과일을

골라내고 저장온도와 습도를 낮추는 등 비교적 잘 관리한 농가의 저장고에서는 병의 피해가 1% 미만이었다.

반면에 일손부족이나 저장병에 대해서 잘 모르기 때문에 관리를 소홀히 한 농가에서는 그 피해가 80%에 이르기도 하였다.

과일 저장병해의 발생 정도는 저장기간이 증가됨에 따라 현저하게 증가되는데 Penicillium이나 Botrytis와 같은 병원균은 저온조건에서도 잘 자라므로 장기저장 시 피해가 크다. 저장조건별로 볼 때 상온저장을 하게 되면 품질 저하뿐만 아니라 많은 병원균이 자랄 수 있는 환경조건이 되므로 짧은 기간 동안 저장하는 경우를 제외하고는 상온저장을 지양하는 것이 좋다.

0~5℃에서 저온 저장을 할 경우 대부분의 저장 병원균들은 잘 자라지 못하나 푸른곰팡이병균, 잿빛곰팡이병균, 일부 Alternaria균들은 잘 자라므로 많은 피해를 주기도 한다. 특히 이들 병원균은 생육기 중에는 거의 문제가 되지 않으므로 생육기 중 약제방제를 소홀히 하게 되어 저장 중에 심한 피해를 준다. 사과는 국내에서 대량생산되고, 생산량의 대부분을 저장하고 있지만 저장조건이 불량하거나 저장기간이 길면 피해가 커 심할 경우 과일 부패율이 47%에 이르기도 한다.

사과 저장 중에 주로 피해를 주는 병으로 국내에서는 겹무늬썩음병, 푸른곰팡이병, 잿빛곰팡이병, 검은썩음병(가칭, Alternaria rot), 흰색썩음병(가칭, Fusarium rot) 등 10여 종이 관여하는 것으로 알려져 있다. 이들 병원균 중 푸른곰팡이병, 검은썩음병, 잿빛곰팡이병은 생육기 중에는 병을 일으키지 않거나 발생이 경미하지만 수확 시 또는 수확 후 관리 시에 상처가 나고, 저장 중에 온도나 습도가 적당할 경우에는 큰 피해를 준다. 저온저장의 경우에 저온저장고 내 공기순환이 불량하여, 부분적으로 5℃ 정도가 유지되는 저장위치에 있는 사과상자에서 피해가 많다.

표 7-5 **사과 저장 중 발생되는 병원균의 종류, 분리빈도 및 병원성**

병원균	분리빈도 (%)	병원성**
검은썩음병(Alternaria spp.)	33	++ (+/- ~ ++)
겹무늬썩음병(Botryosphaeria dothdea)	22	+/-
잿빛곰팡이병(Botrytis cinerea)	15	++++
푸른곰팡이병(Penicillium spp.)	7	++ (+ ~ +++)
흰색썩음병(Fusarium spp.)	8	+++
기타*	15	+ (+/- ~ ++++)

* 낮은 빈도로 분리된 역병균(2균주)과 잿빛무늬병(2균주)의 경우 병원성이 높았음
** 병원성이 +/- : 경미, + : 약, ++ : 보통, +++~++++ : 강
자료 : 농과원, 1996

<저장병해의 피해를 줄이는 방법>

과일 저장병해는 다음과 같은 여러 가지 방법에 의해 줄일 수 있다.

첫째, 가능한 한 저장온도를 낮추고, 습도를 조절하는 등 환경을 제어하여 방제하는 방법이 근본적이며 가장 확실한 수단이나 이는 고가(高價)의 시설과 유지비용이 필요하다. 푸른곰팡이병과 잿빛곰팡이병 등 대부분의 저장병은 다습조건에서 발생이 심하므로 환기를 잘하면 피해를 줄일 수 있다. 사과 저장 중 발생되는 에틸렌가스는 사과 조직을 연화시켜 병 발생에 영향을 주므로 저장고 내의 환기는 에틸렌가스를 줄이는 차원에서도 필요하다.

둘째, 생육 후기에 탄저병이나 겹무늬썩음병을 방제할 경우, 저장할 때 문제가 되는 저온성 병원균인 저장병균의 밀도도 함께 줄일 수 있는 약제를 선택하여 농약 안전사용 기준을 준수해 수확 전에 살포하는 것이 바람직하다. 사과 병해 방제용으로 사용되는 약제 중 저장병원균의 생장을 현저히 억제하면서 잔류기간이 짧은(농약 안전사용 기준이 수확 전 2~21일 이내인) 약제를 수확 전 30일에 처리하여 수확 후 10℃에 2개월간 보관한 후 병해 발생 정도를 조사한 결과 생육기 위주로 방제한 관행방제구에 비해 30~75% 정도 피해를 줄일 수 있었다.

셋째, 저장병균은 과원에서 과일표면에 오염되어 유통 또는 저장될 때 대부분 상처를 통해서 침입하여 큰 피해를 주므로 수확 후 선과, 수세, 포장 등 일련의 작업 시 흠이 나지 않도록 유의해야 하며, 이병과일이나 상처 난 과일은 가능하면 수거하여 조기에 출하하거나 소비하는 것이 바람직하다. 수확한 사과

를 과원에 쌓아둘 경우 병든 과일로부터 이웃한 과일로 병원균이 전파될 수 있으므로 가능한 한 수확 직후 저장고로 옮기고 병든 과일은 조기에 제거하는 것이 바람직하다.

표 7-6 약제별 저장병해 발생억제 효과

약제	농약안전사용기준	약제처리시기	이병과율(%)
훼나리 수화제	수확 전 20일까지 사용	수확 전 30일	1.9
캡탄 수화제	수확 전 3일까지 사용	〃	2.2
베노밀 수화제	수확 전 7일까지 사용	〃	2.4
훌펫 수화제	수확 전 2일까지 사용	〃	2.6
프로라츠 유제	수확 전 9일까지 사용	〃	5.3
무처리	-	-	7.6

* 농과원, 1997

넷째, 저장 중에 병든 과일은 전염원이 되어 큰 피해를 줄 수 있으므로 빨리 골라내야 한다. 농가자체에서 소비할 목적으로 저장고 내에 때때로 상처 난 과일이나 병든 과일을 저장용 과일과 함께 저장하는 경우가 있는데 파지에 오염된 여러 병원균이 이웃한 과일에 전파되어 큰 피해를 주기도 하므로 이런 일은 절대로 없어야 한다.

다섯째, 과일표면에 피막제나 칼슘염을 첨가하거나 유용미생물을 처리하여 피해를 줄일 수 있다. 실제로 농업과학기술원에서 염화칼슘 4%를 처리했을 때 사과 저장 중 부패 비율이 47% 감소되었으며, Wilt pruf란 피막제와 혼용 처리할 경우에 병 진전(병에 걸린 후 병세가 점차 확산되는 것)을 70% 억제할 수 있었다. 한편 과일 표피로부터 유용미생물을 분리하여 과일에 접종하였을 때 부패를 78% 줄일 수 있었다.

여섯째, 과일 저장병해를 줄이기 위하여 UV 또는 열처리를 하거나, 키토산과 같은 저항성 유도물질을 처리하기도 하며, 감마선과 같은 방사선도 수확 후 농산물부패를 줄일 수 있는 것으로 알려져 있다.

02 사과 해충

우리나라에서 사과 해충으로 알려진 종류는 총 312종으로 과수류 중 가장 많으며, 이 중 나비목이 169종으로 가장 많고 딱정벌레목, 매미목 순이다. 그러나 이들 모두가 방제를 해야 될 정도로 문제가 되는 것은 아니고 대부분은 경제적인 피해를 주지 않는 것들이다. 발생량도 많고 실제 피해도 문제되므로 방제해야 하는 해충으로는 사과응애, 점박이응애, 사과혹진딧물, 조팝나무진딧물, 복숭아심식나방, 복숭아순나방, 사과굴나방, 은무늬굴나방, 사과애모무늬잎말이나방, 과실가해 노린재류 등이다.

해충의 발생변천도 재배되는 품종·대목, 재식거리와 전정 등 재배양식, 농약사용 및 지면 잡초관리 등의 변화에 의해서 크게 영향을 받는다. 1990년대 후반부터 병해충 종합관리에 의해 농약살포 횟수가 감소하면서 점박이응애의 발생밀도는 줄어들었지만 사과응애의 발생밀도는 증가하고 있다.

과실의 주요 해충인 심식나방류 중에서 복숭아심식나방에 비하여 복숭아순나방에 의한 과실 피해가 증가하였으며, 새롭게 복숭아순나방붙이도 사과해충으로 확인되었다.

과실을 직접 가해하지 않고 잎이나 어린 신초를 가해하며 천적류에 의해서 낮은 밀도로 발생이 억제될 수 있는 해충들을 2차 해충이라고 한다. 그러나 심식나방류등 과실을 가해하는 해충의 방제를 위하여 살포되는 농약에 의해 이들 2차 해충의 천적들이 사과원에서 거의 자취를 감추어서 응애류, 조팝나무진딧물 및 굴나방류의 발생이 문제되기 시작하였다. 한편, 진딧물과 응애류는 세대기간이 짧고 약제저항성이 빨리 생기는 특징이 있기 때문에 사과의 가장 문제 해충으로 되었으며, 현재는 이들을 방제하기 위한 농약품목이 가장 높은 비율을 차지하고 있다.

사과굴나방도 깡충좀벌 등 수종의 기생성 천적이 있으나 농약살포에 의해서 이들의 비율이 급격히 감소하는 7~8월에 대발생하는 경우도 있다. 1990년대 중반부터 은무늬굴나방이 신초 끝부분 잎에 발생하는 문제가 전국적으로 나타났으며, 사과굴나방과 함께 사과원의 해충으로 자리 잡았다. 이는 겨울철 기온이 높아서 월동하는 성충의 생존율이 높거나, 질소시비 과다로 먹이가 되는 어린잎이 계속적으로 공급되기 때문인 것으로 추정하고 있다.

최근 온난화 및 이상기상 등으로 인하여 각종 농작물에 노린재류 발생이 증가하고 있으며, 사과에도 과실을 흡즙하는 노린재 피해가 증가하고 있다.

수출 사과의 경우에는 대상국에 따라 검역대상이 되는 복숭아심식나방, 복숭아순나방, 잎말이나방류 및 벚나무응애 등은 발생하지 않아야 하기 때문에 이들에 대한 방지대책이 중요시되고 있다. 점박이응애는 전 세계에 발생하지만, 월동 성충이 사과의 꽃받침 부위로 이동하여 모이는 습성 때문에 수출 시 이를 제거하는 데 어려움이 많으므로 과실로 이동하기 전에 철저히 방제를 해야 하는 문제가 제기되고 있다.

반면에 외국에서 사과가 수입될 경우에 국내에는 발생하지 않는 코드링나방이 침입하여 피해를 줄 위험이 매우 높다. 저수고 고밀식 왜화재배가 확산됨에 따라, M.9 대목에서 유목의 줄기에 나무좀류의 피해가 문제될 수 있다.

가 사과응애

- 잎응애과 : Tetranychidae
- 학　명 : *Panonychus ulmi* (Koch, 1836)
- 영　명 : European red mite
- 일본명 : リンゴハダニ

(1) 피해와 진단

- 사과나무·배나무·복숭아나무 등 100여 종의 수목을 가해한다. 잎의 앞면과 뒷면에서 구침(주둥이)을 세포 속에 찔러 넣고 엽록소 등 내용물을 흡즙하기 때문에 이 부분이 흰 반점으로 보인다.
- 피해 잎은 황갈색으로 변색되어 광합성 및 증산작용이 저하되며, 심하면 8월 이후에 조기낙엽이 되고, 과실의 비대생장, 착색, 꽃눈형성 저하 등에 영향을 주기도 한다.
- 사과응애는 비교적 응애약에 방제가 잘되므로 관행방제 사과원에서는 발생이 적으나, 관리소홀원과 동일 계통의 응애약을 연용하여 저항성이 유발된 일부의 관행방제 사과원에서는 7~8월에 대발생하는 사례가 있다.
- 응애 피해는 잎당 가해밀도(마리)와 가해기간(일)의 영향이 복합되어 나타는데 이를 '누적가해일도'라 한다. 미국의 경우에 사과나무에서 누적가해일도가 800일 때를 경제적 피해수준이라 하며, 이는 잎당 평균밀도가 30마리 수준에 해당된다.

(2) 형태

- 암컷 성충은 암적색의 달걀 모양이고, 등쪽 털은 뚜렷한 백색의 혹 위에 나 있으며, 몸길이는 0.4㎜ 내외이다. 수컷 성충은 황적색이며 암컷보다 몸이 홀쭉하고 다리가 긴 편이며, 몸길이는 0.33㎜이다.
- 알은 적색으로 둥글납작하며, 윗면 중앙에 털이 하나 있고, 직경은 0.15㎜이다. 약충은 3가지 형태(유충, 제1약충, 제2약충)로 구분된다. 유충은 알보다 약간 크며 다리가 3쌍인 것이 특징이다. 제1, 2약충은 유충보다 점차 커지며, 성충과 같이 다리가 4쌍이다. 유충과 약충은 대체로 색깔이 적색이지만, 경우에 따라서는 녹색을 띤다.

(3) 발생생태

- 알로 작은 가지의 분기부(分岐部)나 겨울눈 기부에서 월동하고, 사과나무의 개화기인 4월 하순~5월 상순에 부화한다. 부화한 유충은 화총의 기부 잎으로 이동하여 섭식하며, 유충과 약충은 주로 잎의 뒷면에 서식하

지만 성충이 되면 잎의 양면에 서식한다.

- 부화 2~3주 후부터 성충이 되는데, 수컷이 1~2일 먼저 나와서 정지기인 암컷 근처에서 기다리다가 암컷이 탈피를 마치면 즉시 교미한다. 사과응애는 수정란은 암컷이 되고 미수정란은 수컷이 되며, 대체로 암수 성비는 75 : 25 정도이다.
- 암컷은 성충이 된 지 2~3일 후부터 알을 낳기 시작하고, 평균 30~35개의 알을 잎의 양면 특히 잎맥 근처에 낳으며, 수명은 약 15~20일이다.
- 연간 7~8세대를 경과하지만, 7월 이후는 세대가 중복된다. 6월 하순 이후 기온이 상승하면서 증식이 빨라져 발생 최성기는 7월 하순~8월이지만 응애약 살포에 따라서 차이가 있다.
- 다발생하여 밀도가 높아지면 어린 가지나 잎의 선단으로 이동하여, 몸의 상체를 들어 올리고 방적기에서 실을 내어 바람의 기류를 타고 근처 다른 나무까지 분산한다.
- 9월 하순경부터 월동란을 낳는 암컷이 생겨서 월동부위로 이동하여 산란을 한다. 10월 중순 이후에는 대부분이 월동란을 낳지만 질소 시비량이 많아서 오래까지 잎의 상태가 좋은 경우에는 눈이 내리는 시기까지도 산란이 계속된다. 반면, 갈색무늬병이 다발생하거나 사과응애의 여름철 피해가 심하여 잎의 상태가 좋지 않으면 월동란 산란시기가 빨라진다.

(4) 발생예찰

- 응애는 크기가 작아서 초기에는 발견하기가 어렵지만, 다발생하여 피해가 심하면 차를 타고 가면서도 피해를 구분할 수가 있다. 대다수는 잎 위에 있는 응애를 확대경을 사용해야만 구분할 수 있으며, 피해 잎을 만진 손이 붉은색으로 얼룩지면 사과응애가 있음을 알 수 있다.
- 본래의 발생예찰법은 1주일마다 1나무의 사방 신초 중간에서 10잎씩 10나무에서 총 100잎을 채취하여 응애밀도를 조사하고, 잎당 평균밀도가 6월에는 1~2마리, 7월 이후는 3~4마리 이상이면 응애약을 살포하는 것이 좋다. 그러나 이 방법은 시간이 많이 걸리는 문제가 있다.
- 현재는 발생엽률에 따른 잎당 가해밀도 간이추정법이 선호되고 있다. 이

는 포장에서 확대경을 이용해서 움직이는 발육태의 응애가 1마리 이상 발생하는 잎의 비율(발생엽률)을 구하는데, 대체로 50%이면 1~2마리, 70%이면 3~4마리 정도가 된다.

- 발생예찰 시기는 월동 알에 대해서는 휴면기에 1회 조사로 충분하지만, 잎에서는 개화기부터 가을까지 나무에서 발생이 계속되므로 이 기간 중에 5~10일 지속적으로 발생밀도를 조사하여 약제방제 여부 또는 방제적기를 판단해야 한다.

(5) 천적

- 이리응애류가 발육기간도 짧고 포식량도 많아서 가장 유망한 천적이다. 이리응애에 영향이 적은 선택성 농약(살충제)을 사용한다면 사과응애의 천적으로서 중요한 역할을 할 수가 있다.
- 마름응애류는 살충제를 최소로 살포할 경우 지속적으로 발생하지만, 발육기간이 길고 포식량이 적어서 이리응애만큼 천적으로서 중요하지는 않고 보조 천적으로서 이용 가능하다. 깨알반날개, 애꽃노린재와 무당벌레의 1종도 포식량이 많은 천적이지만, 사과응애 발생밀도가 높게 된 후기에 나타난다는 문제가 있다.

(6) 방제 포인트

- 응애는 건조하고 고온이 지속될 경우에 급격히 발생이 증가한다. 따라서 스프링클러나 점적관수를 적절히 실시하여 사과원 수관 내의 온도를 낮추고 습도를 적당히 유지하면 응애발생 정도를 낮출 수가 있다.
- 또한, 응애는 잎에 먼지가 많을 경우에 다발생하므로 도로변과 같이 먼지가 많은 곳에서는 스프링클러를 이용하여 먼지를 가끔 제거하는 것이 좋다.
- 착과량이 적당한 나무보다 과도한 나무가 응애 피해에 더욱 취약하므로 적당한 착과량 조절도 중요하다. 또한, 극도로 고온, 건조하며 바람이 많은 조건에서 나무가 수분 스트레스를 받으면, 응애 피해의 영향이 과도하게 나타날 수 있다.

- 기계유유제를 발아기 직전 3월 하순에 60~70배로 살포하는 것이 농약도 절감하고 방제효과가 좋으며 천적류에 영향도 적다. 휴면기(2월 하순~3월 상순)에 20~25배로 살포할 경우 월동란의 방제효과가 높지 않다.
- 낙화기 이후의 약제방제는 점박이응애 방제대책 참조.

나 점박이응애

- 잎응애과 : Tetranychidae
- 학　명 : *Tetranychus urticae* Koch
- 영　명 : two-spotted spider mite
- 일본명 : ナミハダニ

(1) 피해와 진단

- 사과나무 외에도 배나무의 주요 해충이며, 옥수수·콩 등 전작물과 채소, 화훼, 잡초에도 가해하여 실로 기주범위가 넓다.
- 특히, 과수원의 살충제 사용이 증가됨에 따라 천적류의 감소 또는 멸종과 함께 약제저항성이 증대되어 발생이 문제되므로 종합적인 관리대책이 시급히 제시되어야 한다.
- 사과응애와는 달리 잎의 뒷면에만 주로 서식하며, 구기를 세포 속에 찔러 넣고 엽록소 등 내용물을 흡즙하기 때문에 겉면에는 피해 증상이 잘 나타나지 않는다. 피해 잎은 황갈색으로 변색되어 광합성 및 증산작용과 같은 잎의 기능이 저하되며, 심하면 8월 이후에 조기낙엽이 되고, 과실의 비대생장, 착색, 꽃눈형성 저하 등에 영향을 주기도 한다(경제적 피해 수준과 방제기준은 '사과응애' 참조).

(2) 형태

- 암컷 성충은 몸길이가 0.4~0.5㎜이고, 여름형은 담황록색 바탕에 몸통 좌우에 뚜렷한 검은 점이 있으나, 월동형은 등색(귤색)으로 검은 점이 없다. 수컷 성충은 0.3㎜ 정도이고, 몸이 담갈색으로 홀쭉하며, 배끝이 뾰족하고 다리가 긴 특징이 있다.

- 알은 투명하고 공 모양이며, 직경은 0.14㎜이다. 약충은 3가지 형태(유충, 제1약충, 제2약충)로 구분된다. 유충은 알보다 약간 크며 처음에는 투명하지만 점차 연녹색으로 변하고 검은 점이 생기며, 눈은 빨갛고 다리가 3쌍인 것이 특징이다. 제1, 2약충은 유충보다 몸과 검은 점이 점점 커지며 녹색이 진해지고, 성충과 같이 다리가 4쌍이다. 각각의 발육태 중간에는 3번의 정지기가 있으며, 정지기가 끝나면 매번 탈피를 한다.

(3) 발생생태

- 연 8~10세대를 경과하며 교미한 암컷 성충으로 나무줄기의 거친 껍질 틈새나 지면의 잡초·낙엽에서 월동한다. 3월 중순경부터 월동장소에서 이동하는데, 지면에서 사과나무로 또는 사과나무에서 지면으로의 이동이 동시에 일어난다.
- 이때 사과나무의 눈이나 잡초 등 적당한 먹이를 찾으면 섭식을 시작한다. 몸 색깔이 여름형으로 변하면서 2~5일 후부터 알을 낳는데, 월동성충은 20여 일 동안 약 40개 산란하지만, 이후 세대부터는 30여 일 동안에 100개 정도를 산란한다.
- 4~5월에는 지면의 잡초와 사과나무의 수관 내부 특히, 주지나 아주지 등에서 나오는 도장지에 밀도가 높고 점차 수관 외부로 분산한다. 잡초에서는 먹이상태가 좋은 5월까지는 증가하지만 6월 이후 감소되고 7월에는 극히 밀도가 낮으며 8월 이후는 사과나무에서 이동한 개체군에 의해 다시 밀도가 증가한다.
- 사과나무에서는 6월 중순부터 급격히 밀도가 증가하여 7월에는 피해를 받는 사과원이 나타난다. 8~9월에 최고밀도에 이르며, 11월까지도 높은 밀도를 유지하는 경우가 많다.
- 9월 하순부터 월동형 성충이 나타나기 시작하여 가지나 주간을 따라서 이동하며, 대부분 사과나무의 거친 껍질 틈새에서 월동한다. 반면, 낙엽과 함께 지면에 떨어지는 것들은 낙엽 또는 잡초 등에서 월동한다. 그리고 일부는 수확 전에 과실의 꽃받침 부위로 이동하는데, 이러한 점박이응애의 수확 전 과실 부착은 사과 수출 시 큰 문제가 되고 있다.

(4) 발생예찰

- 응애는 크기가 작아서 초기에는 발견하기가 어렵지만, 다발생하여 피해가 심하면 차를 타고 가면서도 피해를 구분할 수가 있다. 본래의 발생예찰법은 1주일마다 1나무의 사방 신초 중간에서 10잎씩 10나무에서 총 100잎을 채취하여 응애밀도를 조사하고, 잎당 평균밀도가 6월 이전에는 1~2마리, 7월 이후는 3~4마리 이상이면 응애약을 살포하는 것이다. 그러나 이 방법은 시간이 많이 걸리는 문제가 있다.
- 현재는 발생잎률에 따른 잎당 가해밀도 간이추정법이 선호되고 있다. 이는 포장에서 확대경을 이용해서 움직이는 발육태의 응애가 1~2마리 이상 발생하는 잎의 비율(발생잎률)을 구하여 평균밀도를 추정할 수 있다. 발생잎률이 40%이면 2마리, 60%이면 4마리 정도로 추정된다.
- 다만, 발생잎률이 점박이응애의 경우 85%를 넘으면 즉 잎당 10마리 이상이 발생하면 정확한 밀도추정이 곤란하다. 발생예찰 시기는 5월 하순부터 8월까지 나무에서 5~10일마다 경시적으로 발생밀도를 조사해야 한다.

(5) 천적

- 이리응애류가 발육기간도 짧고 포식량도 많아서 가장 유망한 천적이다. 특히, 이리응애는 6월 이전까지는 지면의 잡초에 있는 점박이응애를 주로 포식하면서 밀도를 유지하다가, 점박이응애가 사과나무로 이동함과 동시에 사과나무로 올라가는 생태적 일치습성이 있기 때문에 초생재배를 하는 것이 청경재배를 실시하는 것보다 이리응애류의 정착과 점박이응애의 생물적 방제에 유리하다.
- 또 한 가지는 사과나무의 해충이지만 대발생하지 않는 한 큰 피해를 주지 않는 녹응애류를 사과나무에 적당히 발생하게 하고, 이리응애에 영향이 적은 선택성 농약(살충제)을 사용한다면, 이리응애가 이들 녹응애를 먹고 사과나무에서 지속적으로 발생하여 점박이응애의 천적으로서 중요한 역할을 할 수가 있다.
- 마름응애류는 살충제를 최소로 살포할 경우 지속적으로 발생하지만, 발

육기간이 길고 포식량이 적어서 이리응애만큼 천적으로서 중요하지는 않고 보조 천적으로서 이용 가능하다. 깨알반날개, 애꽃노린재와 무당벌레의 1종도 포식량이 많은 천적이지만, 점박이응애가 이미 피해를 줄 정도로 밀도가 높게 된 후기에 나타나는 문제가 있다.

(6) 방제 포인트

- 점박이응애의 약제방제 제1차 적기는 사과나무 수관 내부에서 증식한 개체들이 점차 분산을 시작하고, 지면 잡초의 먹이상태가 좋지 않게 되거나 예취를 하여 잡초에서 사과나무로 이동하는 시기이다. 대체로 6월 상순경에 사과나무 잎당 2마리(25잎 조사하여 점박이응애가 10잎 내외에서 발견되는 수준임) 정도일 때이다.
- 그 뒤 장마기에도 계속 관찰을 하되, 특히 온도조건이 좋아지는 시기인 7월 상순에 발생 정도를 관찰하여 잎당 3~4마리 이상이면 2차 방제를 실시해야 한다. 이 시기에 가장 효과가 정확하고 좋은 응애약을 선정해야 하며, 이때 부적절하게 방제하면 7월 하순~8월에 피해를 받게 된다.
- 3차 방제적기는 8월 상·중순의 고온기로 잎당 3~4마리 이상이면 응애약을 살포해야 한다. 그러나 이상과 같은 방제적기는 연도 및 사과원에 따라서 차이가 있을 수 있으므로 정기적인 관찰을 해서 각자의 상황에 적당한 방제시기를 선정해야 한다.
- 점박이응애는 약제저항성 유발이 문제되므로 같은 약제는 물론 계통이 같은 약제를 연속 살포하는 것을 금하고, 가급적 천적인 포식성 이리응애에 영향을 주지 않는 약제를 선택해야 한다.

다 사과혹진딧물

- 진딧물과 : Aphididae
- 학　명 : *Myzus malisuctus* (Matsumura)
- 영　명 : Apple leaf-curling aphid
- 일본명 : リンゴコブアブラムシ

(1) 피해와 진단

- 5월부터 가을에 걸쳐서 신초 선단부의 연한 잎을 가해하여 뒤쪽으로 말리게 한다. 5월에 탁엽(托葉) 등을 가해하면 붉은 반점이 생기며 잎이 뒤쪽을 향해 가로로 말리나, 본엽을 가해하면서부터는 잎가에서 엽맥 쪽을 향하여 뒤쪽으로 세로로 말린다.
- 잎 내부를 열어 보면 짙은 녹색의 진딧물이 무리지어 가해하고 있다. 가해하던 잎이 굳어지면 조금씩 상부의 연한 잎으로 이동하며, 아래의 피해 잎은 나중에는 낙엽이 된다.
- 진딧물이 가해한 하단의 잎은 배설한 감로 때문에 검은색의 그을음 증상과 끈끈한 오염물질이 생기며, 진딧물이 탈피한 탈피각이 떨어져 있다.
- 피해 잎의 기능은 현저히 저하되어 피해 부위의 엽록소가 없어지며 검은색으로 변하고, 조기낙엽이 되고 심하게 피해를 받은 가지는 가늘고 약한 가지들이 많이 나와서 결실가지로 사용하지 못하게 된다.

(2) 형태

- 날개가 없는 형은 대체로 진한 녹색이거나 갈색이고 날개가 있는 형은 보통 검은 편이다. 어린 것은 연녹색이 많아서 개체에 따라 변이가 심하며, 몸은 달걀 모양 또는 방추형이고, 알은 광택이 있고 검으며 긴 타원형이다. 몸길이는 날개 있는 성충은 1.5~1.7㎜, 날개 없는 성충은 1.3~1.7㎜ 정도이다.

(3) 발생생태

- 겨울에 사과나무의 도장지나 1~2년생 가지의 눈 기부에서 검은색의 방추형 알로 월동하다가, 사과나무의 눈이 틀 무렵 4월 상순경부터 부화하여, 발아하는 눈에 기생한다.
- 그 뒤 잎의 전개와 함께 잎 뒷면을 가해하며 곧 간모라는 성충이 되어 이것이 단위생식하여 무시충을 낳는다. 가을까지 새끼를 낳으며 세대를 반복한다. 유시충은 보통 밀도가 높아져 영양조건이 나빠지면 출현하고 이들은 다른 나무로 분산한다.

- 10월 중순경 산란형이 나타나 산란성 암컷과 수컷을 낳고, 이들이 교미한 뒤 어린 가지의 겨울눈 부근에 월동란을 낳는다.

(4) 발생예찰

- 겨울 동안에 도장지나 1, 2년생 가지의 눈 기부를 관찰하여 검은색 방추형의 월동란이 많이 관찰되면 일단 신초 신장기에 피해가 있다고 생각하는 것이 좋다.
- 신초가 5㎝ 정도 자라기 시작할 때 나무 상부를 잘 관찰하여, 진딧물이 신초 잎을 말기 시작하는 초기에 방제하는 것이 중요하다.

(5) 방제 포인트

- 연도나 장소에 따라서 정도의 차이가 있으므로 동계에 사과나무 가지의 월동란 밀도를 조사하여 밀도가 높을 경우에는 발아기에 기계유유제를 살포하여 사과응애와 동시방제한다.
- 밀도가 낮은 경우에라도 개화 전 또는 낙화 후에 1회는 사과혹진딧물에 효과적인 약제를 살포하는 것이 좋고, 그 후에는 일반 나방류 및 조팝나무진딧물과 동시방제한다.
- 9~10월이 되어도 신초 신장이 계속되면, 다음해 발생이 많게 되므로, 질소비료를 적당히 주어 수세를 안정시키는 것이 다음 해 봄철 발생을 적게 한다.

라 조팝나무진딧물

- 진딧물과 : Aphididae
- 학　명 : *Aphis citricola* van der Goot
- 영　명 : Spiraea aphid
- 일본명 : ユキヤナギアブラムシ

(1) 피해와 진단

- 사과혹진딧물과는 달리 잎을 말지 않는다. 어린 가지에 집단으로 발생하

여도 눈에 띄게 사과의 생육에는 별다른 영향을 주지 않는다.

- 5월 하순에서 6월 중순까지 신초 선단의 어린잎에 다발생하며, 밀도가 급증하면 배설물인 감로가 잎이나 과실을 오염시키고 그을음병균이 되어 검게 더러워진다.
- 일부 개체는 과실 표면을 가해하며, 적과 또는 봉지 씌우기 하는 작업자에게 부착되어 불쾌감을 주기도 한다.
- 신초가 10㎝ 정도 자라는 5월 상순경에 날개 달린 성충이 비래하여 신초잎을 가해하며, 점차 새로 자라나오는 잎으로 옮겨서 가해하고, 굳어진 잎에는 가해하지 않는다.

(2) 형태

- 날개가 없는 무시충은 1.2~1.8㎜이고, 머리가 거무스름하다. 배는 황록색이고, 미편과 미판은 흑색이다.
- 날개가 있는 유시충은 머리와 가슴이 흑색이고 배는 황록색이다. 뿔관 밑부와 배의 측면은 거무스름하다.
- 알은 광택이 있고 검다.

(3) 발생생태

- 조팝나무와 사과, 배, 귤나무 등이 기주이며 연 10세대 정도 발생하고, 조팝나무의 눈과 사과나무의 도장지나, 1~2년생 가지의 눈 기부에서 검은색의 타원형 알로 월동한다.
- 4월경에 알에서 부화해 나온 간모 개체가 단위생식하여 무시충 밀도가 증가한다.
- 개체의 밀도가 증가하면 5월 상순에 유시충이 발생하여 전체 사과나무로 비산한다. 이들 개체들은 5~6월에 주로 대발생하며, 특히 5월 중순에서 6월 중순 사이에 발생 최성기를 이룬다. 이 시기에는 사람에게도 부착하여 봉지작업을 하는 데 불쾌감을 준다.
- 그러나 장마 및 고온·건조가 계속되고, 신초의 발육이 멈추면 또한 자연히 발생밀도가 급격히 감소하여 일부 도장지에서만 생존을 유지한다.

이후 사과나무 2차 신초 신장기에 다시 밀도가 증가하나, 방제를 필요로 하는 밀도로는 증가하지 않는다.

- 가을에 유시충이 나타나서 교미하여 조팝나무로 이동하거나 사과나무 등에 산란하게 된다.
- 발생하기 쉬운 조건은 다발생하는 시기에 온도가 낮고 습도가 높은 날이 5월 하순 이후 길어지면 발생기간이 길어지고 이와 반대로 되면 발생이 적어진다. 또, 신초가 가을에도 늦게까지 자라면 후기 발생이 보인다.

(4) 발생예찰

- 조팝나무진딧물은 사과나무의 신초 잎이 급격히 자라는 시기인 5월부터 예찰을 시작한다.
- 발생예찰 방법으로 신초당 피해 잎을 조사하거나 피해 신초 비율을 조사하는 방법이 있으며, 진딧물 밀도의 기준은 '과실에 그을음이 문제가 되느냐'와 '봉지작업 시기가 언제이냐'에 따라 결정된다. 그렇지만 수형, 수령, 시기, 품종, 영양상태 등을 포함한 많은 잠재적 피해량도 고려돼야 한다.
- 최근 미국에서는 신초당 피해 잎을 기준으로 보면, 무작위로 선정한 신초의 피해 잎이 2~3잎일 때 약제가 필요하다고 한다.

(5) 천적

- 진딧물 천적은 매우 많으며, 특히 중요한 포식성 천적으로는 풀잠자리류, 무당벌레류, 꽃등에, 혹파리류 등이 있으며, 기생성 천적으로는 진딧벌 등이 있다.
- 이들 포식성 천적과 기생성 천적을 방제에 성공적으로 이용하기 위해서는 계절적 요인과 재배적 요인, 신초의 생장 패턴 등이 연관이 있지만, 앞으로 이들 천적들에 영향이 적은 선택성 농약을 살포하고 살충제 살포횟수를 줄일 경우 생물적 방제의 효율성을 높일 수 있을 것이다.
- 외국에서는 풀잠자리류, 무당벌레류를 대량 증식하여 판매도 한다.

(6) 방제 포인트

- 최근 수년간 합성 제충국제의 남용으로 인해 현재 시중에서 유통되고 있는 일부 합성 제충국제로는 살충효과가 크게 저하되고 있다.
- 가급적 밀도가 낮아서 신초당 10~30마리 이내일 때에는 더 기다렸다가, 적과 등 작업 개시 전에 급격히 발생할 때만 카바메이트계나 유기인계 농약을 5월 하순~6월 하순까지 1~2회 살포하면 된다.
- 무더운 7월 중순부터는 사과원 밖으로 이동 분산하며, 먹이로 적당한 어린 가지가 적어서 밀도가 급격히 감소하기 때문에 조팝나무진딧물을 대상으로 살충제를 살포할 필요는 없다.
- 약효 판정방법으로는 약제 살포 후 2~3일 후에 잎 뒷면을 보아서 죽었으면 약효가 인정되며, 어린 가지를 제거한 경우는 7일 정도 경과하면 약효 판정이 확실하지 않다.
- 그 외 이 진딧물은 사과 외에도 배, 감귤, 조팝나무 등에도 많이 가해하므로 가까이에 이들 다발원이 있다면 유시충이 비래하여, 약제방제 후에도 다시 다발생할 수 있다.
- 이 진딧물은 다발생하지만 실질적인 피해는 거의 없으며, 간혹 감로 배설에 의한 과실과 잎에 그을음병균이 기생하여 오염되는 경우와 사람이 작업할 때 얼굴이나 몸에 붙어 불쾌감을 느끼게 되는 점만이 문제이다.
- 사과에서는 품종 간의 차이는 거의 없다.
- 재배기간 동안에 질소질 비료와 물관리를 통하여 신초의 생장을 감소시키고, 안정시키는 것이 무엇보다 중요하다.

마 사과면충

- 면충과 : Pemphigidae
- 학　명 : *Eriosoma lanigerum* (Hausmann)
- 영　명 : Woolly apple aphid
- 일본명 : リンゴワタムシ

(1) 피해와 진단

- 낙화 10일경부터 신초 기부, 작은 가지의 분지부, 줄기의 갈라진 틈, 가지의 절단부, 지표면 가까운 뿌리 등에서 흰색의 솜을 감고 빽빽하게 집단으로 가해한다.
- 가해 부위의 즙액을 흡즙하여, 흡즙 부위에는 작은 혹이 많이 발생하여 부풀어 올라 있다.
- 신초 기부에 피해를 받으면 가지가 크게 자라지 못하게 되고, 연속하여 몇 년 기생하게 되면 그 피해는 더욱더 심하게 된다.

(2) 형태

- 무시충(날개 없는 성충)은 길이가 2.1㎜ 정도이고, 온몸이 백색의 솜털로 덮여 있다. 머리는 짙은 녹색이고, 더듬이는 회색이다. 겹눈은 검은색, 다리는 황갈색이며, 배는 적갈색이다. 유시충(날개가 있는 성충)은 길이가 2.3㎜ 정도이고, 날개를 편 길이가 6.3㎜ 정도이며, 머리는 흑갈색~흑색으로 겹눈도 흑색이고, 더듬이는 흑자색이며 2쌍의 투명한 날개가 있다.

(3) 발생생태

- 유충태로 줄기의 갈라진 틈, 전정 절단부위, 지표면과 가까운 뿌리, 여름철 가해로 생긴 혹의 틈 등에서 월동한다. 4월 말경부터 활동하며, 5월 중순경에는 성충으로 되어 다음 세대 새끼를 낳는다. 그 후 가해 부위에서 계속 번식하며 증가한다.
- 1년에 10회 정도 발생하지만, 대체로 6~7월부터 9월에 발생이 많다.

발생밀도가 증가하면 날개 있는 암컷이 생겨 이동·전파한다.

- 사과면충은 흡지, 부란병 피해 부위, 전정 상처 부위 및 주간부 조피 틈 에 많다. 또한 주로 전정이 불량하고 가지가 혼잡한 곳에 많이 발생한다. 또 살충제를 많이 살포하여 천적인 면충좀벌이 없어지면 발생이 많게 된다.

(4) 발생예찰

- 일반적으로 예찰은 여름 중순에 시작해야 하며, 겨울이 따뜻하였으면 더 일찍 해야 한다. 발생밀도가 높아서 사과가 열리는 위치에 발생하면 약제방제가 필요하다.

(5) 천적

- 이 해충은 북미가 원산지인데 일본을 거쳐 우리나라에 들어와 1920년대 대구지방에 대발생하여 크게 문제가 되었다. 이를 방제하기 위하여 면충좀벌을 수입 정착시킴으로써 생물적 방제가 성공을 거두었다.
- 면충좀벌에 의해 기생된 사과면충은 검게 되어, 나무에 남아 있고, 기생자가 탈출한 구멍의 흔적이 남아 있다. 면충좀벌은 특별히 방사할 필요는 없으며, 현재는 사과재배지대 도처에 살고 있다.

(6) 방제 포인트

- 현재 관행사과원에서는 다른 해충의 방제를 위해 살포되는 살충제와 천적의 복합적인 영향으로 특별한 추가 약제살포가 필요 없다. 그러나 농약절감이 적절치 못하거나 천적이 격감될 경우에 격발할 수도 있다.
- MM.106 대목은 사과면충에 대하여 저항성이 있지만 M.9 대목은 감수성이므로 저수고 고밀식 재배원에서는 앞으로 주의를 해야 한다.
- 약효를 높이기 위해서는 발생 초기에 사과면충을 덮고 있는 솜을 충분히 적실 정도로 약제를 살포하여, 약액이 충체에 완전히 묻게 해야 한다.
- 사과면충의 피해 경감을 위해서 전정 상처 부위는 도포제를 처리해서 상처가 치유되도록 하고 조피와 흡지를 철저히 제거하면 발생을 경감시킬 수 있다.

바 은무늬굴나방

- 굴나방과 : Lyonetiidae
- 학　명 : *Lyonetia prunifoliella* (Hübner)
- 영　명 : apple lyonetid
- 일본명 : ギンモンハモグリガ

(1) 피해 진단

- 사과나무에 나타나는 피해 증상은 사과굴나방과는 확실하게 육안으로 쉽게 구별할 수 있다. 유충이 신초의 어린잎만을 주로 가해하여 극심할 경우 새순에 낙엽현상을 초래하는 점이 이미 신장되어 굳은 잎을 가해하는 사과굴나방과는 다르게 구별된다.
- 피해 받은 어린잎은 처음에는 적갈색 선상의 피해가 나타나지만 점차 반점 모양으로 불규칙한 원형 또는 얼룩무늬 모양을 이루거나, 넓고 크게 잎의 표면이 연하게 쭈그러들면서 말라 들어간다.
- 8월 하순부터 생육 중·후반기가 되면 특히 나무의 꼭대기나 도장지 및 2차 신장한 신초 부위에 나 있는 어린잎을 집중적으로 가해한다.
- 때때로 약해를 입은 것으로 오인되는 수도 있다.

(2) 형태

- 과거에는 '은무늬가는나방'이라고도 불렸는데, 성충은 몸이 대체로 은빛 광택을 띠며 작고 연약한 나방이다.
- 성충은 여름형과 가을형으로 체색에 변이가 있는데, 대체로 가을형이 짙은 무늬를 가지고 몸의 크기도 약간 더 크다.
- 앞날개는 가늘고 길며 끝 부분은 뾰족하게 돌출하였으며, 1개의 흑색 원형 반점이 있다. 또한 그 반점의 바로 앞쪽 주변에 반달 모양의 현저한 분홍색 반문과 그 앞쪽으로 3개의 황갈색을 띤 반문이 있으며, 날개 가장자리에 V자형의 뚜렷한 짙은 황갈색의 반문이 있다.
- 뒷날개는 갈색이며, 앞·뒷날개 모두 바깥 가장자리에 길고 가느다란 털이 무수히 나 있다.

- 알은 우윳빛을 띠고 둥글며, 유충은 황갈색 또는 연두색이고, 배 끝이 가늘며 몸의 각 마디 사이가 잘록하게 구별되고, 몇 개씩의 긴 털이 나 있다.
- 번데기는 암갈색의 원추형인데 머리에 1쌍의 돌기가 있으며, 거미줄 모양으로 만들어진 흰색의 고치 속에 들어 있다.
- 성충의 몸길이는 4.5㎜, 날개를 편 길이는 여름형이 8~9.5㎜, 가을형 9.5~10.5㎜이다. 노숙유충은 5㎜이다.

(3) 발생생태

- 연 6회 발생하며, 나무의 껍질 틈새, 가지 사이, 낙엽 밑, 사과원 주변 건물의 벽면 등에서 주로 암컷 성충으로 월동한다. 가을철 늦게 발생한 개체들은 드물게 번데기 상태로 월동하기도 한다.
- 월동한 암컷 성충은 4월 하순~5월 상순경에 사과나무의 어린잎 뒷면의 조직 속에 1개씩 점점이 알을 산란한다.
- 부화한 유충은 잎의 표피 속에서 불규칙하게 넓적한 굴을 뚫으며, 잎 살을 파먹고 자라는데, 초기에는 줄 모양으로 굴을 파면서 가해하다가 점차 넓게 무정형으로 확장한다. 잎에 만들어진 굴 속에서 3령을 경과한 후에 다 자라난 노숙유충이 된다.
- 그 후 굴 밖으로 나와서 입에서 실을 토해내어 나뭇잎 뒷면에 거미줄 모양의 하얀 고치를 만들고 그 속에서 번데기가 되며, 다시 4일 정도 지나면 성충으로 우화한다. 따라서 5월 하순부터 새로운 성충이 다시 출현하기 시작한다. 그 이후 약 한 달 간격으로 성충의 발생주기가 계속되지만 때때로 세대가 중첩되어서 발생하는 경우가 많다.
- 성충은 한낮에는 나뭇잎 뒷면 등에서 활동을 하지 않고 주로 휴식을 취하고 있다가 일몰이 시작되면 활동을 개시해서 활발하게 분산하기도 하는데, 특히 불빛에 잘 유인되기도 한다.
- 마지막으로 발생하는 제6회 성충은 9월 하순~11월에 우화하여서 주변의 월동처를 찾아서 휴면에 들어간다.

(4) 발생예찰

- 전년도 2차 신초 신장이 많아서 피해를 많이 받았을 경우 대체로 다음해 4월경 피해가 많을 수 있다.
- 사과나무의 새로 나오는 신초의 잎을 햇빛 쪽을 향해 비추어서 잎 윗면에 붉은 점이 찍힌 흔적이나, 선상으로 지나간 흔적이 많이 보이면 약제 방제 적기이다.

(5) 천적

- 천적에는 고치벌류 1종이 있다.
- 살충제 절감 예찰방제원에서는 기생률이 60%로 높으므로 천적에 저독성인 약제를 살포하면, 천적에 의한 효과도 기대할 수 있다.

(6) 방제 포인트

- 전년도 가을에 발생이 많고 개화기 전 또는 낙화 후 성충이 자주 눈에 띄면 제1·2세대 유충이 가해하기 직전인 개화 전 4월 중순경이나 낙화 후 5월 하순 중 1회 정도 적용약제를 살포할 수 있다. 특히 이 시기는 온도가 높지 않아서 어린 벌레의 발육이 그리 빠르지 않고 령기 구성도 비교적 단순하므로 방제효율을 높일 수 있다.
- 제3세대 이후는 가해 부위가 신초의 선단부 잎에만 국한되므로 추가 약제를 살포하기보다는 심식나방 등과 동시방제한다.
- 은무늬굴나방 동시방제 약제로는 진딧물 방제약제인 이미다클로프리드, 푸라치오카브, 나방류 방제약제인 주론, 트리무론, 메치온 등이 효과가 우수하다.
- 합성 제충국제는 은무늬굴나방에 대하여 방제효과가 저조한 경향이므로 동시방제로는 사용을 지양해야 한다.
- 새로 자라는 신초선단의 일부 잎만을 가해하므로 수세를 안정시켜서 신초신장을 일찍 멈추게 하는 것이 가장 중요하다.
- 8~9월의 후기 피해방지를 위하여 2차 생장을 적게 하며, 도장지와 지제부의 대목에서 나오는 순 발생을 막거나 제거한다.

사 사과굴나방

- 가는나방과 : Gracillariidae
- 학　명 : *Phyllonorycter ringoniella* (Matsumura)
- 영　명 : Apple leafminer
- 일본명 : キンモンホソガ

(1) 피해와 진단

- 알에서 부화한 유충이 잎의 내부로 잠입해서 무각유충기에는 선상으로 다니며 흡즙하나, 유각유충기에는 타원형 굴 모양으로 식해하여서 그 부분의 잎 뒤가 오그라든다.
- 한 잎에 여러 마리가 가해할 경우 잎이 변형되고, 심하면 조기낙엽이 되기도 한다.
- 사과굴나방은 살충제 살포로 천적을 죽이게 되어 국부적으로 다발생하는 사과원이 있으나 대부분의 사과원에서는 크게 문제시되는 것은 아니다.

(2) 형태

- 성충은 몸이 대체로 은빛을 띠며, 앞날개는 금빛이고 중앙부에 은빛 줄무늬가 선명하며 아주 작다. 성충의 몸길이는 2~2.5㎜이고 날개를 편 길이는 6㎜이며, 노숙유충은 6㎜ 정도이다.
- 알은 무색투명하고 둥글며, 평편하다.
- 어린 유충은 다리가 없으나, 3령 유충부터 다리가 생기고 몸이 담황색이며, 다 자란 유충은 6㎜ 정도이다.

(3) 발생생태

- 연 4~5회 발생하고, 낙엽이 된 피해 잎 속에서 번데기로 월동한다.
- 제1회 성충은 4월 상순~5월 상순에 우화한다.
- 우화한 성충은 잎 뒷면에만 산란을 하며, 주로 뿌리 근처의 대목부에서 나오는 발아가 빠른 도장지에 집중적으로 산란하는 경향이 있다.

- 동일품종에서도 잎 전개가 빠른 단과지의 탁엽에 산란을 많이 한다.
- 제1세대의 알은 10~14일 후에 부화하여 난각의 바로 밑에서 잎 속으로 들어간다. 어린 유충기는 잎 속에서 즙액을 흡수하며 3령 이후는 잎의 책상조직을 식해한다. 굴 속에서 번데기로 되며 우화 시는 번데기 탈피각의 앞부분을 밖으로 내놓고 나온다.
- 제2회 성충은 6월 상·중순, 제3회는 7월 중·하순, 제4회는 8월이며, 일부 제5회 성충이 9월에 나오나, 제3회 이후는 세대가 중복되는 경우가 많다.
- 제3세대까지는 수관 내부나 하부의 성숙된 잎에 피해가 많으나, 제4세대 이후는 2차 신장한 신초나 도장지의 어린잎에 많은 경향이 있다.
- 월동세대의 유충은 산란시기의 불일치로 각 령기가 혼재되어 있는데, 이들 중 낙엽이 되는 11월까지 번데기로 되지 못하는 것은 월동 중에 모두 사망한다. 이로 인하여 후기 피해가 심한 경우라도 다음 해 발생 시 초기 피해가 적게 되는 한 요인이 된다.

(4) 발생예찰

- 낙엽 속에서 월동한 번데기에서 성충으로 되기 전인 3월 하순에서 4월 상순에 피해 엽을 조사하여 살아 있는 번데기가 많은지, 또 천적에 의한 기생률이 높은지를 잘 관찰한다.
- 산란을 모두 잎 뒷면에 하므로, 4월 상순~5월 상순에 주간부의 지면에서 나오는 흡지 잎들을 관찰하여 알이 많이 관찰되면 다발생할 징조이다.
- 봄여름 동안 피해 잎을 분해 조사하여 천적에 의한 기생률을 관찰한다. 천적에 의한 기생률이 높으면 다음 세대의 피해가 적다.
- 발생예찰용 성페로몬트랩을 이용할 경우 3월 하순경에 설치하여 5일 간격으로 관찰하면 각 세대별 성충 발생시기를 파악할 수 있다.

(5) 천적

- 천적에는 깡충좀벌, 좀벌류, 맵시벌류, 고치벌류, 거미류 등이 있다. 그중 포식성 천적인 거미류는 34종이 조사되었고, 이 중에는 꽃게거미가 가장 우점종이었으며, 월동세대에 대한 무방제에서의 포식률이 28%에 이르렀으나 관행방제에서는 11%로 낮았다.

- 기생성 천적으로는 깡충좀벌이 우점종이었고 좀벌과의 수종, 맵시벌과 고치벌과의 각 1종이 있으며 이들에 의한 기생률은 주산지 사과원 중 관리소홀원은 21~61%였고, 관행방제원에서도 12~42%로서 발생 초기와 후기에는 높았으나, 살충제가 집중적으로 살포되는 7~8월에는 낮은 경향이었다.
- 미국에서는 1세대 피해 잎 100엽당 천적에 의한 포식 또는 기생률이 35% 이상이면 생물적 방제를 기대할 수 있다고 한다. 그러나 2, 3세대 이후에도 계속 피해 잎을 조사하여야 한다.

(6) 방제 포인트

- 전년도 가을에 피해가 많았던 경우는 봄에 낙엽을 모아서 소각한다.
- 제1세대의 집중 가해처가 되는 주간부의 지면에서 나오는 흡지를 제거한다.
- 사과굴나방 약제방제는 5월 중순부터 연 3회 정도 살충제를 살포하고 있는데, 4~5월에는 깡충좀벌 등 유력한 천적의 기생률이 높고 피해가 아주 일부 잎에만 국한되므로 이 시기에는 사과굴나방 약제를 살포하지 않는 것이 좋다.
- 6월 이후 성페로몬트랩에 5일에 1000마리 정도로 유살 수가 많고, 피해가 자주 눈에 띄는 경우에 심식충류나 잎말이나방과 동시방제하는 것이 합리적이다.
- 사과굴나방 약제로는 합성 제충국제가 많고 최근에는 탈피저해제가 개발되어 있는데, 가급적 저독성인 탈피저해제를 사용하는 것이 바람직하다.
- 5~6월 초기에 합성 제충국제인 사과굴나방약을 살포하면 응애류의 다발생을 야기하는 문제도 있으므로 신중히 생각해야 한다.

아 복숭아순나방

- 잎말이나방과 : Tortricidae
- 학　명 : *Grapholita molesta* (Busk)
- 영　명 : oriental fruit moth
- 일본명 : ナシヒメシンクイガ

(1) 피해 증상

- 유충이 신초의 선단부를 먹어 들어가 피해 받은 신초는 선단부의 신초가 꺾여 말라 죽으며 진과 똥을 배출하므로 쉽게 발견할 수 있다.
- 신초뿐만 아니라 과실에도 식입하며, 어린 과실의 경우는 보통 꽃받침 부분으로 침입하여 과심부를 식해한다. 다 큰 과실에서는 꽃받침 또는 과경 부근으로 식입하여 과피 바로 아래의 과육을 식해하는 경우가 많고, 겉에 똥을 배출하는 점에서 복숭아심식나방과 구별할 수 있다.

(2) 형태

- 성충의 머리는 암회색이고, 가슴은 암색이며 배는 암회색이다. 성충 수컷의 길이가 6~7㎜이고, 날개를 편 길이가 12~13㎜이다.
- 알은 납작한 원형으로 유백색이고, 산란 초기는 진주광택을 띠나 점차 광택을 잃고 홍색이 된다.
- 부화한 유충은 머리가 크고 흑갈색이며, 가슴과 배는 유백색이다. 노숙유충은 황색이며 머리는 담갈색이고, 몸 주변은 암갈색 얼룩무늬가 일렬로 나 있다.
- 번데기는 겹눈과 날개 부분이 진한 적갈색이고, 배 끝에 7~8개의 가시털이 나 있다.

(3) 발생생태

- 사과, 배, 복숭아, 자두, 모과 등을 가해하고 연 4~5회 발생하며 노숙유충으로 조피 틈이나 남아 있는 봉지 등에 고치를 짓고 월동하며, 봄에 번데기가 된다.
- 제1회 성충은 4월 중순~5월에 나타나며, 제2회는 6월 중·하순, 제3회는 7월 하순~8월 상순, 제4회는 8월 하순~9월 상순에 다발생하고, 일부는 9월 중순경에 제5회 성충이 나타나나, 7월 이후는 세대가 중복되어 구분이 곤란하다.
- 월동세대의 유충은 주로 사과와 배 등의 과실을 9~10월까지 가해하고 과실에서 나와 적당한 월동장소로 이동하여 고치를 짓는다.

(4) 발생예찰

- 봄철 초기에 신초 선단부의 피해 가지를 잘 살펴서 1세대 유충이 활동하는 시기를 살핀다.
- 성페로몬트랩을 3월 하순경에 사과원에 설치하여 세대별 성충의 발생시기를 관찰한다.

(5) 방제 포인트

- 매년 피해가 많은 사과원은 봄철 나무줄기의 거친 껍질을 벗겨서 월동 유충의 밀도를 줄인다.
- 봄에 피해 신초를 초기에 잘라서 유충을 죽인다.
- 과실에 산란하는 시기인 6월 이후에 2~3회 전문약제를 살포해야 한다. 복숭아심식나방과 동시방제도 가능하다. 9~10월까지 사과, 배의 과실을 가해하는 수가 있으므로 8월 하순~9월 중순 성페로몬트랩으로 발생 여부를 잘 예찰하여 방제대책을 세워야 한다.
- 이 해충은 사과 외에도 배, 복숭아, 자두, 살구 등에도 많이 가해하므로 이들이 근처에 관리가 소홀한 채로 있으면 성충이 비래하여 문제가 될 수 있으므로 주의한다.

자 복숭아심식나방

- 심식나방과 : Carposinidae
- 학　명 : *Carposina sasakii* Matsumura
- 영　명 : peach fruit moth
- 일본명 : モモシンクイガ

(1) 피해 진단

- 부화한 유충이 뚫고 들어간 과실의 피해 구멍은 바늘로 찌른 정도로 작으며 거기서 즙액이 나와 이슬방울처럼 맺혔다가 시간이 지나면 말라붙어 흰 가루 같이 보인다. 피해 구멍은 약간 부풀게 된다.

- 피해는 2가지 형태로 구분할 수 있다. 첫째, 과육 안으로 파고들어 가서 먹는 유충은 과심부까지 들어가 종자부를 먹고 그 주위 내부를 종횡무진으로 다니므로, 피해를 받은 과실은 생식에 적합하지 않게 된다. 둘째는 과피 부분의 비교적 얇은 부분을 먹고 다니므로 그 흔적이 선상으로 착색이 되고 약간 기형과로 되며, 점차로 과심부까지 도달하는 경우가 있다.
- 노숙유충이 되면 겉에 1~2㎜의 구멍을 내고 나오며, 이때 겉으로 똥을 배출하지 않는다.

(2) 형태

- 성충은 팬텀기 모양의 회황색 또는 암갈색이며, 앞 가장자리에 구름 모양의 남혹갈색 무늬와 중앙보다 약간 아래에 광택 나는 삼각형 무늬가 있다. 몸길이는 7~8㎜이고, 날개를 편 길이는 12~15㎜이다.
- 알은 빨갛고 납작하면서 둥글다.
- 유충은 몸통 가운데가 불룩한 편이며, 과실 속에 있을 때는 황백색이나, 자라서 탈출할 때는 빨간색이 많아진다. 노숙유충은 12~15㎜이다.
- 번데기는 방추형의 고치 속에 들어 있는데, 길이가 8㎜ 정도이고, 처음에는 엷은 황색이지만 점차 검은색이 짙어진다.

(3) 발생생태

- 사과, 복숭아, 자두, 모과 등을 가해하고, 대부분은 연 2회 발생하나 일부는 1회 또는 3회 발생하는 등 일정하지 않다.
- 노숙유충으로 땅속 2~4㎝에서 편원형의 단단한 겨울고치를 짓고 그 속에서 월동한다. 5~7월에 겨울고치에서 나온 유충은 방추형의 엉성한 여름고치를 짓고 번데기로 된다.
- 제1회 성충은 빠른 것은 6월 상순에서 늦은 것은 8월 상순까지 발생하며, 7월부터 8월 중순 이전에 과실에서 탈출한 개체는 대부분 여름고치를 짓고 번데기로 되어 제2회 성충이 되나 이 중 일부는 겨울고치를 짓고 월동에 들어간다.
- 제2회 성충은 7월 하순~9월 상순에 발생하며, 발생 최성기는 8월 중순경

이다. 극히 일부가 제3회 성충으로 8월 말~9월 중순에 발생한다. 따라서 대부분은 10월 중순 이전에 과실에서 나와 지면에 떨어져 겨울고치를 만들고 월동에 들어간다.

- 알은 사과의 꽃받침 부분에 70~80%, 기타는 주로 과경부에 산란하나, 복숭아는 전면에 고루 산란한다.
- 부화유충은 실을 내며 과면을 기어 다니다가 식입하고, 20일 정도 되면 노숙되어 과실에서 탈출한다. 지면으로 떨어진 후에는 지표를 기어 다니면서 적당한 장소에 고치를 짓는다.

(4) 발생예찰

- 노숙유충으로 땅속에서 월동하므로 휴면기에 발생의 유무와 밀도의 정도를 알기는 어렵다. 그러므로 일반포장에서는 성충의 산란과 과실의 알 밀도를 조사하여 방제시기를 결정해야 한다.
- 알의 색은 복숭아순나방과 달리 주홍색이므로 관찰하기 쉽지만, 유과기는 과경부 안쪽에 산란을 많이 하므로 주의하여 관찰하여야 한다.
- 성페로몬트랩을 이용할 경우 5월 하순경에 사과원에 설치하여 세대별 성충의 발생시기를 관찰하여, 알에서 부화하는 시기에 약제방제를 한다.

(5) 방제 포인트

- 사과원 근처에 관리소홀원이 있으면 발생이 많으므로 주의한다.
- 방제대책은 복숭아순나방과 동일하지만, 월동장소가 다르므로 휴면기 중에 월동유충의 방제나 월동충의 유살 등이 불가능하다.
- 피해 과실은 보이는 대로 따서 물에 담가 과실 속의 유충을 죽인다.
- 제1화기 성충 발생이 대체로 6월 상·중순경이므로 산란 후 알이 부화하여 과실에 침입하기 전인 6월 중·하순경부터 10일 간격으로 2~3회 전문약제를 살포하고, 2화기 때는 8월 중순부터 10일 간격으로 1~2회 약제를 살포하는 것이 효과적이다.
- 성페로몬트랩을 이용한 발생예찰을 할 경우 성충발생 최성기에서 7~10일 후에 약제를 살포하는 것이 효과적이다.

- 복숭아순나방과는 달리 봉지에 의한 방제적 효과가 높다.
- 미국과 캐나다, 대만 수출을 위한 재배농가에서는 검역대상 해충이므로 6월 상순 이전에 봉지 씌우기를 하여 사전에 예방한다. 10월 중순 이전에 사과를 수확하면 일부는 유충이 계속 사과 속에 살아남아 있는 경우도 있으므로 최종 수확 시 피해과실을 철저히 선별하여 제거해야만 한다.

차 사과애모무늬잎말이나방

- 잎말이나방과 : Tortricidae
- 학 명 : *Adoxophyes paraorana* (Fischer von Roslerstamm)
- 영 명 : smaller tea tortrix
- 일본명 : リンゴコカクモンハマキ

(1) 피해 진단

- 봄철 사과나무의 발아기에 눈으로 파먹고 들어가서 가해하고 꽃 및 화총을 뚫어서 식해한다.
- 여름세대는 신초 선단부 잎을 말고 들어가서 식해하며, 과실의 표면을 핥듯이 가해하여 상품성을 떨어뜨린다.

(2) 형태

- 성충은 길이가 7~9㎜이고, 등황색 원형의 나방으로서 날개를 편 길이는 18~20㎜이다. 앞날개 중앙에 2줄의 선이 외곽의 안쪽으로 평행하여 사선으로 나 있다.
- 알은 황색이고, 무더기로 100여 개를 고기 비늘 모양으로 낳는다.
- 유충은 길이가 17㎜ 정도이고, 몸은 황록색으로 홑눈과 뺨에 흑갈색의 얼룩무늬가 있다.
- 번데기는 단방추형이며 황갈색이고, 길이는 10㎜ 내외이다.

(3) 발생생태

- 연간 3~4회 발생하고 유충으로 월동한다. 나무의 조피 틈에서 월동한 어린 유충이 꽃봉오리가 피기 시작할 무렵에 잠복처에서 나와 눈을 먹어 들어간다.
- 잎이 피면 잎을 세로로 말고 그 속에서 가해한다. 충의 크기는 작지만 식욕이 왕성하고 과실표면도 얕게 갉아먹어 상품성을 떨어뜨린다.
- 제1세대 성충은 5월 중순~6월 상순, 제2회 성충은 6월 하순에서 7월 중순경, 제3회 성충은 8월 상순~8월 하순경, 제4회 성충은 9월 하순에서 10월 중순에 나타나지만 발생밀도는 대체로 낮다.

(4) 발생예찰

- 월동유충의 밀도를 잘 관찰한다. 주로 직경 10㎝ 미만의 잘려진 가지 내부나 가지 분지부의 조피 틈, 단과지의 인편 기부, 신초에 붙어 있는 낙엽 내부 등에서 월동하므로 발생밀도를 잘 관찰하여 개화 전후의 방제 여부를 결정한다.
- 4월 하순경에 성페로몬트랩을 설치하여 제1세대 성충부터 사과원별로 정확한 발생시기를 예찰하여 성충 발생 최성기 7~10일 후에 방제를 한다.

(5) 방제 포인트

- 월동유충의 밀도를 잘 관찰하여 발생이 많으면, 월동유충이 꽃눈으로 이동하기 시작하는 시기인 발아 10~15일경에 전문약제를 살포한다.
- 약제방제 적기는 알에서 부화하여 깨어 나오는 시기이므로 5월 이후는 성페로몬트랩에 의한 발생예찰을 실시하여 성충 발생 최성기 7~10일 후에 약제를 살포한다.
- 약제살포 시는 도장지를 제거하여 약제가 상부와 내부까지 충분히 묻도록 살포한다.

- 잎말이나방류의 발생밀도를 낮추기 위해서는 신초의 신장을 일찍 멈추게 하는 것이 중요하며, 특히 적정 질소비료 시용으로 2차 신초 신장을 억제하는 것이 무엇보다 중요하다.

카 흡수나방류(밤나방과 : Noctuidae)

<으름밤나방>

- 학　명 : *Adris tyrannus* Guenee (Staudinger)
- 영　명 : *akebia leaf-like moth*

<무궁화밤나방>

- 학　명 : *Lagoptera juno* (Dalman)
- 영　명 : *rose of sharon leaf-like moth*

(1) 피해와 진단

- 충이 밤에 사과원으로 날아와 과실에 주둥이를 찔러 넣고 과즙을 흡즙하므로, 과실의 겉면이 언뜻 보면 잘 표시가 나지 않으나 자세히 살펴보면 바늘로 찌른 것 같은 구멍이 나 있다. 내부의 과육은 변색이 되고 스펀지 같이 되어 있으며 시간이 경과하면 부패하여 낙과되기도 한다.
- 밤을 제외한 대부분의 과실을 가해하고 특히, 복숭아·포도·배 등에 피해가 많지만, 사과도 지역에 따라서 피해가 적지 않다. 유충의 먹이가 많은 산림 근처의 독립 과수원에 피해가 많은 경향이 있고, 집단화된 과수단지에는 피해가 문제되지 않는다.

(2) 형태 및 생태

- 일본에서 과실에 흡수 피해를 주는 나비목으로 14개과 224종이 보고되어 있는데, 밤나방과가 176종으로 가장 많으며 10여 종이 피해가 큰 종이다. 우리나라에서는 으름밤나방, 무궁화밤나방 등이 중요한 흡수나방으로 알려져 있다.
- 흡수나방에는 건전한 과실에 직접 주둥이를 찔러 가해하는 1차 가해종과

다른 병해충에 의해 상처 피해를 받아서 연화되거나 부패한 과실을 가해하는 2차 가해종이 있다. 그러나 1차 가해종과 2차 가해종을 명확히 구분하기는 쉽지 않다.

- 흡수나방은 해가 지면서 어두워지면 이동을 하고 과실을 흡수하며 교미를 하거나 산란 활동을 하고, 해뜨기 전에 다시 활동을 정지하고 주간에는 한곳에 머물러 있다. 이러한 행동은 어두운 상태가 되면 겹눈이 '암반응'을 하여 촉각과 날개를 움직이게 하는 신경작용에 따라 활동을 하게 되며, 밝은 상태가 되면 겹눈이 '명반응'을 하여 주변의 사물을 구분하지 못하게 됨에 따라 활동을 정지하는 것이다. 대체로 빛의 밝기가 0.3~0.5Lx(보름달인 밤의 밝기는 0.2Lx) 이하에서 야간 활동이 유지된다.
- 여름철은 오후 7~8시 이후에 활동을 시작하여 과수원에 비래는 밤 12시 전후에 가장 많으며, 새벽 4시 이후는 활동을 정지한다. 가을철에는 오후 6~7시에 활동을 시작하고, 과수원에 비래는 밤 8시경이 가장 많으며 10시 이후는 급격히 감소되는데, 이는 야간의 온도가 낮기 때문이다.
- 흡수나방의 하룻밤 이동거리는 보통 100m 정도이고 최대 500m이다. 그러나 이동거리는 성충의 연령이나 종에 따라 차이가 커서 수일 동안에 최대 2㎞까지 이동한다는 보고도 있다.

(3) 방제 포인트

- 흡수나방이 방제하기 어려운 이유는 첫째, 낮에는 주변 산야에 분산되어 은신하고 있고 야간에만 활동하여 과실에 피해를 주므로 소재파악이 곤란하다. 둘째, 유충기에는 과수나무가 아닌 산야의 잡목림을 가해하여 발육한다. 셋째, 성충은 예리하고 강한 주둥이를 가지고 있어 봉지도 뚫는다. 넷째, 성충의 행동반경이 커서 잠복하는 범위가 넓다. 다섯째, 성충은 잡식성이고 수명이 길어서 한 마리가 같은 과수원에 여러 번 반복하여 날아오거나, 여러 과수원으로 날아가 가해를 계속하기 때문이다.
- 일본에서 2차대전 이전부터 지금까지 방제대책으로 제시되었던 것을 요약하면 다음과 같다. 첫째, 해가 지고 1~2시간 후부터 2~3차례 손전등을 켜고 포충망을 가지고 과실을 가해하는 나방을 직접 잡아 죽이는 것도 일

부 효과가 있다. 둘째, 미끼가 되는 부패한 과실이나 상처 받은 과실을 몇 곳에 담아 놓고 나방을 유인하여 죽일 수도 있다. 셋째, 깡통 등을 개조하여 10~20m 간격으로 설치한 다음 톱밥을 넣고 야간에 태워서 연기가 나도록 하면 나방의 비래를 막는 효과가 있다. 넷째, 그물망을 과수원 전체에 설치하는데, 그물의 간격이 10㎜ 정도이면 90% 이상 방제가 가능하고, 30㎜ 정도이면 50% 정도 방제가 된다. 새 피해가 많은 과수원에서 두 가지 피해(해충 및 조류 피해)를 방지하는 방안으로 고려해 볼 수 있다.

- 흡수나방이 야행성인 점에 착안하여 전등조명을 이용한 방제방법 연구가 많이 실시되었고 효과도 있다고 보고하였다. 전등조명은 나방이 은신처로부터 비래해 오는 것을 억제하고, 과수원에 날아오는 나방은 빛에 겹눈이 명반응을 하여 활동을 하지 못하게 하거나 밝은 곳으로 오는 것을 기피하게 하며, 청색등은 빛이 있는 곳으로 날아온 개체를 유살하는 효과도 있다.
- 결론적으로, 흡수나방 피해가 심한 사과원은 황색등을 사과나무 재식과 생육 상태에 따라 효율적으로 배치하여 밝기가 1Lx 이상이 되도록 하는 것이 가장 효율적인 방제대책이라 할 수 있다.

타 나무좀류

- 사과둥근나무좀(*Xyleborus apicalis* (Blandford)
- 오리나무좀(*Xylosandrus germanus* (Blandford))
- 암브로시아나무좀(*Xyleborus saxeseni* (Ratzeburg)

(1) 피해와 진단

- 최근 사과나무 유목이 나무좀에 의해 가지가 시들거나 고사하는 피해사례가 급속히 늘어가고 있다. 경북지역은 물론 충북 제천, 전북 정읍, 전남 곡성, 경남 거창 등에서 발생한 바 있다.
- 암컷이 큰 나무의 줄기나 어린나무의 주간부에 직경 1~2㎜의 구멍을 뚫고 들어가는데, 성충의 침입을 받은 가지의 잎이 시들고 나무의 수세가

급격히 쇠약해지며 심하면 고사한다.

- 침입구멍으로 하얀 가루를 내보내고, 성충과 유충이 목질부를 식해할 뿐 아니라 유충의 먹이가 되는 공생균(암브로시아균)을 자라게 하므로 이 균에 의해서 목질부가 부패되어 수세가 더욱 쇠약해져 고사를 촉진하게 된다.

(2) 우점종

- 사과나무를 가해하는 나무좀은 1996년 경북 군위지역에서 채집한 것을 동정한 결과, 오리나무좀, 사과둥근나무좀, 생강나무좀 등 3종이었다. 이 중 오리나무좀이 62.5%였고, 사과둥근나무좀이 31.9%로 우점종이었다. 성충의 크기는 사과둥근나무좀 3~4㎜, 오리나무좀 2~3㎜, 생강나무좀이 2㎜ 내외이다.

(3) 발생생태

- 피해 줄기 속에서 알 → 유충 → 번데기 → 성충(날개 있음)으로 되는데 약 1~2개월이 걸린다. 연 2회 발생하고, 제1세대 성충은 6~8월, 제2세대는 9~10월에 나타난다. 대부분 암컷이 되며, 수컷은 작고 숫자도 많지 않으며 잘 날지 못하므로, 암컷이 새로운 나무로 옮기기 전 같은 형제인 수컷과 교미한 후 암컷만 이동한다.
- 나무로 침입하는 시기는 월동성충은 사과나무 발아기부터 4월 중·하순, 제1세대 성충은 7~8월이며, 무리를 지어 모여든다. 유목의 경우 초봄에 집중 침입을 받고, 여름철에는 성목에 주로 침입하는데, 비가 많아 습도가 높으면 주로 피해가 많다.
- 알을 갱도 내에 무더기로 낳으며, 월동은 제2세대 성충이 피해나무의 갱도 속에서 무리지어 월동한다.

(4) 방제 포인트

- 나무좀은 2차 가해성 해충으로서, 건전한 나무에는 가해하지 않고, 수세가 약한 나무에 집중 가해하므로 비배 및 토양관리와 수분관리 등을 철저히 하여야 한다. 특히, M.9 등 왜성 사과나무를 심은 사과원은 토양관

리와 관수를 철저히 하여 사과나무가 스트레스를 받지 않도록 한다.

- 겨울철 동해 피해(동고병)나 여름철 가뭄 피해 또는 일소 피해 등으로 줄기가 스트레스를 받은 나무에 집중적으로 가해한다. 폐원상태로 방치된 사과원의 조기 정비와, 주변에 쌓아 놓은 전정가지 또는 산지의 나무좀 피해를 입은 나무를 적기에 소각 또는 분쇄해야 한다.
- 성충이 침입하는 시기에 피해 부위를 유기인제로 도포하거나, 침입구멍에 유기인제를 주입하면 효과가 있다. 일찍 발견하여 1~2마리가 피해를 줄 때에 방제를 하되, 피해가 심하여 회복이 불가능한 나무는 조기에 뽑아서 태워버리는 것이 좋다.

파 하늘소류

- 뽕나무하늘소(*Apriona germari* (Hope))
- 알락하늘소(*Anoplophora malasiaca* (Thompson))

(1) 피해와 진단

- 하늘소류는 주간이나 줄기 속으로 뚫고 들어가 중심부를 따라 가해하는 해충이다. 성충이 가지에 이빨로 상처를 내고 산란하며, 부화한 어린 벌레는 껍질 밑의 형성층을 식해한다.
- 어린 벌레가 자라면서 목질부에 터널을 만들어 가해하고, 약 10~30㎝ 간격으로 겉에 구멍을 내어 그곳으로 가해한 나뭇조각과 벌레 똥을 배출한다. 피해를 받은 나무는 수세가 현저히 약해지며 심하면 나무 전체가 고사한다. 산지에 인접한 사과원이나 관리가 소홀한 사과원에서 발생이 많다.
- 뽕나무하늘소와 알락하늘소가 피해를 주는 우점종이다. 뽕나무하늘소는 사과나무 외에 무화과나무, 뽕나무, 버드나무 등의 주간이나 줄기를 가해한다. 알락하늘소는 사과나무 외에 귤나무, 무화과나무, 밤나무, 배나무, 뽕나무, 버드나무, 아카시아나무, 플라타너스 등을 가해하는 광식성 종이며, 성충은 잎과 신초, 유충은 줄기나 뿌리 부위를 가해한다.

(2) 발생생태

- 뽕나무하늘소는 7~9월에 성충이 되어 2~3년생 가지를 물어뜯어 상처를 내고 산란한다. 어린 벌레로 겨울을 나며, 2년에 1회 발생한다. 산란 당년은 산란부위 근처에서 아주 작은 유충으로 월동하고, 2년째는 줄기 속에서 큰 유충으로 월동한다.
- 알락하늘소는 6~8월에 성충이 되며, 유충으로 월동하고, 연 1회 발생하는데, 일부 개체는 2년에 1회 발생하기도 한다.

(3) 방제 포인트

- **뽕나무하늘소** : 알에서 부화한 지 얼마 안 되는 어린 유충에 대해서는 산란피해 흔적이 있는 곳을 중심으로, 어느 정도 자란 유충에 대해서는 줄기의 벌레 똥 배출구멍으로 약액을 주입한다. 이때 농약의 농도가 높으면 약해를 받기 쉬우므로 주의한다. 사과나무의 가지에 산란을 하는데 산란 흔적을 발견하기는 쉽지 않지만, 이를 찾아서 제거하는 것이 피해를 막는 지름길이다. 유충은 가는 가지로부터 주간부를 향하여 식해하며 10~30㎝ 간격으로 벌레 똥이나 나뭇조각을 내보내기 위한 배출공을 만든다.
- **알락하늘소** : 성충기는 심식나방류, 잎말이나방류, 사과굴나방을 대상으로 살포하는 농약에 의해 동시방제도 가능하다. 목질부로 깊이 들어간 유충은 약제방제가 어려우므로 조기방제가 중요하다. 산란은 뽕나무하늘소와는 달리 지면에 가까운 줄기부위(지제부)에 주로 하므로 피해가 심한 곳에서는 성충이 나타나기 전에 백도제를 지제부에서 30㎝ 정도까지의 주간부에 도포하면 산란기피 효과가 있다.

하 왕풍뎅이

- 풍뎅이과 : Scarabaeidae
- 학　　명 : *Melolontha incana* (Motschulsky)

(1) 피해와 진단

- '가루풍뎅이'라고도 하며 성충은 인근의 밤나무 등 활엽수 잎을 식해하나 실제 피해는 크지 않다.
- 유충은 땅속에서 서식하며 사과나무 등의 뿌리를 가해하므로 수세를 약화시키고 신초 신장을 나쁘게 하며, 과실비대도 불량하게 한다. 심하면 나무의 일부 또는 전체가 고사한다.
- M.26 후지 품종 8년생의 경우 주당 20마리 정도가 가해하면 육안으로 구분할 수 있을 정도로 수세가 약해졌고, 30마리 이상에서 일부 가지가 고사하였으며, 50마리 이상 가해하는 경우도 있었다.
- 하천변 모래땅 사과원이 피해를 받기 쉬우며, 1988년 경북 군위지역과 1995~1996년 경북 안동지역에서 다발생한 사례가 있다.

(2) 발생생태

- 2년에 1회 발생하는데, 성충의 발생시기를 유아등으로 조사한 결과, 7월 상순부터 발생하기 시작하여 8월 상순경이 최성기였고, 9월 상순까지 발생하였다. 야간에 교미하고, 땅속에 유백색 타원형의 알을 낱개로 낳는다. 수분을 흡수한 알은 수배로 커져서 부화한다.
- 부화한 당년에는 어린 유충으로, 그다음 해에는 노숙유충으로 월동하며, 다음 해 6월경 지표 근처에 흙집을 짓고 번데기가 되고, 이어서 우화해 나온다.
- 하천변 모래땅 사과원에서 조사한 결과, 4월 중순부터 11월 중순까지는 주로 땅속 10~40㎝ 깊이에 분포하며, 뿌리를 식해한다. 겨울에는 50~100㎝ 깊이에서 월동하는데 최고 150㎝까지도 분포하였다.
- 알은 주로 8월에 발견되었으며, 유충은 8월부터 익년 5월경까지 발육하고, 번데기는 6~7월 중순에 발견되었다.

(3) 방제 포인트

- 천적으로는 기생벌인 배벌류 1종이 발견되었으며, 기생률이 15.5% 정도였으나, 밀도억제 역할은 기대하기 어려웠다. 겨울에는 갈색 럭비공 모양 고치 상태로 20~60㎝ 깊이에서 월동하였다. 왕풍뎅이 성충의 발생 최성기보다 약간 늦은 8월 중순이 우화 최성기였다.

- 하천변 청경 재배하는 사과원에서 피해가 문제되었으며, 짚을 유기물로 공급하는 경우에 피해를 받기 쉬우므로 이때는 성충 발생시기에 잘 관찰하여 산란이 많으면 적절한 대책을 세우는 것이 좋다.
- 알에서 부화해 나오는 어린 유충을 대상으로 토양살충제를 8월경에 토양 전면에 혼화처리하고 가급적 충분히 관수하는 것이 방제효과가 높았다.

거 말매미

- 매미과 : Cicadidae
- 학 명 : *Cryptotympana dubia* (Haupt)
- 영 명 : Korean blackish cicada

(1) 피해와 진단

- 사과나무와 귤나무에서 피해가 보고되어 있다. 사과나무의 1~2년생 가지에 성충이 나선형으로 산란을 하여 그 윗부분의 신초가 고사하는 피해를 주며, 때로는 봉지를 씌운 과실에도 산란을 하여 피해를 주기도 한다. 한편, 알에서 부화한 약충은 땅속으로 들어가 식물체의 뿌리를 갉아먹어 피해를 준다.
- 대구지방에서 산란으로 인한 신초 고사 비율은 1970년대 말에 평균 11%였으며, 약충의 뿌리 가해는 1960년대에 실생성목에서 주당 28마리라는 보고가 있다.
- 사과원에서 발견되는 유지매미는 거친 껍질, 지주목, 마른가지 및 과실에 산란을 하고, 쓰름매미와 털매미는 마른 가지에만 산란을 하므로 말매미와 같이 신초고사 피해는 주지 않는 것으로 기록되어 있다.

(2) 생태

- 말매미 노숙약충은 7월 중순부터 9월 중순(최성기는 8월 상순)에 땅속에서 나와 나무줄기나 잎 뒷면에 몸을 고정시키고 탈피를 하면 성충이 된다. 땅속에서 나오는 시각은 대개 오후 6시부터 밤 12시이며 8시부터 10시 사이가 많고, 이후 성충은 나무의 줄기에서 흡즙을 하며 가지에 산란을 한다.

- 다음 해 6월 하순~7월에 부화한 약충은 땅속으로 들어가서 뿌리를 가해한다. 1~2령기는 약 10~70㎝(평균 42㎝) 깊이에서 직경이 4㎜ 정도인 뿌리를 가해하며, 령기가 진행되면서 점차 깊이 들어가고 굵은 뿌리를 가해하는데 3~5령 약충은 90㎝까지도 들어가고 직경이 10~25㎜의 뿌리를 가해한다. 약충기간은 5령을 경과하는 데 7~8년이 걸리므로 알에서 성충이 되기까지는 8~9년이 소요된다.

(3) 방제 포인트

- 인근 미루나무에서도 발생하고, 성충의 활동이 광범위하여 약제방제 효과를 기대하기는 어렵다. 피해 가지를 잘라서 태우는 방법이 효과적인데, 늦어도 다음 해 5월까지는 실시해야 한다.
- 성충 발생기에 나무로 기어오르는 약충을 잡아 죽이는 방법도 있으나, 이들 작업은 매년 발생기간 동안 지역별로 공동작업을 실시해야 한다.

너 기타 해충류

<애무늬장님노린재>

- 장님노린재과 : Miridae
- 학　　　명 : Lygocoris (Apolygus) spinolae (Mey-Dür)
- 영　　　명 : pale green plant bug

(1) 피해 증상 및 생태

- 발아 직후의 눈에 유충이 기생하여 흡즙하며, 어린잎에 흑갈색의 반점을 남긴다. 피해를 받은 잎은 자라면서 여러 개의 구멍이 부정형으로 뚫리며, 어린 과일을 가해하여 검은색 반점을 남기는데 과일이 자라면서 표면이 거칠어진다.
- 1년에 1회 발생하며, 6월에 성충이 되어 가지나 감자 등으로 이동하므로 그 이후에는 해충을 발견하기 어렵다.

<담배거세미나방>

- 밤나방과 : Noctuidae
- 학　　명 : *Spodoptera litura*(Fabricius)
- 영　　명 : tobacco cutworm

(1) 피해 증상 및 생태

- 최근 사과원에서 8~10월에 발생이 증가하고 있으며, 주로 사과 잎 뒷면에 난괴로 산란하며, 부화한 어린 유충이 잎 뒷면 부위를 식해하여 잎 표피만 남기고 가해하거나, 봉지 씌운 과실에도 들어가서 식해하여 피해를 준다.

<사과유리나방>

- 유리나방과 : Sessidae

(1) 피해 증상 및 생태

- 사과나무 지제부 나무줄기의 형성층을 유충이 가해하여 수세를 약화시키고, 피해가 심한 경우 나무를 고사시킨다. 충북 제천과 경기도 가평의 각각 한 사과원에서 다발생하였으며, 경기도의 사과원에서는 주당 수십 마리가 가해하여 피해가 심하였다.

<자나방류(네눈쑥자나방, 몸큰가지나방, 노랑띠알락가지나방 등)>

- 자나방과 : Geometridae

(1) 피해 증상 및 생태

- 유충이 잎을 식해한다. 어린 유충은 잎의 표면을 가해하지만 노숙유충은 잎을 바깥쪽으로부터 안쪽으로 갉아먹는다. 대부분의 유충이 사과나무의 신초 잎을 선호하는 경향이 있다.
- 관행사과원에서는 발생이 매우 적고, 약제방제를 소홀히 할 경우에는 발생이 증가할 수 있다.

제Ⅷ장
기상재해

01 동해(凍害)

사과의 동해는 겨울 또는 이른 봄에 저온보다 온난(溫暖) 후 급격한 저온에 의해 더 크게 나타난다. 사과의 동해 한계온도는 -30~-35℃ 정도로 과수 중에 가장 낮다. 그러나 지하부는 -11~-12℃에서도 동해를 입는다. 특히 개화, 만개기에는 -1~-2℃의 저온에서도 쉽게 동해를 받는다(재배환경 표 1). 같은 저온하에서도 저온이 오래 지속<표 8-1>되거나 기온의 강하속도나 동결된 후 해빙되는 속도가 빠를수록 동해가 심해진다. 따라서 동해 정도는 급속동결과 급속해빙 > 급속동결과 서서히 해빙 > 서서히 동결과 급속해빙 > 서서히 동결과 서서히 해빙 순이다.

표 8-1 저온 및 저온 지속별 화아의 동사율(1월 20일)

온도 (℃)	지속시간별 동사 비율(%)				
	1시간	2시간	4시간	8시간	16시간
-25	0	0	0	0	0
-30	0	0	0	0	0
-35	10	0	10	30	20
-40	90	80	70	100	100

또한 전년도에 과다 결실되었거나, 병해충 피해를 받았거나 조기 낙엽 또는 가을 늦게까지 생장이 계속된 경우, 기타 태풍 등으로 나무가 물리적 장해를 입은 과수원에서 동해를 받기 쉽다<표 8-2>.

표 8-2 사과나무 적엽 정도에 따른 잎눈 동사 비율

적엽 정도	-25℃	-30℃	-35℃
84.2 %	13	37	100
78.2 %	14	30	100
무적엽	6	8	100

지형으로는 경사지보다 평지가, 또한 강가, 호수 주변에서도 동해가 심하게 나타난다. 이러한 현상은 찬 기류가 산기슭에서 내려와 낮은 곳에 정체(停滯)하기 때문이다.

품종에 따라서 내한성의 차이가 있다. 만생종보다 조생종 품종에서 피해가 심하다. 후지와 스퍼얼리 브레이즈가 강하고, 쓰가루, 골든 딜리셔스 등은 약하다.

가 동해 양상

수체에서 가장 동해를 받기 쉬운 부위는 눈인데, 특히 꽃눈이 동해를 받기 쉽고, 그다음이 잎눈, 1년생 가지이다. 큰 가지에서도 분지각도가 좁은 분기(分岐) 부위가 피해를 많이 받으며, 주간의 경우 지표 가까이 지제부(地際部)에서 피해가 많다. 피해를 받은 부분은 수피(樹皮)가 갈라지고 피해 부위를 통하여 부란병, 동고병 등 병원균의 침입이 쉽다. 또한 조직이 충분히 경화되지 않은 초겨울과 휴면타파가 이루어진 2월 이후는 내동성이 약하다.

나 동해 식별방법

육안으로 관찰하는 방법은 정아를 채취하여 꽃눈과 잎눈을 예리한 칼로 세로로 절단하여 10배 정도의 확대경으로 본다. 꽃눈의 생장점이 갈색이나 흑색으로 변색된 것은 동해를 받아 동사(凍死)한 것으로 한다.

TTC 시약에 의한 염색법으로 식별하는 방법은 0.6% TTC(2, 3, 5-triphenyl tetrazolium chloride) 용액을 적당량 희석하는 것이다. 꽃눈 또는 가지를 얇게 세로로 절단한 다음 TTC 용액에 담가 꺼내었을 때 절단부가 <그림 8-2>와 같이 적색으로 염색되면 동해 피해를 받지 않은 것이다.

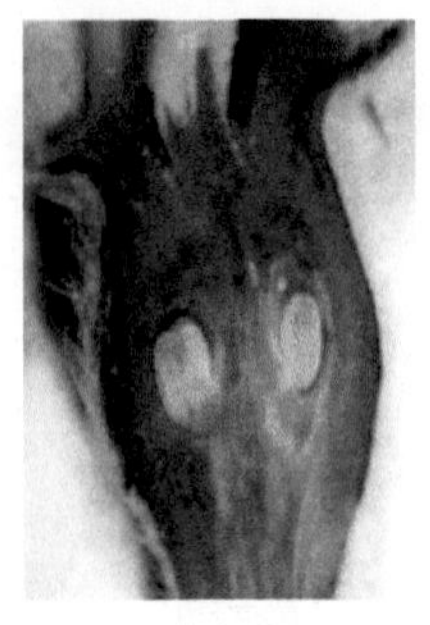

건전 배주

피해 배주

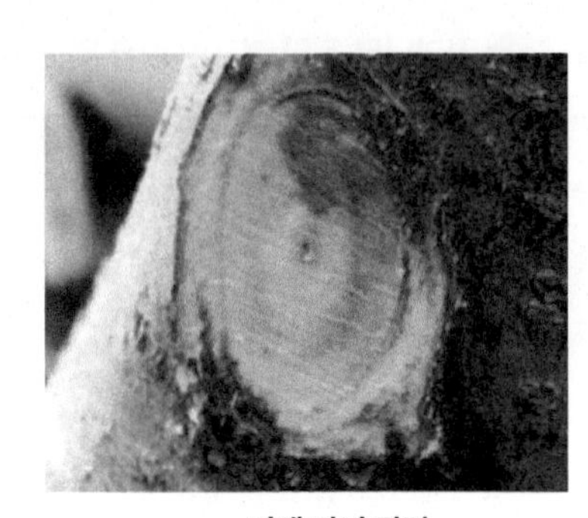

피해 가지 단면

<그림 8-1> 육안에 의한 동해 판정

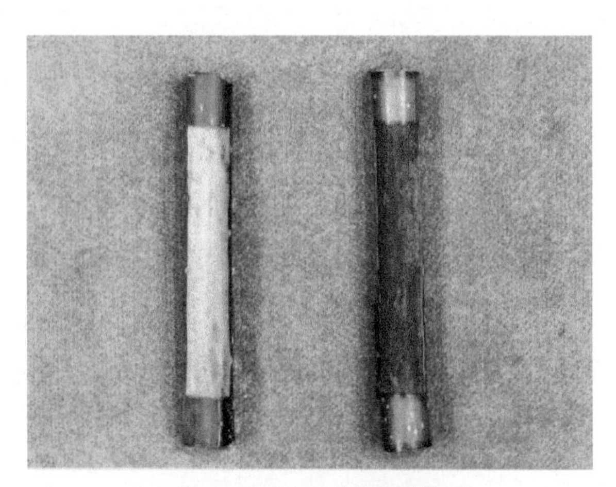

<그림 8-2> TTC 용액에 의한 동해판정
* 오른쪽과 같이 염색이 되는 것은 피해를 입지 않은 것임

다 동해대책

개원 시는 재배경험이나 지형을 고려하여 동해의 우려가 없는 지역을 선택한다. 수세가 약한 나무가 피해를 받으므로 과다결실을 피하고, 배수가 잘될 수 있

도록 토양개량과 더불어 재배관리에 주의한다. 동해를 받기 쉬운 대목, 주간에는 반드시 백색 수성페인트를 칠하거나 짚으로 싸주는 등 매년 방한조치를 한다.

피해를 입은 나무는 전정 시기를 늦추어 4월 초순 생육상황을 판단한 다음 전정을 한다. 화아를 육안으로 감별하여 피해 정도가 50% 이상이면 겨울 전정 시 2배 정도 가지를 더 남기고, 50% 이하일 때는 20% 정도 더 남긴다.

심한 피해로 고사한 나무는 조기에 제거하고, 보식계획을 세우며, 회복되는 나무는 먼저 고사지를 제거하고, 자라는 상태를 보아 가지 일부를 잘라 새 가지 발생을 유도하고, 요소 등을 2~3회 엽면살포하여 수세를 회복한다. 수세를 조기 확보하는 방법으로 나무 옆에 별도로 대목을 심어 기접을 하기도 하며, 줄기의 일부가 피해를 받았을 때는 다리접을 하는 것도 효과가 있다. 피해부는 부란병균 침입방지를 위하여 베푸란도포제 등을 도포해 주고, 수피가 갈라져 뜨는 곳은 끈 등으로 감아준다. 꽃눈이 동사하여 결실이 되지 않은 나무는 수세를 보아 질소비료 시용을 생략하거나 30~50% 정도 줄인다.

02 늦서리(霜害)

늦서리 피해를 받으면 안정적인 수량 확보와 소질 좋은 중심과 착과가 어려우므로 적절한 대책을 세워야 한다. 늦서리 피해가 나타나기 쉬운 기상조건은 대륙에서 발생한 비교적 온도가 낮고 건조한 이동성 고기압이 통과할 때로서, 바람이 없고 맑으며, 야간에 기온이 빙점(氷點) 이하로 떨어지는 날이다. 화기의 피해 한계온도는 -1.7℃로 기온이 이보다 높아도 지속시간이 길면 피해를 입게 된다.

가 늦서리 피해 상습지의 지형 조건

피해 상습지는 산지로부터 냉기류의 유입이 많은 곡간 평지, 사방이 산지로 둘러싸여 분지 형태를 나타내는 지역, 산간지로 표고가 250m 이상 되는 곡간 평지 등이다.

나 늦서리 피해 양상

찬 공기는 <그림 8-3>과 같이 지표 부근에 깔리므로 나무 아랫부분에 피해가 많이 나타난다<그림 8-4>.

피해 양상은 화기발육 초기 단계에서 피해를 입으면 화편이 열리지 않거나, 열려도 암·수술의 발육이 상당히 나쁘고, 갈변하며, 수정률이 저하된다. 화경이 짧아지고, 과병이 굴곡되거나, 기형과가 되어 낙과한다.

개화기를 전후한 피해는 <그림 8-5>와 같이 암술머리와 배주(胚珠)가 흑변된다. 과실표면에 혀 모양(舌狀), 또는 띠 모양의 동녹이 발생하고, 과형을 나쁘게 하여 상품가치를 저하시킨다.

어린잎이 상해를 입으면 물에 삶은 것처럼 되어 검게 말라 죽는다.

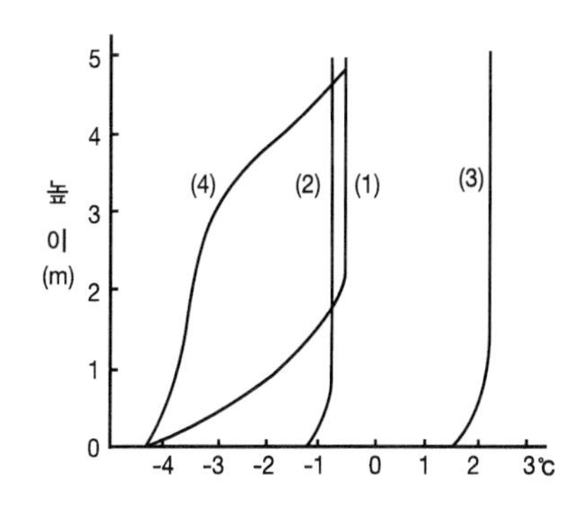

<그림 8-3> 지면에서부터 높이별 온도분포

(1) 맑고 바람이 없는 날 (2) 맑으나 구름이 있는 날
(3) 구름 낀 날 (4) 냉기류가 흐르는 곳(霜道), 정체 지역

<그림 8-4> 높이별 사과나무의 피해 정도

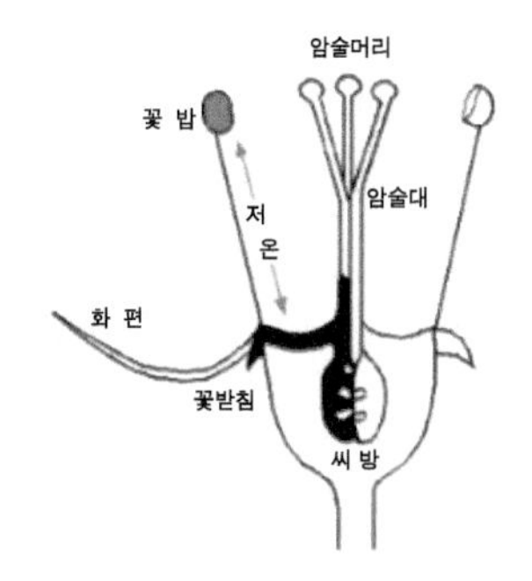

<그림 8-5> 늦서리 피해를 입은 화기 및 모식도

다 늦서리 피해 대책

늦서리 피해를 입지 않게 하기 위해서는 우선 개원 전에 지형, 미기상(微氣象) 등을 충분히 조사하여 피해가 심하게 나타나는 지역은 가급적 피하는 것이 좋다.

냉기 유입을 차단하기 위하여 폭 2m 정도의 방상림을 설치한다. 경사지에 개원할 때는 냉기가 흘러가는 방향을 예상하여, 경사 방향과 같이 상하로 재식열을 만든다.

피해를 방지하기 위한 방법은 <그림 8-6>에서 보는 바와 같이 송풍법, 연소법, 살수법 등이 이용된다. 피해가 나타나는 시기에는 기상예보를 잘 청취하여 피해가 예상될 때는 이용 가능한 방법을 선택하여 대비한다.

송풍법(방상선)

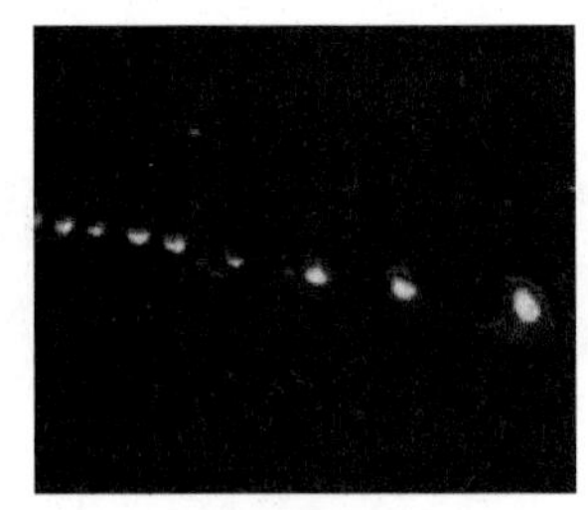
톱밥 연소법

살수법(미세살수)

<그림 8-6> 늦서리 피해 방지 방법

송풍법은 상층의 더운 공기를 아래로 불어내려 과수원의 기온 저하를 막아 주는 방법이다. 일시에 많은 자본이 소요되어 경제적 부담은 크나 노력이 들지 않고, 효과가 안정적이다.

표 8-3 방상선(防霜扇) 설치에 의한 늦서리 피해 방지 효과

구분	결실 화총률 (%)	중심화 결실률 (%)	과실품질				수량 (kg/주)
			과중 (g)	과형 지수	당도 (° Bx)	산도 (%)	
설치	63	34	290	0.87	14.9	0.52	79.2
미설치	47	24	272	0.84	14.4	0.55	65.8

* '95. 대구사과연구소

연소법은 왕겨, 톱밥, 등유 등을 태워 과수원의 기온 저하를 막아 주는 방법이다. 연소기 준비 및 화점관리에 노력이 많이 소요되고, 효과도 크지 않아 실용적이지 못하다.

살수법은 스프링클러, 미세 살수장치 등을 이용하여 물이 얼 때 발생하는 잠열(潛熱)로 나무 조직의 온도가 내려가는 것을 막아주는 방법이다. 미세 살수장치를 이용하면 효과가 높으며, 과수원이 과습되지 않고, 적은 물로 이용이 가능하다.

개화기에는 중심화가 피해를 받기 쉽다. 따라서 소질이 나쁜 측화라도 일정한 결실량을 유지해야 하므로 사전에 꽃가루를 확보하여 인공수분을 시켜야 한다. 인공수분은 나무의 아랫부분보다 윗부분이 비교적 피해가 적으므로 그곳에 중점적으로 실시한다.

유과기 피해에 대비하여 피해 상습지에서는 1, 2차 적과를 약하게 하고, 마무리 적과 시 확실한 과실을 남긴다.

잎까지 피해를 입었을 때는 착과량을 줄이고, 낙화 후 10일경에 종합영양제(4종 복비)나 요소를 엽면살포하여 수세회복을 꾀한다.

03 우박

우박은 상승기류를 타고 발달하는 적란운에서 발생된다. 적란운은 수직으로 크게 발달한 웅대한 구름 덩어리로서 그 꼭대기가 -5~-10℃ 정도 된다. 지표면에서 데워진 공기가 상승하게 되면 그 안에 섞여 있던 수증기는 10km 높이 이상의 대기 중에서 눈이나 얼음결정 상태로 변하여 존재하게 된다. 하강기류가 생기게 되면 눈이나 얼음결정이 녹아 소나기가 되기도 하나, 수증기가 다시 상승기류를 타고 빙결고도까지 상승하면 또다시 빙정이나 눈으로 변하게 된다.

이와 같이 상승과 하강을 반복하게 되면 과냉각된 물방울에 다른 물방울이 첨가되어 어는 과정을 반복하게 된다. 이 과정에서 우박이 형성되며, 상승기류가 약해지면 우박은 무게를 지탱할 수 없게 되어 지면으로 떨어진다. 보통 뇌우가 강하게 나타날 때 우박이 내리는 것으로 알려져 있지만, 우박의 빈도와 뇌우의 빈도는 언제나 일치하지 않는다.

우박이 내리는 계절은 5~6월, 9~10월에 기온이 5~25℃ 사이일 때 많이 발생한다. 내리는 시간은 보통 몇 분 정도이나 30분 이상이 될 때도 있다. 우박의 크기는 직경이 2~30mm 정도이나, 50mm의 것도 내린 기록이 있다.

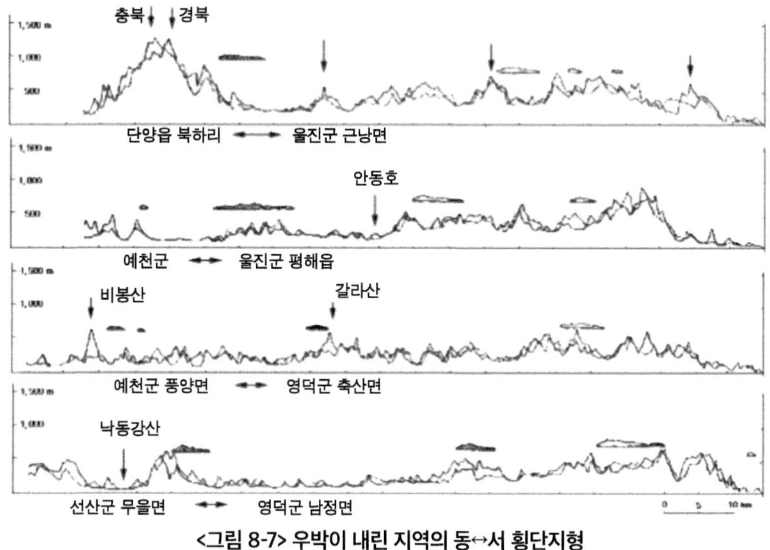

<그림 8-7> 우박이 내린 지역의 동↔서 횡단지형

우박이 내리는 범위는 너비가 수km에 불과하며, 통과 경로에 따라 가늘고 긴 띠 모양이 된다. 이것은 보통 번개의 경로와 일치하거나 평행한다. 대체로 큰 강의 상류에 빈도가 높다.

우박이 많이 내리는 곳은 <그림 8-7>에서 볼 수 있는 바와 같이 대체로 큰 산의 동쪽에 내린 예가 많다. 서풍을 타고 산의 경사면을 따라 상승하는 상승기류가 적란운을 발달시키고, 상승기류의 강도에 따라 우박이 내리는 위치가 변하는 것으로 보인다.

가 우박 피해 양상

우박의 직접적인 피해는 가지나 잎, 과실에 상처를 내고, 다시 농작물에 생리적 장해나 병해를 발생시킴으로써 간접적인 피해를 유발한다. 과실크기가 작은 시기에는 피해가 적지만 성숙기에 가까울수록 피해가 커진다.

우박의 특징은 돌발적이고, 짧은 시간에 큰 피해가 발생하며, 피해지역이 비교적 좁은 범위에 한정된다는 것이다. 우박의 지름이 2cm 이상, 지속시간이 30분 이상 되면 상당한 피해를 입는다.

<그림 8-8> 우박 피해를 입은 과실과 잎

나 우박 피해 대책

우박 피해를 방지하기 위해서는 수관 상부에 그물을 씌워주는 것이 유일한 방법이지만, 동일 지점에 내릴 수 있는 빈도가 극히 적기 때문에 경영적인 측면에서 고려되어야 한다.

새의 피해가 심한 산간지에서는 우박 피해 방지와 겸하여 망목이 9~10mm인 그물망을 씌우는 것이 좋다. 그러나 망을 씌운 후 겨울이 오기 전에 반드시 망을 걷어 눈에 의한 망의 붕괴로 나무가 피해를 입지 않도록 해야 한다.

피해를 입은 이후에는 피해 과실을 따내되 수세안정을 고려하여 일정 수의 과실은 남겨두어야 한다. 살균제를 충분히 살포하여 상처 부위에 2차 감염이 일어나지 않도록 한다.

04 태풍

태풍은 열대 저기압 중에서 중심 부근의 최대풍속이 33m/sec인 강한 비바람을 동반하고 움직이는 것을 말한다. 과거 통계는 한 해에 3개 정도의 태풍이 우리나라에 영향을 미쳤고, 가장 많이 내습한 달은 8월, 7월과 9월 순이다. 그러나 최근에는 그 빈도가 증가하고 있다.

가 풍해의 양상

태풍에 의한 피해는 <그림 8-9>와 같이 가지가 부러지거나 도복, 낙과 등으로 풍해와 수해로 구분된다.

강풍에 의한 피해는 낙과, 잎이 찢어지고 가지가 꺾이는 피해, 나무 전체가 뽑혀 넘어지는 도복으로 나타난다. 피해는 과실품질 저하와 수량 감소로 나타나고, 잎이 많이 손상되거나 가지가 부러지면 나무 자체의 저장양분이 빈약해져서 겨울철 내동성 약화와 이듬해 개화, 결실에 나쁜 영향을 미치게 된다.

가지(주간) 찢어짐

접목부위 절단

낙과

<그림 8-9> 태풍 피해양상

강풍에 의하여 나무가 부러지거나 도복되는 정도는 왜화도가 큰 대목일수록 크므로 M.9 대목을 이용한 밀식재배에서는 반드시 지주가 필요하고 잘 고정해 주어야 한다.

나 수해의 양상

수해는 <그림 8-10>과 같이 주로 토양침식에 의한 도복, 물에 함유되어 흙이나 각종 부유물질이 과수원에 쌓이는 것, 장기 침수로 생기는 습해 등이다. 또한 병해충 발생도 심해지는데 이것은 사과나무가 침수에 의해 저항성이 약해지는 반면, 침수가 병원균을 전파시키는 역할을 하기 때문이다.

표 8-4 침수 피해 사과원의 침수상태별 수량(kg/10a)

침수 상태		당년	2년 차	3년 차	누계
지속시간(hr)	침수높이(m)				
3	2.5	200	1,579	0	1,779
12	2.0	225	3,572	2,513	6,310
63	1.5	4,350	4,600	2,683	8,633
4	1.5	1,000	3,698	4,465	9,163
20	1.2	2,100	4,215	1,715	8,030
36	1.0	545	1,888	3,819	6,252
10	1.0	560	3,231	4,405	8,196
2	2.0	750	2,742	5,334	8,826

* '98년 침수 피해. 국립원예특작과학원 2000년 보고서

<도 복> <토양침식>

<토사 퇴적> <역병 발생>

<그림 8-10> 수해의 양상

다 풍해 대책

풍해 대책은 방풍림을 조성하거나 방풍망을 설치하면 효과가 있다. 방풍림은 포플러, 오리나무, 낙엽송, 삼나무, 화백, 측백 등이 좋으며, 관목을 혼합하여 아래쪽으로 바람이 새는 것을 막으면 좋다. SS기의 주행에 지장을 주지 않을 정도로 사과나무와 거리를 둔다. 나무 사이 0.5~1.0m 간격으로 1줄 또는 2줄로 심는데, 방풍림의 높이는 전정 때에 5m로 한다. 방풍림과 인접하는 사과나무의 품종은 조생종이나 황색종으로 한다.

방풍망을 설치하면 15~30%까지 풍속을 감소시키고, 높이의 18배 정도까지 효과가 미친다. 높이 5.0~5.5m로 최대 순간풍속 30m/s 이상에 견디고 다른 작업에 지장을 주지 않게 설치한다. 그물눈은 4mm 정도의 한랭사를 사용한다.

보통 태풍은 풍향이 일정하지 않으므로 과수원의 4방으로 설치하는 것이 좋다. 윗면에도 씌우는 것이 효과가 크나 경제성이 낮으므로 조류 피해가 많은 지역에서는 방조망을 설치하면 효과가 상승한다.

또한 결주 등으로 과원에 공간이 있으면 바람이 통하는 길이 되어 피해가 급증하므로 보식 등으로 사과원의 충실을 기한다.

피해를 줄이기 위해서는 뿌리가 얕은 나무는 지주로 줄기, 주지를 받쳐 도복을 방지한다. 유목은 도복하기 쉬우므로 지주를 튼튼히 세우고 끈으로 묶는다. 줄기, 주지 등에 공동(空洞)이 생긴 것은 찢어지기 쉬우므로 지주로 받치고 밧줄 등을 이용하여 보강한다.

피해를 입은 후 도복한 나무는 땅이 젖어 있을 때 세우고 지주로 받쳐준다. 가지가 찢어진 경우는 결과모지를 줄여 부담을 가볍게 하고 찢어진 부위를 접착시키기 위해 끈을 감거나 걸림쇠를 넣어 단단하게 고정한다. 또 살아나기 힘들다고 판단되는 가지는 빨리 잘라내고 절단면을 매끈하게 손질한 후 베푸란 도포제 등을 바른다. 풍해에 의해 뿌리가 상한 나무는 이듬해에 부란병이 많이 발생할 수 있으므로 낙화 후 20일쯤에 톱신엠수화제 또는 벤레이트수화제를 사용한다. 생산력을 조기에 회복하기 위하여 수세 진단을 통하여 수세 차이에 따라 따로 관리한다. 피해가 심한 나무는 착과량을 줄이고 추비 및 질소의 엽면시비(요소 0.3~0.4%)를 실시한다. 피해 정도에 따라 과실 수를 적당히 조절하여 수세 회복에 힘쓴다.

라 수해 대책

과수원이 침수된 경우는 정체되어 있는 물은 가능한 한 빨리 배수시킨다. 도복된 나무는 신속히 일으켜 지주를 세운다. 토사가 쌓인 경우는 신속히 제거한다. 흙이 건조하게 되면 가능한 한 신속히 경운하여 통기성을 유지한다. 봉지를 씌운 과실은 봉지를 제거하고 맑은 물로 흙 앙금을 씻어내고 별도의 살균제를 살포한다. 퇴사가 쌓인 과수원은 이듬해 시비를 약간 적은 듯하게 줄이는 편이 좋다.

경사지에서 토양침식 또는 토사매몰 피해를 입은 경우는 농로의 복구, SS기운행 통로의 정비를 서두른다. 또, 파손된 급배수 파이프를 복구하여 방제용수를 확보한다. 돌이나 자갈의 유입으로 나무에 상처가 났을 경우는 톱신페스트, 베푸란도포제를 도포하여 보호한다.

05 일소(日燒)

일소는 과실의 온도가 높아지고 강한 광선이 쪼일 때 발생한다. 7~8월 기온이 32℃ 이상일 때 많이 발생한다. 이때 과실 표면의 양광면(陽光面)과 음광면(陰光面)의 온도차는 10℃ 이상이다<표 8-5>.

표 8-5 시간대별 과실온도 변화(8월 27일)

구분 (시)	조도 (Lx)	일사 (kw)	과실온도(℃)				엽온 (℃)	대기습도 (%)	대기온도 (℃)
			남쪽		서쪽				
			양	음	양	음			
11	4.83	0.83	33.5	27.5	30.6	26.8	30.2	49	27.2
12	4.27	0.90	36.5	30.2	36.1	30.6	30.6	49	29.2
13	17.2	0.87	40.6	31.2	43.0	31.6	33.0	45	30.2
14	4.74	0.92	35.1	32.2	43.9	33.3	33.6	37	31.2
15	73.4	0.74	33.8	31.6	44.6	32.6	31.3	40	32.0

표 8-6 일소과 발생 과중 방향별 발생 상황(%)

구분	동	서	남	북
I (남서120°)	0	54.3	38.6	7.1
II (북서335°)	4.2	63.5	32.3	0
III (동남115°)	0	25.2	58.8	16.0
IV(북동45°)	29.9	63.6	6.5	0

일소는 <표 8-6>에서 보는 바와 같이 나무의 남쪽이나 서쪽 과실에서 많이 발생하며, 여러 날 동안 구름이 끼거나 서늘하다가 갑자기 햇빛이 강해지고, 기온이 높아질 때 많이 발생한다.

과다 착과된 경우는 일소 발생이 증가한다. 나무에서 수확되거나 수분스트레스가 있는 과실은 과면과 과육의 온도가 훨씬 높아 일소의 원인이 된다. 나무 주위의 공기 흐름 정도, 즉 나무의 관리도 과실에 일소를 일으키는 또 다른 주요 요소이다<표 8-7>.

표 8-7 일소과 발생 다소에 따른 수체생육

구분	과대지 길이 (cm)	주당 엽수 (장)	총엽면적 (㎠)	2년생 가지	
				총 신초장 (cm)	평균 신초장 (cm)
일소과 다(18.2%)	8.0	2,415	34,001	52.2	12.3
일소과 소(5.0%)	18.2	2,574	51,833	72.9	15.4

수세가 약하거나 과다 결실된 나무에서 일소가 많이 발생한다. 후지, 조나골드, 무쓰, 브레이번 등이 갈라, 골든 딜리셔스보다 일소에 민감하며, 산사 등 조생종이 만생종에 비해 일찍 발생한다. 과실 내 칼슘농도가 낮을 경우 일소발생이 많고, 왜화도가 높은 대목일수록 일소과 발생이 많다.

가 사과의 일소양상

초기 증상은 태양광선이 직접 닿은 면이 흰색, 엷은 노란색으로 변한다. 증상이 진행되면 과피가 갈색으로 변하거나 점차 엷은 색으로 퇴색하고, 정도가 심하면 피해부가 탄저병 등이 2차적으로 전염되어 부패하며, 수확기에 이르러 동녹이 심하게 발생되기도 한다.

수확 시 일소를 받은 과육은 일소를 받지 않은 부분보다 경도, 당도가 높으나 저장 중에는 빠르게 연화되는 경향이 있다. 일소를 받은 과피는 왁스층이 파괴 소실된다.

<그림 8-11> 생육기에 나타난 일소 피해 증상

나 일소 피해대책

과실이 강한 직사광을 받지 않도록 가지를 잘 배치하고, 과다 착과를 피한다. 햇빛이 골고루 들어갈 수 있게 생육기 동안 도장지를 제거하며, 지나친 하계전정은 삼간다. 관수를 적절히 하고, 많이 결실된 가지들은 늘어지지 않게 버팀목을 받치거나 끈 등으로 묶는다. 일소를 받은 과실은 생육에 지장을 주지 않는 범위에서 제거한다.

초생재배를 하면 청경재배에 비해 일소가 감소된다. 수관 상부에 미세살수 장치가 있는 사과원은 대기온도가 30~32℃일 경우 작동시켜 과실 양광면의 과도한 온도 상승을 막는다.

제Ⅸ장

수확, 선과 및 저장

01 수확적기 판정

사과가 성숙하게 되면 과피의 색, 맛, 향과 관계되는 물질이 합성되어 사과 고유의 품질을 가지게 된다. 사과는 덜 익으면 푸른색을 나타내지만 성숙하는 동안 엽록소 파괴와 동시에 카로티노이드나 안토시아닌의 합성이 일어나 붉게 변하며, 당 함량의 증가로 과육의 단맛이 높아질 뿐만 아니라 유기산이 감소하여 단맛과 신맛의 조화로 사과 고유의 맛을 갖게 된다. 또한 사과 특유의 향을 나타내는 휘발성 물질의 생합성이 활발하게 일어나 사과 고유 향기를 풍기게 되면 완숙에 이르게 된다.

사과수확 시기는 과실의 저장성과 밀접한 관계를 갖고 있다. 수확 후 바로 판매하려면 품종 고유의 특성을 나타낼 수 있도록 나무에서 완숙한 것을 수확하고, 저장용으로 사과를 수확할 때에는 완숙 전에 수확해서 저장하는 것이 저장성이 좋다.

표 9-1 수확시기에 따른 과실 저장성

◇ 조기수확 : 저장력 강, 식미와 착색 다소 불량, 고두병 증가
◇ 지연수확 : 저장력 약, 밀병, 내부 갈변 발생, 분질화로 인한 품질저하

가 수확지표 설정

(1) 즉시 출하용

수확 후 바로 시장에 출하할 상품은 3~5일의 유통기간 중 품질 변화를 고려하여 착색도, 육질(경도), 식미(단맛-당 함량, 신맛-산 함량)가 충분히 발현(發現)되었을 때 수확하고, 지나치게 성숙이 진행된 과실은 유통 과정에서 품질의 저하가 진행되므로 과숙(過熟)은 피해야 한다.

(2) 저장용

저장을 목적으로 할 경우에는 장기간의 품질변화를 고려해야 하며, 재배지역과 만개 후 일수를 참조하되, 기상을 고려하여 최종적으로 전분반응지수를 이용하여 결정한다.

나 수확시기 결정지표

(1) 만개 후 일수

만개기는 연도와 지역별로 차이가 나므로 미리 파악해 두어야 하며, 조생종 품종이 만생종 품종에 비해 1~2일 정도 빠른 경향이다.

표 9-2 지역별 후지의 만개기

지역	군위	안동	청송
만개기(월. 일)	4. 28±3	4. 30±3	5. 2±3

표 9-3 품종별 숙기 예측을 위한 만개 후 일수

품종	숙기 도달 만개 후 일수
홍로	125~140일
후지	170~180일

(2) 요오드 정색반응

과실은 성숙기에 달하면 전분이 당으로 변화된다. 전분은 요오드(Iodine)와 결합하면 청색으로 변한다. 요오드화칼륨(potassium iodine) 용액에 침지하면 전분의 함량 정도에 따라 청색의 면적이 결정되며, 성숙할수록 면적이 작아진다. 요오드 정색반응 이용방법은 수확 예정 4주 전부터는 5~7일 간격, 수확 예정 2주 전에는 2~3일 간격으로 전분반응을 조사하며, 전분지수와 비교하여 수확시기를 판정한다.

<전분지수 조사를 위한 요오드 용액 제조 및 조사 방법>

1. 요오드 용액의 제조

- 조제 : 증류수 100㎖에 5g의 요오드칼륨(KI)을 녹여서 약 5%의 요오드칼륨 용액을 만든 다음 다시 여기에 1g의 요오드(I)를 녹인다.

2. 요오드 용액의 취급요령

① 매년 새로 조제하여 사용하고, 10℃ 이상의 어두운 곳에 보관한다.
② 취급에 각별히 주의하며, 어린이나 동물들이 닿지 않은 곳에 보관한다.

3. 조사 시기 및 과실 시료의 선택

① 조사는 수확 예정일 4주 전부터는 5~7일 간격으로 조사하고, 2주 전부터는 2~3일 간격으로 조사한다.
② 과원 포장 전반에 걸쳐 수세가 표준이 되는 나무 3~4주를 선택한다.
③ 한 나무에서 수관부 밖과 안을 구분하여 평균 크기에 도달한 과실을 바깥쪽에서 3개, 안쪽에서 3개를 딴다.
④ 바로 수확한 품온이 10℃ 이상인 과실만을 사용한다.

4. 조사 과정

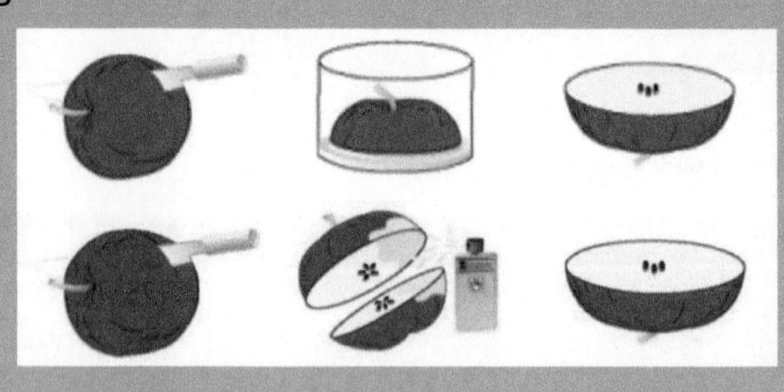

① 과실 적도부를 횡으로 절단 ② 절단면을 침지 또는 요오드 용액 살포 ③ 5분 후 발색 정도를 전분차트와 비교

(3) 기타 수확기 판정 지표

기타 수확기 지표로 할 수 있는 방법으로는 과실크기, 종자색, 밀 증상(蜜症狀), 조직감, 맛 등의 감각, 경도, 산 함량을 이용할 수 있다. 이들 방법 한두 가지로 수확기를 판정하기는 어렵기 때문에 여러 가지 수확 지표를 종합적으로 고려해서 판정해야 한다.

다 저장 전처리

(1) 소독

저온저장고 내부에는 곰팡이나 세균이 많이 서식하고, 송풍기 바람에 세균 및 곰팡이가 날려 저장물이 오염되며, 세균 및 곰팡이가 에틸렌을 발생시켜 노화 및 과피 얼룩을 유발(誘發)시킨다. 따라서 저장고는 소독한 다음 사용하는 것이 좋다. 소독은 등록된 약제를 사용하고 소독 후에는 완전히 환기를 하여야 한다.

(2) 저장고 및 산지유통센터 반입

수확한 과실은 가능한 한 빠른 시간 내 유통센터로 반입하고, 반입이 지연될 경우 그늘에 보관하며, 반입 물량은 당일 선별 가능물량+입고(단기보관+저장) 가능 물량을 고려하여 산정(算定)한다.

또한 저장고 적재는 시설 형태, 규모, 작업 방법을 고려하여 적재하여야 하며, 최대 적재량은 저장고 부피의 70~80%로 하고, 벽면으로부터 30~50cm 이상 공간을 두고 적재한다.

(3) 예냉(豫冷)

예냉(Precooling)이란, 농산물의 호흡작용을 억제시켜 수확 직후의 신선도와 품질을 유지하고 저장수명을 연장시키며, 저온저장고나 저온수송차의 냉각부하를 줄이기 위하여 농산물의 품온(내부발열로 외기온도보다 높아진 과실의 온도)을 수확 즉시 짧은 시간 내에 목표온도까지 낮추어주는 조작을 말한다. 수확한 사과를 빠른 시간 내에 예냉하면 호흡작용과 수분증산을 억제하여 과실의 품질 유지에 더 좋은 효과를 얻을 수 있다. 예냉시설의 종류와 예냉 방법에 따라 저온의 공기를 사용하는 강제통풍예냉(Forced air cooling)과 차압통풍예냉(Pressure cooling), 공기의 압력이 저하하면 물의 비점이 낮아지는 원리를 이용한 진공예냉(Vaccum cooling), 냉각매체로 냉수를 사용하는 냉수예냉(Hydrocooling) 방식이 있는데, 사과의 경우에는 저온실예냉, 강제통풍예냉이 주로 이용되고 있다.

가. 저온실예냉

일반 저온저장고에 원예산물을 쌓고 냉동기를 가동시켜 냉각하는 방식으로서, 저온실예냉의 장점으로는 장치의 구조가 비교적 단순하고, 간단한 개조로 저장고로도 사용할 수 있고, 예냉 후 저장을 하면 산물을 이동시킬 필요가 없으며, 냉각속도가 느리므로 냉동기의 최대부하를 적게 할 수 있다.

한편, 단점으로는 냉각속도가 느리므로 예냉 중에 품질저하가 생길 염려가 있고, 포장용기와 냉기 사이의 접촉이 좋도록 쌓을 때 용기 사이에 공간을 두어야 하므로 예냉고의 입고율(入庫率)이 저하된다. 또한 냉각이 용기 주변에서 내부 산물로 진행되므로 내부의 따뜻한 공기가 외부로 이동하여 바깥쪽 산물에 결로(結露)가 생길 염려가 있고, 공기 유동이 자연대류이므로 예냉고의 온도가 불균일하게 되기 쉽다.

냉각속도가 느리므로 본격적인 예냉장치로서 이용은 많지 않다. 사과, 감자, 양파 등과 같은 장기저장을 하는 과실이나 채소에서 본 저장에 들어가기 전에 예조, 예냉을 목적으로 이용되기도 한다.

나. 강제통풍예냉

이 방식은 일반 저온저장고와 같은 구조로 되어 있으나, 저온저장고보다 냉각능력과 송풍량을 크게 해 찬 공기를 강제적으로 순환토록 하여 포장용기 또는 산물(産物) 주위를 흐르면서 열전달을 크게 하여 냉각시키는 방식이다. 이 방식은 시설비가 저렴하고, 에너지 소비가 적으며, 적용 작물에 제한 없이 사용할 수 있으나, 예냉처리 시간이 10~15시간으로 장시간을 요하며, 냉기(冷氣)의 흐름에 대하여 냉각 불균일을 일으키기 쉬운 특징이 있다.

이 때문에 소규모의 예냉시설로 많이 이용되고 있다.

강제통풍냉각에 있어서 초기 품온이 냉각시간에 미치는 영향은 크기 때문에 초기 품온이 낮은 시간에 수확하는 것이 냉각효과가 높다. 일반적으로 속포장에는 주로 플라스틱 필름을 사용하고 겉포장에는 골판지 상자를 많이 사용하는데, 이들은 어느 것이나 예냉할 때 냉각속도를 느리게 하므로 냉각효율을 높이기 위해서는 포장용기에 통기공을 뚫어주고, 상자 사이의 간격이 적어도 5cm 정도는 되도록 쌓아 공기 유동이 잘 이루어지도록 하는 것이 중요하다. 냉풍의 온도는 낮을수록 좋지만 동결온도보다 낮으면 동결장해를 입을 염려가 있으므로, 냉풍온도는 농산물이 어는 온도보다 1℃ 정도 높은 온도로 하는 것이 안전하다.

02 선과(選果)

품질 고급화를 위해서는 생산기술 못지않게 수확 후 관리가 잘 이루어져야 한다. 농산물은 수확 후에도 살아 있는 생명체로 공산품과는 달리 제 각각의 특색을 가지고 있어서 크기나 모양, 색, 맛 등의 품질을 균일하게 생산하기가 어려운 대상이다. 선별은 생산한 농산물을 인위적으로 정해진 몇 개의 기준에 따라 나누는 것으로, 몇 년 전만 해도 과실선별은 크기나 중량만으로 해왔으며 색택, 형상 및 당도와 같은 내부 품질에 의한 선별은 불가능하였다. 최근 과학기술의 발달과 더불어 비파괴적인 방법에 의해 당도나 내부결함 등과 같은 품질평가에 의한 선별이 이루어지고 있다.

선별은 이와 같은 품질요소들을 측정하여 농산물을 구분하는 것으로, 선별인자는 농산물의 종류 및 이용 목적에 따라 다르지만, 국내 유통을 위한 사과 선별은 객관적으로 정해진 등급규격에 맞게 선별하여야 한다.

가 선별기의 종류

(1) 중량선별기

과일을 중량별로 분류하는 선별기이다. 이 기종은 사과, 배, 복숭아 등 대과종에 많이 이용된다. 선별기 선별접시가 가볍게 기울어져 과일이 선별대에 떨어지도록 함으로써 과일에 주어지는 손상을 줄일 수 있도록 설계되어 있다. 최근에는 과일이 오른 접시가 등급 판정되어 배출되는 형태도 있다. 스프링 장력을 이용한 기계식과 로드셀을 이용한 전자식 등이 이용된다.

가. 기계식

국내에 보급된 기계식 중량선별기는 스프링 저울을 이용하여 중량을 검출하는 방식이 대부분이다. 큰 과일부터 점점 작은 과일을 선별하는데 보통 8~10등급으로 선별되며 성능은 사과의 경우 시간당 4300~6500개 정도 선별 가능하다. 무게 오차가 다소 커 작은 과일에 적용하는데 한계가 있으며, 장시간 사용하면 스프링 변형에 의해 오차가 커지는 단점이 있다. 최근에는 전자식으로 대체되고 있다.

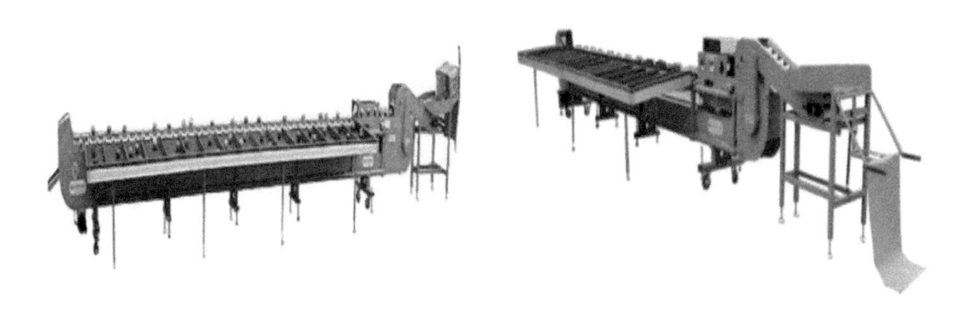

<그림 9-1> 중량선별기

나. 전자식

전자식 중량선별기는 각종 과일의 중량을 정밀하게 계량하여 미리 설정한 값에 따라 등급별로 자동 선별하는 기종이다. 일반적으로 사용되고 있는 상대치 비교 선별이 아닌 절대치에 의해 계량하므로, 사용자가 필요로 하는 상·하한 중량을 임의로 입력시킬 수 있다. 중량의 계측을 위해 하중감지센서인 로드셀(Load-Cell)을 사용하며, 근접센서나 광센서 신호를 이용하여 컵의 현재 위치를 계측하여 배출 신호와 동기시켜 이용한다.

선별하고자 하는 농산물에 따라 사용할 단수의 선택 및 각 단수별 중량

조절이 용이해서 적용범위가 넓고 융통성이 우수하다. 따라서 농가형 소형에서부터 농산물 산지유통센터(APC)에도 가장 널리 보급되어 있는 기종으로서 기술적으로 신뢰성이 높고 안정된 장치로 알려져 있다.

한편, 전자식에는 계량의 결과를 음성으로 작업자에게 알려주는 음성식 중량선별기도 있다. 이는 복숭아와 같이 과육이 물러 상처받기 쉬운 작목에 사용된다. 수확한 과일을 담는 플라스틱 과일상자를 선별기 저울부에 올려놓고 하나씩 꺼낼 때 감소하는 무게 차이를 측정하여 꺼낸 과일의 등급을 음성(스피커)으로 알려주는 음성식 선별기도 소형 농가용으로 사용되기도 한다.

(2) 형상 선별기

크기나 다른 구멍을 천공한 드럼이나 벨트를 회전 또는 이송시키면서 과일을 일정한 크기를 갖는 구멍에 떨어뜨리게 함으로써 과일의 크기나 형상에 따라 선별하는 것이다. 드럼이나 벨트가 과일을 체로 거르는 역할을 하기 때문에 스크린식이라고도 한다. 선별 후 낙하 충격으로 상해가 발생할 우려가 있어 연약한 과일에는 적합하지 못하며 형상이 고르지 못한 과일을 선별할 경우 오차가 커진다. 주로 크기가 작고 과피가 두꺼워 외부 자극에 둔감한 감귤의 선별에 활용되고 있으며, 감귤 외에 토마토, 방울토마토, 매실 등의 크기 선별에도 사용되고 있다.

(3) 영상처리식 선별기(크기·형상 선별기)

영상처리식 선별기는 사람의 눈과 같은 역할을 하는 CCD 카메라를 이용하여 과일을 촬영하고 촬영된 영상 정보에서 과일의 색택, 형상, 크기, 숙도, 결함 등을 실시간으로 판정할 수 있는 선별기이다. 국내에서는 사과나 단감 주산단지에 도입되어 크기와 색깔을 동시에 선별하고 있다. 적용가능 품목이 많고 다양한 선별인자를 고려할 수 있는 장점 때문에 이용이 차츰 증가하고 있다.

이 선별기는 조명장치, 영상획득장치(CCD 카메라), 영상처리 및 저장장치, 영상출력장치, 인식 및 판정장치(컴퓨터)로 구성된다.

(4) 내부품질 선별기(비파괴 선별기)

비파괴 내부품질 판정 선별기는 농산물에 상처를 남기지 않고 당도, 산도, 경도 등 내부성분과 내부부패, 바람들이 등 내부품질에 대해서 결함유무를 평가하여 선별하는 장치이다. 이러한 내부품질을 비파괴적으로 판정하는 방법은 선별 대상물을 두들겨서 나타나는 음파를 해석하여 내부의 숙도를 판정하는 방법과 기계 시각을 이용하여 크기, 모양, 색깔, 표면결함을 영상 계측하는 방법, 레이저나 빛의 투과 정도를 측정하여 숙도를 판정하는 방법, 전기임피던스나 음파를 이용하여 밀도를 계측하고 밀도로부터 당도를 간접적으로 추정하는 방법, MRI나 X선, CT기술을 이용한 과실 내부의 결함과 숙도를 판정하는 방법 등 여러 가지 방법들이 이용되고 있다.

<사과의 등급 규격>

1. 특

① 낱개의 고르기 : 별도로 정하는 크기 구분표 [표1]에서 무게가 다른 것이 섞이지 않은 것

② 색택 : 별도로 정하는 품종별/등급별 착색비율 [표2]에서 정하는「특」 이외의 것이 섞이지 않은 것. 단, 쓰가루(비착색계)는 적용하지 않음

③ 신선도 : 윤기가 나고 껍질의 수축현상이 나타나지 않은 것

④ 중결점과 : 없는 것

⑤ 경결점과 : 없는 것

2. 상

① 낱개의 고르기 : 별도로 정하는 크기 구분표 [표1]에서 무게가 다른 것이 5% 이하인 것. 단, 크기 구분표의 해당 무게에서 1단계를 초과할 수 없다.

② 색택 : 별도로 정하는 품종별/등급별 착색비율 [표2]에서 정하는「상」에 미달하는 것이 없는 것. 단, 쓰가루(비착색계)는 적용하지 않음

③ 신선도 : 껍질의 수축현상이 나타나지 않은 것

④ 중결점과 : 없는 것

⑤ 경결점과 : 10% 이하인 것

3. 보통

① 날개의 고르기 : 특·상에 미달하는 것.

② 색택 : 별도로 정하는 품종별/등급별 착색비율 [표2]에서 정하는 「보통」에 미달하는 것이 없는 것

③ 신선도 : 특·상에 미달하는 것

④ 중결점과 : 5% 이하인 것(부패·변질과는 포함할 수 없음)

⑤ 경결점과 : 20% 이하인 것

[표 1] 크기 구분

구분 \ 호칭	3L	2L	L	M	S	2S
g/개	375 이상	300 이상 375 미만	250 이상 300 미만	214 이상 250 미만	188 이상 214 미만	167 이상 188 미만

[표 2] 품종별/등급별 착색비율

품종 \ 등급	특	상	보통
홍옥, 홍로, 화홍, 양광 및 이와 유사한 품종	70% 이상	50% 이상	30% 이상
후지, 조나골드, 세계일, 추광, 서광, 선홍, 새나라 및 이와 유사한 품종	60% 이상	40% 이상	20% 이상
쓰가루(착색계) 및 이와 유사한 품종	20% 이상	10% 이상	-

03 저장(貯藏)

가 과실의 수확 후 생리

대부분의 신선과실은 다른 농산물에 비해 조직이 연하고 수분 함량이 높아 수확 후 출하준비 및 유통과정에서 여러 가지 장해를 쉽게 받기 때문에 취급하는 데 각별한 주의를 필요로 한다. 또한 살아 있는 유기체로서 물질대사와 생리작용을 계속하기 때문에 수확 후에도 품질이 지속적으로 변화하게 된다. 수확 후 과실의 품질변화에 직접 영향을 주는 중요한 생리현상으로는 호흡작용, 증산작용 등이 있다.

(1) 호흡작용

살아 있는 생명체로서 수확 후의 과실은 호흡작용을 지속한다. 호흡이란, 과실 내 축적된 탄수화물 등의 저장양분(기질)이 산화(분해)되는 과정으로서 이러한 산화과정에서는 산소가 소모되고 이산화탄소가 발생되는 한편 다른 물질의 합성에 필요한 재료물질의 생성과 아울러 최종적으로는 에너지가 생성된다. 생성된 에너지의 일부는 과실의 생명유지를 위한 대사작용에 소모되나 대부분의 에너지는 호흡열로서 체외로 방출된다.

$$C_6H_{12}O_6 + 6O_2 \rightarrow 6CO_2 + 6H_2O + E(\text{에너지})$$

과실 또는 기타 식물체의 호흡 정도는 유전적 또는 주위 환경에 영향을 받으며 일반적으로 호흡이 왕성한 작물 또는 품종은 수확 후 저장성이 약한 경향이 있다. 조생종 품종은 만생종 품종에 비해 높은 호흡량을 보인다. 과실의 호흡량은 온도와 밀접한 관련이 있어서 1~30℃의 범위에서 온도를 10℃ 낮출 때마다 호흡은 대략 절반씩 감소하며 온도 이외에 주위의 산소, 이산화탄소, 에틸렌 등의 요인에 의해서도 식물의 호흡은 영향을 받는다.

(2) 증산작용

식물체 내에 존재하는 수분이 체외로 빠져나가는 것을 증산작용(Transpiration)이라 한다. 증산작용은 수분이 많은 작물의 중량을 감소시키며, 조직에 변화를 일으켜 신선도를 떨어뜨리고 시들어지면서 외양에 지대한 영향을 미친다. 수확 후 관리를 소홀히 했을 때 문제될 수 있는 중량의 감소는 호흡소모로부터 야기되는 것보다 오히려 증산작용에 의한 소모가 크다. 증산은 표피에 존재하는 기공이나 과점(lenticel), 그리고 상처나 표피 자체의 왁스층을 통하여 일어난다. 따라서 작물 전체 부피에 비해 외부에 노출된 표면적이 크면 증산할 수 있는 면적도 커서 손실이 심하게 일어난다. 예를 들면, 많은 잎으로 구성되어 표면적이 큰 엽채류는 표피로 둘러싸여 있는 과채류에 비해 증산작용이 월등히 심하다. 따라서 증산 속도는 전체부피에 대한 표면적의 비와 그 표면적의 노출 정도에 따라 좌우된다고 할 수 있다

일반적으로 과실은 85~95%가 수분으로 이루어져 있는데, 이 중 수분이 5% 정도 소실되면 상품가치를 잃게 된다. 증산작용에 영향을 미치는 요인들로는 습도, 온도, 공기의 유속 등을 들 수 있다. 증산작용은 건조하고 온도가 높을수록, 그리고 공기의 움직임이 많을수록 촉진되며 과실의 표피조직이 상처를 입었거나 절단된 경우에는 그 부위를 통해서 수분 손실이 많아진다.

나 저장에 관여하는 요인

(1) 품종 및 재배조건

사과는 품종에 따라 저장력에 차이가 있어 조생종은 만생종에 비하여 저장력이 현저히 떨어진다. 조생종은 호흡량과 에틸렌 생성량이 만생종에 비하여 상대적으로 많기 때문에 저장기간이 짧다. 또한 유전적으로 국광의 혈통을 갖고 있는 품종이 저장력이 우수하며, 같은 품종 내에서도 대과보다는 소과가 저장력이 높은데, 이는 대과가 세포용적이 크고 세포벽이 약해서 경도가 떨어지기 때문이다.

재배조건으로 보면 배수가 잘되는 경사지에서 재배된 과실이 평지에서 재배된 과실보다 저장력이 좋은데, 경사지에서 재배된 과실이 상대적으로 배수가 잘되어 질소흡수가 적어서 과육세포 간극이 작고 경도가 높기 때문이다. 따라서 재배 중 질소과다 시용은 과실을 커지게 하지만 저장력을 약화시키는 요인이 된다.

(2) 온도

과실 내에서 일어나는 여러 가지 생리적 반응은 온도의 변화에 큰 영향을 받으며 일반적으로 온도가 낮을수록 반응속도가 느려진다. 특히 수확 후 과실의 호흡은 온도의 영향을 심하게 받아 기온이 낮을 때 호흡량이 감소하므로 장기간 저장에는 저온저장이 보편적으로 이용되고 있다. 순수한 물이 얼기 시작하는 온도는 0℃이지만 물에 각종 성분이 녹아 있는 경우에는 얼기 시작하는 온도가 낮아지는데 이를 빙점 강하현상이라고 한다. 과실의 경우 다량의 수분을 함유하나 과즙의 수분에는 무기염류나 당을 비롯하여 각종 성분이 용해되어 있으므로 과실의 어는 온도는 빙점 강하현상에 의해 낮아져서 대략 -2℃에서 얼기 시작한다. 과실조직의 결빙에 의해 나타나는 피해를 동해라 한다. 저장과실이 동해를 입으면 해동 후에 정상 회복이 어렵고, 부패하게 되므로 과실 저장 시 저장고 내의 온도는 -2℃ 이하로 내려가지 않도록 특히 주의해야 한다. 빙점 이상의 저온에서도 과실 종류에 따라서는 생리적으로 피해 증상이 나타날 수 있는데, 이를 구분하여 저온장해라 한다. 저온장해를 입는 과실은 대체적으로 열대 또는 아열대 과실인데, 예를 들어 토마토, 바나나 등은 13℃ 이하에서 저장될 경우 저온장해를 입는다. 그러나 사과, 배를 비롯한 온대산 과실에서는 저온장해의 피해가 크지 않으므로 이러한 과실의 저장 시에는 동해를 입지 않을 정도로 온도를 낮출수록 저장에 유리하다. 사과의 경우에는 -1~0℃라고 할 수 있다.

과실에 대한 적정 저장온도를 알고 있다 해도 저장고 내의 온도를 균일하게 맞추기는 힘들다. 이는 저장고 내의 위치에 따라 온도 편차가 있기 때문인데, 저장고 높이가 6~7m인 경우 상하의 온도 편차는 2℃ 정도이다.

저장고 내의 온도 편차를 줄이기 위해서는 저장고 내에 있는 유니트 쿨러(unit cooler: 냉풍이 나오는 장치)에 덕트(냉풍 배관)를 설치하여 저장고 내의 온도를 균일하게 유지하도록 한다. 또한 저장고 내의 온도를 표시하는 냉동기 컨트롤 박스의 온도표시기는 대개가 부정확하기 때문에 저장고 내에 정밀한 온도계를 여러 군데 설치하여 수시로 온도를 확인하는 것이 바람직하다.

(3) 습도

저장고 내의 습도는 일반적으로 상대습도(RH, Relative Humidity)로 표시된다. 주어진 온도조건에서 공기가 최대한 함유할 수 있는 수증기의 양은 일정하다. 일정온도에서 공기가 최대한 수용할 수 있는 수증기의 양에 대하여 현재 공기 중에 함유되어 있는 수증기의 양을 백분율(%)로 표시한 수치가 상대습도이다.

과실의 수분 함량은 대개가 90% 이상이며 수분은 과실의 신선도와 밀접한 관련이 있어서, 저장 중 과실 중량의 5% 이상의 수분 감소는 과실의 상품가치를 크게 감소시킬 뿐만 아니라, 탈수는 스트레스로 작용하여 에틸렌의 생성을 증가시킨다고 알려져 있다. 따라서 저장 중 수분의 손실을 억제하기 위해서는 저장고 내의 상대습도를 높여야 하는데, 대개 85~95%로 유지하는 것이 바람직하다. 그러나 95% 이상의 상대습도에서는 작은 온도변화에 의해서도 상대습도가 100%에 도달하여 수증기의 응축에 의한 이슬이 형성될 수 있어 병원미생물의 번식에 유리한 조건이 형성되므로 상대습도는 95%를 넘지 않도록 주의해야 한다.

다 저장방법

(1) 상온저장

상온저장은 냉동시설이나 가온기를 설치하지 않고 외기에 의해서 저장고 내의 온도를 조절하는 방법이다. 난지에서는 외기온(실외 공기의 온도)이 높기 때문에 상대적으로 외기온을 차단하여야 하며, 한랭지에서는 외기온이 영하로 떨어지기 때문에 보온에 유의해야 한다.

(2) 저온저장

저장고에 냉동기를 설치하여 저장고 내의 온도를 일정온도(-5~5℃)로 낮추어 저장하는 것을 저온저장이라고 한다. 국내에는 냉풍에 의한 유니트 쿨러(unit cooler)식의 냉각 방법이 보편화되고 있는데 소형 냉동기를 사용한 2~3평의 조립식인 것부터 200~300여 평의 대형 저온저장고까지 있다.

(3) CA(Controlled Atomosphere)저장

CA저장은 저온을 바탕으로 하여 산소농도는 대기보다 약 4~20배 낮추고, 이산화탄소 농도는 약 30~150배 증가시킨 조건(O_2 : 1~5%, CO_2 : 1~5%)에서 저장하는 방법을 말한다. 이러한 조건에서는 호흡의 억제, 에틸렌의 생성 및 작용의 억제 등에 의해 유기산의 감소, 과육의 연화, 엽록소의 분해 등과 같은 과실의 후숙과 노화현상이 지연되며, 미생물의 생장과 번식이 억제되어 과실의 품질을 유지하면서 장기간의 저장이 가능해진다.

라 저장환경 관리

(1) 저장고 환경관리 요소

저장고 환경인 온도, 습도, 기체조성 등이 적절하게 관리되어야 수확한 농산물의 숙성이 조절되어 품질이 유지된다. 수확한 사과의 온도 관리는 저온을 유지함으로써 호흡, 증산 및 기타 효소 활성억제와 미생물의 증식을 억제하여 부패에 의한 손실을 감소시킨다. 또한 습도관리로 수분탈취(水分奪取)를 방지하여 중량감소 저하와 조직감을 유지시킨다. 기체 환경관리로는 CA 환경조성으로 호흡, 에틸렌 합성 및 작용을 억제시키고, 에틸렌을 분해 및 제거하여 조직감 유지, 숙성지연을 시키며, 에틸렌 작용억제제 처리(1-MCP)를 한다.

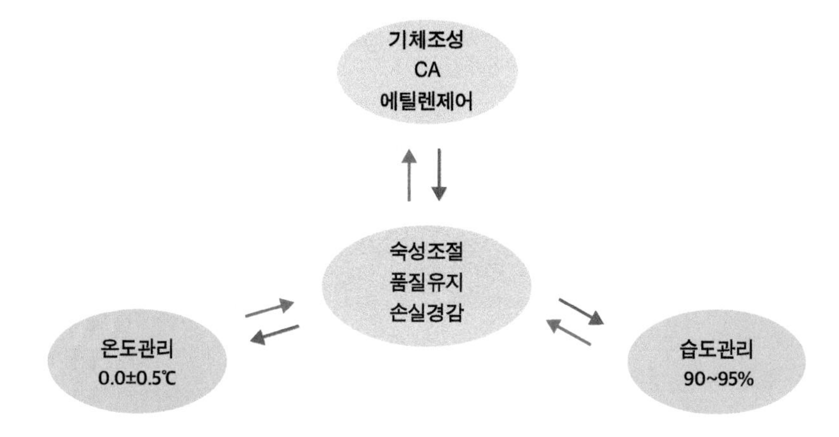

(2) 저장고 환경관리의 실제

가. 저온저장

온도관리는 수확 후 바로 입고하여 최단시간 내 0℃에 도달하도록 하고, 온도는 0.0±0.5℃ 범위가 유지되도록 온도편차 최소화, 적정 제상주기를 설정하여 운영한다.

습도는 과실의 건조를 유발하는 주요한 원인이므로 습도가 너무 높으면 미생물의 번식으로 과실이 쉽게 부패하고, 낮으면 수분손실로 중량이 감소하게 된다. 따라서 사과의 저장 중 적정습도인 90~95%가 유지되도록 가습을 해 주거나 바닥에 물을 뿌려 습도를 유지시켜준다.

저온저장고의 제상(除霜)은 한 번에 15~30분씩 하루 3~6회 정도 한다. 제상 후에는 저장고 온도가 잠시 올라가므로 자주 냉각기에 얼음이 끼는 정도를 살펴보면서 불필요하게 자주 제상이 되지 않도록 관리한다.

과실을 입고한 후에는 반드시 환기를 실시하여야 한다. 저장 중에는 15~20일 간격으로 저장고 내부를 환기(換氣)시켜 유해가스를 배출시키고, 환기는 기온이 낮을 때 찬 공기가 저장고 내로 들어오도록 하면 효율적이다.

나. CA저장

표 9-4 CA저장의 효과(저장기간 연장 및 유통 중 품질유지 연장)

품종	저장 가능기간(월)		유통품질 유지기간(일)	
	저온저장	CA저장	저온저장 과실	CA저장 과실
후	4	8개월 이상	5~7	10~15

표 9-5 CA저장 환경 조성

품종	CA 환경		
	적정 CA 범위 (% O_2+ % CO_2)	산소 한계농도	이산화탄소 한계농도
후지	1~3 + ≥ 1.0	≥ 0.5%	1.0%
일반 품종	1~3 + 1~5	≥ 1.5%	≥ 5.0%

표 9-6 '후지' 품종의 CA저장 전제 조건

수확시기	● CA저장용 '후지'사과는 10월 20일 이전 수확 완료 - 연도간 성숙도 차이를 고려하여 요오드반응 지표 활용
과실 특성	● 밀 증상이 심한 지역의 과수원에서는 CA저장 금지 ● 가능하면 봉지 씌운 과실(有袋果)을 저장하는 편이 안전
CA 설정	● 입고 후 3주 정도는 0℃에 저온저장 후 CA 조성
CO_2 농도	● CA저장 3개월까지는 0.0~0.5%를 유지하고, 그 이후에는 1%를 넘지 않도록 철저한 관리
전문인력	● 전문 인력의 현장 상주가 필수 조건 ● 모든 저장고 환경 데이터 보존
종합판단	● 재배 및 저장 전문가의 판단에 따라 수확 및 저장 프로그램을 수행 ● 모든 조건이 충족되지 않는 해에는 저온저장으로 대체

마 저장생리장해

사과 저장 중 발생하는 생리장해는 기생균에 의한 병해와는 달리 저장기간 중 공기조성, 온습도 및 영양 불균형 등의 조건이 적절하지 못하여 과실 내부의 생리적 변화로 발생되는 저장장해를 말한다. 이와 같은 저장장해는 과실의 품질저하는 물론이고 장해 발생부위에서 2차 기생균이 침입하여 부패를 유발할 수도 있으므로 그 원인을 파악하여 미연에 방지하는 것이 중요하다.

(1) 고두병(Bitter pit)

반점성 장해 중 가장 많이 발생하는 것으로 과피에 작은 상처와 같은 반점이 생기는 것이 특징이다. 발생부위는 주로 꽃받침 쪽(과실 아래쪽)의 과피에 발생한다. 발생한 부위의 과피를 벗겨 보면 과육이 갈색으로 스펀지처럼 되어 있다. 이 증상은 다른 과실로 전염은 되지 않지만 일단 증상이 발생한 과실은 반점이 저장 중에 확대된다. 시비량이 너무 많거나, 고접 갱신으로 강전정한 나무, 혹은 어린나무 등 수세가 강한 나무에 발생이 많다. 기상적으로 보면 6~7월에 비가 적고, 8~9월에 비가 많은 해에도 발생이 많다. 과실과 잎, 가지와의 사이에 칼슘의 흡수 경쟁에서 발생되므로 수세를 안정시켜 과실에 충분한 칼슘을 공급하는 것이 중요하다. 질소, 칼륨이 과다할 때에도 발생하므로 재배 중에 칼슘이 결핍되지 않도록 주의해야 한다.

(2) 코르크 스폿(Cork spot)

과실이 나무에서 성숙되는 동안 발생하고, 저장 중에는 발생하지 않는다. 과피 아래 과육이 약간 들어가는데, 들어간 부위는 건전한 부위에 비해 더 단단하며 갈색을 띠고, 때로는 붉은색이나 녹색을 띠는 경우도 있다. 발생시기는 8월부터 수확기까지이다. 이 장해는 딜리셔스 계통에서 많이 발생하지만 후지, 홍옥에서도 간혹 발생된다. 발생 요인과 방지대책은 고두병과 같다.

(3) 홍옥점무늬병(Jonathan spot)

홍옥점무늬병을 렌티셀 스폿(Lenticel spot)이라 부르기도 하며, 1~3mm 정도인 갈색이나 검은색의 반점이 과피에 발생하는 장해이다. 반점은 주로 과점을 중심으로 발생하지만 과점 이외의 부위에 발생하는 경우도 있다. 발생 요인은 성숙이 많이 진행된 과실에서 발생이 많으며, 유대과보다는 무대과에서 발생이 많은 편이다. 수확 후 냉각이 지연되면 발생이 많아지므로 가능한 한 수확 후 곧 냉각한다. 과실에서 나오는 휘발성 물질도 이 장해 발생에 관여하므로 저장고를 주기적으로 환기를 하여 유해가스가 축적되지 않도록 한다.

(4) 껍질덴병(Scald)

저장 생리장해의 대표적인 것으로 모든 품종에서 발생한다. 껍질덴병은 과피 내 알파파네신(a-farnesene)의 산화에 따른 트리인(trienes) 결합의 축적과 관련이 있는 것으로 알려져 있다. 품종에 따라 발생부위와 증상은 약간 다르게 나타나는데 일반적으로 과피 표면이 불규칙하게 갈색으로 변색된다. 착색 불량 부분에서 발생하는 것이 많고, 증상이 심하면 과실 전체가 갈색으로 변색되기도 한다. 발생부위는 과피에만 나타나는 것이 일반적이지만, 심한 경우 병반 아래 과육도 침입한다. 저장 중에 발생하지만 저장이 끝나 출고 후 판매 시에 발생하여 문제가 되기도 한다. 수확시기가 빠르거나 늦은 경우에 발생이 많고, 착색이 불량한 과실에서 많이 발생한다. 질소질 비료를 많이 시용하여 재배한 과실과 수확 전 고온이 지속된 해에 발생이 많다. 저장 중에는 저장온도가 높거나 습도가 높을 때, 또 환기가 불량하여 유해가스가 축적될 때 발생이 많은 경향이다. 이 장해를 방지하기 위해서는 적기에 수확하는 것이 중요하다. 저장고는 주기적으로 환기를 실시하여 유해가스가 축적되지 않도록 해야 한다.

(5) 위조(Shrivelling)

저장 중 과실의 수분이 과도하게 증산되어 과피가 쭈글쭈글하게 되는 증상이다. 습도가 낮은 조건에서 장기간 저장하는 경우 발생하며, 저장고 내에서 찬 공기가 직접 닿는 부위의 과실에서 위조증상이 많이 발생한다. 미숙한 과실이 성숙한 과실에 비하여 수분손실이 많아 위조증상이 많은 경향이 있다. 저장 중

위조증상을 방지하기 위해서는 저장고 내부에 가습을 하여 적절한 습도를 유지시켜 준다. 또한 냉각팬에 의한 찬 공기가 과실에 직접 닿지 않도록 쌓고, 찬 공기에 직접 영향을 받는 부위는 비닐 등으로 덮어서 찬 공기가 직접 과실에 닿지 않도록 해야 한다.

(6) 내부 갈변(Internal breakdown)

과육이 갈색으로 변하는 장해를 총칭하여 내부 갈변(Breakdown)이라 부르며, 증상은 과피 부위의 과육에서 갈변하여 과육 전체로 확대되는 것, 과심 부위에서 과피 부위로 확대되는 것, 밀이 있는 부위가 갈변되는 것으로 나눌 수 있는데 명확히 구분하기는 어렵다. 내부 갈변은 저장기간이 길어질 경우 과육 전체가 약간 갈색화되는 노화에 의한 고무병과는 뚜렷이 구별된다. 일반적으로 CA저장 중에 발생하지만 저온저장에서 발생하는 경우도 있고, 밀병이 많은 과실에서 발생하는 경향이 많다. 또한 수확이 늦어 성숙이 많이 진행된 과실, 작은 과실보다는 큰 과실, 질소질 비료를 많이 시용하여 재배한 과실에서 많이 발생한다.

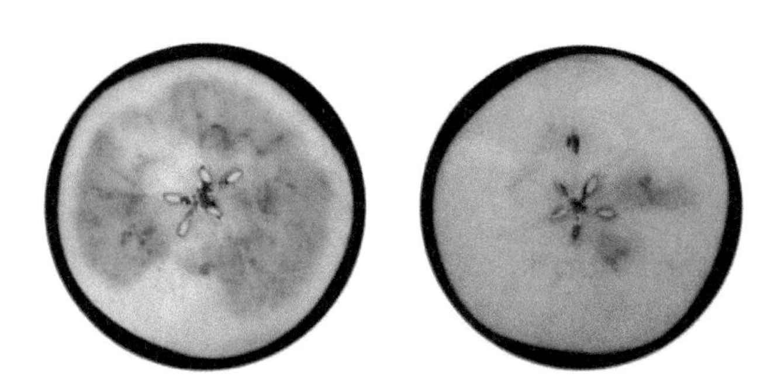

<그림 9-2> 후지 사과의 내부 갈변

(7) 이취

이취란 사과 저장 후기에 발생되는 고약한 냄새를 말한다. 사과는 climacteric형의 과실로 호흡이 급등하면서 노화가 급속히 진행된다. 이때 과실에서 에틸렌이라는 식물호르몬의 발생도 급증하는데, 이러한 에틸렌은 실제 과실의 연화 및 전체적인 노화과정을 일으키는 열쇠와 같은 작용을 하게 되어,

지질이나 지방산의 산화, 호흡의 부산물로 생성되는 에탄올(ethanol), 아세트알데히드(acetaldehyde)와 같은 물질이 축적 또는 서로 반응하여 냄새를 발생하게 된다. 이와 같이 과실의 생리적 요인 이외에도 저장고의 상태가 좋지 않아서 미생물의 번식으로 인한 이취가 발생할 수도 있으며, 간혹 저장고 내에 사과 이외에 다른 저장물을 놓아두었을 때 냄새가 전이되기도 한다. 또한 저장기간 동안 환기가 부족하여 휘발성 물질들이 쉽게 외부로 배출되지 못하고 저장고 내에 축적되어 이취를 발생시킬 수도 있다. 저장 중 이취 발생을 억제하기 위해서는 저장고 환기를 철저히 해야 한다.

(8) 밀 증상(Watercore)

밀 증상은 과육의 일부가 수침상으로 되어 꿀이 든 것과 같이 보이는 현상이다. 수침상은 담황색 또는 황록색을 띠고 과실 특유의 향기가 발생한다. 밀 증상은 대개 과심부와 과육부의 경계에 분포하는 유관속(과심선) 주위에서 발생하여 점차 과육 및 과심으로 확대된다. 딜리셔스 품종은 과육으로 확대되고, 후지는 과심부로 확대되는 것이 많으며, 홍로 품종은 과육 전체로 확대되는 것이 특징이다. 조나골드, 딜리셔스, 후지, 홍로 품종은 현저히 많이 발생하지만 골든 딜리셔스, 쓰가루, 육오 품종에서는 거의 발생하지 않는다. 밀 증상은 저장 중에 과육이 갈변하는 장해를 일으키기 때문에 생리적 장해로 취급하는 경우가 있으나, 저장하지 않고 즉시 판매하는 과실은 소비자들이 오히려 더 선호하는 경향이 있다.

수확시기가 늦은 과실에 현저히 많이 발생하고, 작은 과실보다는 큰 과실이, 일반 대목보다는 왜성대목에 접목한 나무에서 많이 발생한다.

밀 증상이 많은 과실은 즉시 판매하면 문제가 되지 않지만, 장기 저장할 경우에는 생리적 장해가 발생하기도 하므로 장기 저장하는 것은 피해야 한다.

바 저장병해

(1) 탄저병(bitter rot, Glomerella cincculata)

탄저병은 재배 중에 또는 저장 중에 많이 발생하는 병해로서 감염 초기에는 과실 표면에 둥글고 작은 반점이 나타나 차츰 확대된다. 병반에는 여러 겹의 둥근 무늬가 발생하고 검은 점과 함께 둥근 포자 덩어리가 나타나며, 감염이 더욱 진행되면 병반이 함몰하면서 부패한다. 직경 6~16mm의 일정하고 견고한 형태로 가볍게 함몰한다. 병반에 검고 불규칙적인 포자가 형성되는 검은무늬병(black rot)과 구별되며, 고온다습한 재배지에서 주로 감염된다. 따라서 수확 전 포장에서 효과적인 방제가 필요하며, 저장 전처리 단계에서 감염과실을 제거하고, 가급적 물리적 상처가 나지 않도록 주의한다.

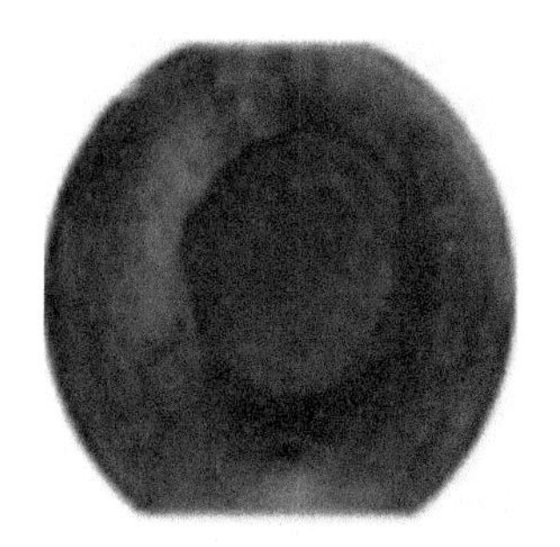

<그림 9-3> 탄저병

(2) 잿빛곰팡이병(Gray mold rot, Botrytis cinerea)

잿빛곰팡이병의 증상은 과피에 연갈색 반점이 나타나 과실 전체가 썩어 들어가는 것으로 과실 표면에 잿빛 분말형태의 균사가 나타난다. 푸른곰팡이보다 반점이 더 크고 단단하며, 감염된 과실의 과육에서 향기가 난다. 최초 감염원은 잡초 등과 같은 유기물이며, 지표 근처에 달려 있던 과실에 비, 바람 등에 의해 균이 옮겨져 감염된다. 수확 후 감염은 주로 과실의 수송 중 감염 과실과의 접촉에 의해 이루어지며, 병의 진전이 다른 부패병보다 빨라 감염 과실은 저장 중에 대부분 부패한다. 특히 잿빛곰팡이 병원균은 저온에 대한 내성이 강하여 저온 저장고 내에서도 생육이 왕성한데, 저장온도를 -1~0℃ 범위에서 저장할 경우 병원균의 발생을 비교적 억제할 수 있다.

과실 수확 후 저장고 입고 전에 선별을 잘해야 하며, 가능하면 과실을 물이나 염화칼슘($CaCl_2$)수용액으로 세척하면 효과적이다.

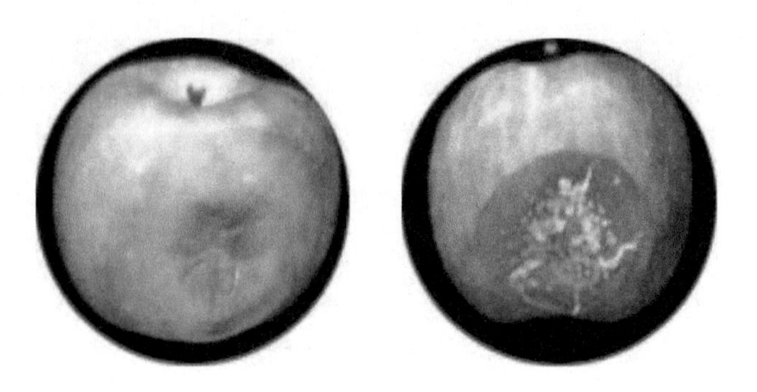

<그림 9-4> 잿빛곰팡이병(좌), 푸른곰팡이병(우)

(3) 푸른곰팡이병(Blue mold rot, Penicillum expansum)

푸른곰팡이병은 사과나 배의 저장 중 가장 일반적으로 나타나는 병으로 처음에는 옅은 색의 반점이 나타나고, 고온이 유지되면 반점이 급속히 확대되어 과육 부분까지 부패하게 된다. 높은 습도하에서 흰색의 곰팡이가 나타나서 차츰 푸른빛을 띠게 되며, 병이 더욱 심하면 병반이 청록빛을 띠면서 분말 형태의 포자가 나타나기도 한다.

재배상에서는 문제가 되지 않지만 수확 후 각종 처리 단계나 저장 중에 과피의 상처 부위를 통하여 감염되어 피해를 준다. 재배지에서 감염원을 피하고 수확 후에는 과피에 상처가 나지 않도록 조심스럽게 취급하며, 과실의 품온을 빨리 낮추면 발병이 억제된다.

제Ⅹ장 월별 핵심 실천사항

월별	항목	핵심 실천사항
1~2월	정지·전정	▶ **정지·전정 목적** ● 수관 내부에 햇빛이 골고루 들어가게 함 ● 적정 엽면적 확보로 결실량 최대의 수관 확보 ● 재배관리 용이 ▶ **밀식재배 전정** ● 하단부에 많은 결실을 유도 ● 주간 상단부에는 굵거나 오래된 가지는 제거하여 수관을 좁게 유지 ● 재식 1~2년 차 나무는 유인이 기본 ● 세력이 강할수록 유인 각도를 강하게(120°) 하고, 가지가 약한 경우 유인보다 생장 유도 ● 수관 상부일수록 강하게 유인(정부우세성을 약하게) ● 농작업에 방해가 되고 늘어지거나 약해진 측지 제거 ● 성목일 경우 : 골격성 측지를 3~5개 유지하고, 중간에 배치 하부의 골격성 측지는 대체 또는 갱신(솎음 안 됨) ▶ **일반 과원** ● 수관 내부에 햇빛이 골고루 들어갈 수 있도록 전정 ● 젊은 결과지를 많이 확보 ● 노쇠한 결과지 대체 ● 주지의 수는 2~4개까지 남기는 것이 일반적 ● 주지는 상하 서로 겹쳐지지 않고, 가지가 골고루 배치되도록 관리함 ● 주지 단위로 발생한 결과지의 모습이 긴 타원형이 되도록 배치
	개원 (기반조성)	▶ **개원계획 수립** ● 배수시설 설치 : 명거 및 암거배수 ● 과원 구성 : 재식방법, 작업로 등 ▶ **기반조성** ● 개식지 노목굴취, 토양정지, 복토(필요 시), 신규 조성지(신 개간지, 밭) 심경, 토양정지 및 지주설치 ▶ **묘목확보** ● 우량 측지묘 확보, 품종이 섞이지 않도록 주의

월별	항목	핵심 실천사항
1~2월	화분 매개충 준비	▶ **화분매개충인 머리뿔가위벌 대롱 분해 및 보관** ● 머리뿔가위벌 대롱을 분해하여 천적, 경쟁곤충 등은 제거하고, 고치만을 냉장고(0~5℃)에 보관 ● 부족한 방사용 대롱 사전 확보
	병해충 관리	▶ **농약 및 예찰기구 주문** ● 성페로몬트랩, 나무좀 유인트랩 등 ▶ **사과응애, 사과혹진딧물 월동알 조사** ● 발생밀도가 높으면 3월 하순 기계유유제 살포 고려 ▶ **사과나무의 거친 껍질 제거** ● 점박이응애 및 복숭아순나방 월동충 제거 효과
	토양 및 시비관리	▶ **토양검정에 의한 시비량을 산출** ● 기비 시비량은 질소 및 칼리 60%, 인산 100% ● 퇴비 시용 : 가축분 퇴비 양분 함량을 고려하여 시비량 결정 ▶ **토양 물리성 개량 : 해빙 후 폭기식 심토파쇄 수행** - 폭기식 심토파쇄 시 기비 전층시비
3월	묘목재식	▶ **재식하고자 하는 묘목 특성** ● 대목이 분명해야 함(M9, M26 등) ● 대목에서 직접 뿌리가 내린 자근묘 ● 바이러스 무독 묘목 ▶ **재식 시 유의점** ● 재식 열은 원칙적으로 남북 방향(햇볕 많이 받음) ● 심한 경사지는 등고선식으로 재식하고 고속분무기(SS) 운행이 가능한 경사도는 남북 방향으로 재식 ● 열의 가장자리 트랙터 작업이 가능하도록 4~5m의 거리를 둠 ● 묘목 재식 시 뿌리가 마르지 않도록 주의 ● 재식깊이는 토양이 안정된 후 접목부위가 10~20cm 정도 노출되도록 재식 ▶ **수분수 재식** ● 10~20% 다른 품종 또는 꽃사과 재식

월별	항목	핵심 실천사항
3월	토양관리	▶ **관수시설 점검** ● 4월부터 가뭄 시 관수를 위하여 3월 하순에 시스템 점검 - 관수라인의 누수 확인 및 보수 ▶ **표토관리** ● 수관하부는 청경, 열간은 초생을 기본으로 관리 - 열간에 목초 종자를 가을에 파종하지 못한 경우 3월 하순 경에 파종
	동해피해 대응	▶ **피해가 심한 경우** ● 최대 피해 부위가 1/2 이상으로 경제성이 없다고 판단될 경우 조기에 제거 및 보식 ▶ **피해가 경미할 경우(3~5월까지 작업)** ● 수피가 갈라진 부분은 끈 등으로 감아줌 ● 피해 부위가 아문 후에 끈을 제거하고, 도포제 도포(부란병균 침입방지)
	병해충 관리	▶ **병해충방제 및 예찰** ● 사과원 주변 50~100m 이내 병해충 발생원 제거 ● 부란병 1차 치료 및 도포제 처리 ● 기계유유제 선택 살포 - 사과응애의 월동알이 많을 경우만 제한 살포 ● 밀식재배 과원 : 3월 하순에 나무좀 유인트랩 또는 온도계 설치 ● 사과굴나방, 복숭아순나방 성페로몬트랩 설치 - 3월 하순 설치 후 5일 간격 유살수 조사 및 기록 ● 하늘소 피해 부위 제거

<table>
<tr><th>월별</th><th>항목</th><th>핵심 실천사항</th></tr>
<tr><td rowspan="3">4월</td><td>안정생산 및 결실관리</td><td>▶ 방화곤충 방사
● 개화 7~10일 전 머리뿔가위벌 방사
▶ 인공수분 : 안정생산 및 정형과 생산
● 적기는 개화 후 빠를수록 좋음
● 대개 중심화가 70~80% 개화한 직후
● 오전 이슬이 마른 직후부터
● 희석비율은 순수 꽃가루(발아율 80% 이상)와 증량제를 각각 1 : 15~20 비율로 희석
▶ 서리 피해 방지
● 연소법, 송풍법, 스프링클러, 미세살수 방법 고려</td></tr>
<tr><td>수체관리</td><td>▶ 아상처리 실시
● 새로운 가지를 발생시키기 위해 실시
● 측지확보를 위해 눈 위 0.5~1cm 부분을 눈썹 그리듯 날카로운 칼이나 전정가위로 ∩, ∧ 모양으로 흠을 냄
▶ 측지 유인
● 세력이 강한 가지 : 유인각도를 많이 함(120° 정도)
● 세력이 약한 가지 : 유인보다 생장 유도
▶ 적뢰 및 적화 실시
● 저온이 내습하지 않은 과원은 적극적으로 적화 실시</td></tr>
<tr><td>병해충 관리</td><td>▶ 병해충관리
● 점무늬낙엽병, 검은별무늬병 방제
- 점무늬낙엽병이 낙엽 또는 가지에서 분생포자를 형성하여 일부 감염되는 시기
● 사과혹진딧물, 잎말이나방류 개화 전 방제
● 사과응애 다발생 시 방제
● 잎말이나방류 2종 및 은무늬굴나방 성페로몬트랩 설치(4월 말)
▶ 지면은 잡초 점박이응애와 천적 이리응애 조사</td></tr>
</table>

월별	항목	핵심 실천사항
5월	적과	▶ **적과방법** ● 1차는 중심과를 남기고, 2차는 과총 적과 ▶ **적정착과량** ● 1과당 소과는 30~40잎, 대과는 50~60잎 기준 ▶ **남기는 과실** ● 중심과, 경와부 평형과를 남기고 병과, 이상과 등은 제거
	관수	▶ **관수의 필요성** ● 왕성한 뿌리 생장 및 초기 과실비대에 중요 ▶ **관수방법** ● 점적관수, 표면관수, 살수관수
	수체관리	▶ **유인 철저** ● 아상처리 등으로 나온 가지 : 이쑤시개를 이용하여 분지 각도를 넓혀 줌 ● 새 가지가 10㎝ 이상 자랐을 때부터 유인 - 수세가 강한 가지 : 유인각도를 크게(120° 정도) - 수세가 약한 가지 : 유인보다 생장 유도 ▶ **결과지 군 관리** ● 세력이 강한 결과지는 조기에 유인 ● 세력이 약한 결과지는 생장 유도 ▶ **도장지 관리** ● 빈 공간의 결과지 확보용으로 유인 ● 불필요한 것은 손으로 찢어 제거
	추비 시용	▶ **질소 및 칼리는 시비량의 30~40% : 5월 하순** ● 모래땅일수록 분산시비, 관비는 4~6월 하순까지 분산

월별	항목	핵심 실천사항
5월	병해충 방제	▶ **병해충관리** ● 붉은별무늬병, 과심곰팡이병, 점무늬낙엽병, 그을음병, 그을음점무늬병의 감염 위험이 있고, 탄저병 감염 위험도 있는 시기 ● 복숭아순나방, 사과응애 방제 ● 부란병 발생 재조사 및 2차 치료 ● 갈색무늬병, 붉은별무늬병, 과심곰팡이병, 점무늬낙엽병, 그을음병 방제 - 그을음점무늬병의 감염 위험 및 탄저병 감염 위험시기 - 갈색무늬병 일차 전염원에 의한 감염 시작으로 방제가 중요한 시기 ● 복숭아순나방 낙화 후 방제 - 페로몬 조사 후 2회 연속방제 여부 결정 ● 조팝나무진딧물 발생과 은무늬굴나방 산란 관찰 후 방제시기 결정 ▶ **잡초와 나무의 점박이응애 정밀 관찰 및 복숭아순나방 피해 신초와 과실 제거** ▶ **복숭아심식나방 성페로몬트랩 설치 및 복숭아순나방, 사과굴나방 방출튜브 교환(5월 말)**
6월	마무리 적과	▶ **마무리 적과** ● 병해충 피해과, 상처과, 기형과, 발육 부진과 등 제거
	봉지 씌우기	▶ **필요한 품종 : 감홍, 수출용 등 목적에 따라 씌움** ▶ **시기 : 낙화 후 30일 전후** ● 개화 후 2~4주는 세포 수가 증가하는 시기이므로 이 시기에 햇빛이 차단되면 과실비대가 나빠지고 생리적인 낙과가 유발되기 쉬움 ● 봉지를 씌울 때는 사전에 살균제를 살포
	수체관리	▶ **도장성 가지, 밀생 가지 등 제거** ▶ **강한 가지는 수평 또는 그 이하로 유인, 약한 가지는 유인하지 말 것**

월별	항목	핵심 실천사항
6월	한발 및 장마 대비 관·배수 관리	▶ **토양수분 및 질소 함량에 따라 잡초관리** ● 전면 청경재배는 가급적 지양, 장마 전 보온덮개 뒤집기 ▶ **한발 및 장마 대비 관·배수** ● 관수 간격 : 5~7일(토성에 따라 차이가 남) ● 토양 적정 수분 함량 유지 및 피복재료 활용 가뭄 대비 ● 장마기에는 관수보다는 배수에 중점 - 강우가 멈춘 후 바로 대형농기계(트랙터 등) 운행 회피
	병해충 관리	▶ **병해충관리** ● 탄저병, 겹무늬썩음병, 갈색무늬병 중점 방제 - 탄저병 감염 특히 많고, 겹무늬썩음병 및 갈색무늬병의 감염이 지속적으로 증가되는 시기 ● 사과응애와 점박이응애 정밀 예찰 후 방제 ● 복숭아심식나방, 복숭아순나방(2세대) 방제 ▶ **잎말이나방류와 은무늬굴나방 성페로몬 방출 튜브 교환(6월 말) : 2차 방제기 점검 및 노즐 분판 교체**
7월	수체관리	▶ **하계전정** ● 햇볕이 수관 내부까지 충분히 들어갈 수 있도록 도장지, 밀생 가지 등을 제거 ▶ **측지 및 결과지 유인 및 늘어진 가지 받치기** ▶ **조류 피해 방지를 위한 방조망 설치**

월별	항목	핵심 실천사항
7월	풍·수해 피해방지	▶ **사전대책** ● 바람 피해 상습지는 방풍수를 심거나 방풍망 설치 ● 지주 정비, 늘어진 가지는 버팀목을 세워줌 - 태풍 상습지는 지주와 지주를 연결하여 고정 ● 사과원의 외부에서 물이 유입되지 않도록 주변 배수로를 정비, 흙이 유출되지 않도록 초생관리 ● 경사지 과수원은 짚 또는 비닐 등을 덮어 폭우로 겉흙이 씻겨 내려가지 않도록 조치 ● 바람에 의해 찢어질 우려가 있는 가지는 유인하여 묶어주고, 늘어진 가지는 받침대를 받쳐줌 ▶ **사후대책** ● 토양이 유실된 사과원은 조기에 흙을 채워줌 ● 쓰러진 나무는 토양이 젖어 있는 상태에서 뿌리가 손상되지 않도록 세워주고 보조지주를 설치 - 나무를 세운 후 가지와 과실의 수를 줄여줌 ● 부러진 가지는 자른 후 보호제 도포 ● 침수된 사과원은 물이 빠진 다음 물로 세척하여 표면에 붙은 흙을 제거한 후, 빠른 시간 내에 아족시스트로빈수화제 1000배액을 살포하여 과실의 역병을 예방
	토양 및 시비관리	▶ **토양관리(7~8월)** ● 장마기 양호한 배수를 위하여 배수로 정비 및 설치 ● 한발 시 수분스트레스를 받지 않도록 관수실시 ▶ **토양 및 식물체 영양진단 : 7월 하순~8월 상순** ● 홍로 품종 : 장마 후 질소 분산 시비

월별	항목	핵심 실천사항
7월	병해충 관리	▶ **병해충관리** ● 머리뿔가위벌 대롱 수거 및 보관(7월 상순경) ● 겹무늬썩음병, 갈색무늬병, 탄저병 중점방제 ● 복숭아심식나방, 복숭아순나방 방제 ● 점박이응애 장마기 방제 ● 조·중생종 과실의 심식나방 피해 과실 제거 및 처리 ▶ **복숭아순나방, 복숭아심식나방, 사과굴나방 페로몬튜브 교환 (7월 말)**
8월	수체관리	▶ **하계전정 실시** ● 유목기 사과나무의 경우 주간에 발생한 강한 새 가지 수평 이하 유인 ▶ **봉지 벗기기** ● 시기 : 수확 15일 전 ● 하루 중 과실온도가 높은 오후 2~4시경
	일소대책	▶ **사전대책** ● 과실이 강한 직사광을 받지 않게 가지가 배치되도록 유인, 지주에 결속, 정지·전정을 적절히 실시 ● 일소가 발생하기 쉬운 상향과, 주변 잎이 적은 액화과 위주로 엽과비에 맞게 적과 ● 햇빛이 골고루 들어갈 수 있게 생육기 동안 불필요한 도장지를 제거하되 지나치지 않도록 함 ● 적절한 물관리로 토양의 과한 건습 방지 ▶ **방지대책** ● 미세살수 장치가 설치된 과원은 기온이 30~32℃일 경우 살수

월별	항목	핵심 실천사항
8월	병해충 관리	▶ **병해충관리** ● 갈색무늬병, 그을음병 방제 - 갈색무늬병 위주로 방제를 실시하나, 8~9월에 비가 자주 내릴 경우 그을음병에 효과적인 방제약제 선택 ● 점박이응애, 사과응애 고온기 방제 ● 흡수나방 다발생 시 포획 작업(조생종)
9월	수체관리	▶ **웃자람가지 제거** ● 방치하면 수관 내부까지 햇빛 투과를 방해, 착색 및 꽃눈형성 등이 불량해지므로 제거함.
	착색증진 대책 (중생종)	▶ **잎 따기** ● 1차는 과실에 닿는 잎과 그 주변 잎을 따줌 ● 2차 및 3차는 1차 때보다 좀 더 확대하여 실시 ▶ **과실 돌리기** ● 시기는 햇빛을 받는 면이 충분히 착색된 이후 ● 과실을 돌릴 때 낙과되지 않도록 주의 ▶ **반사필름 깔기** ● 시기 : 마지막 약제를 살포하고, 잎 따기와 도장지 제거 후 실시 - 조·중생종은 수확 15일 전을 기준으로 깔아두고, 만생종은 수확 30~40일 전 ● 봉지를 씌웠을 경우에는 속봉지 제거 후 피복
	조생종, 중생종 수확	▶ **수확기준** ● 착색 정도 : 외관적 착색 기준 설정 ● 만개 후부터 일수 : 홍로, 추광-125~140일, 양광, 홍옥-155~165일, 감홍-160~170일 ● 당도 : 품종마다 개별 기준 설정 ● 전분지수 - 과실 내 전분 함량에 따른 요오드반응 결과로 판단 - 미숙과일수록 전분이 많아 검은색 부분이 많음

월별	항목	핵심 실천사항
9월	병해충 관리	▶ **병해충관리** ● 8월 말까지 살충제 및 살균제 살포 종료를 원칙으로 하나, 일부 그을음(점무늬)병 상습발생원은 제한 방제 ● 복숭아순나방, 잎말이나방류, 노린재류 피해가 우려되는 사과원은 제한적으로 추가 살포 고려 - 제시된 적용약제 중에서 수확 전 안전사용 일수가 짧고 농약 잔류 우려가 적은 약제 선택
10월	수체관리	▶ **과실 잎 따기 및 과실 돌리기** ● 과실에 직접 닿거나 착색에 지장을 주는 잎 제거 및 과실 돌리기 작업 ▶ **과실의 열과, 밀 증상 및 생리장해 발생 관찰** ▶ **만생종(후지)은 장기 저장용부터 단계별로 수확** ▶ **봉지 벗기기** ● 만생종인 후지는 수확 30~40일 전 ● 봉지를 씌운 과실은 벗긴 후 일소 주의 ● 2중 봉지는 바깥 봉지를 벗기고, 5~7일 후 속봉지 벗김 ● 하루 중 과실온도가 높은 오후 2~4시경
	시비 및 토양관리	▶ **조·중생종 수확 후 요소시비(과하면 동해 등 발생)** ▶ **수확 후 시비 : 요소 4~5%액 엽면시비** ▶ **후지 품종 가뭄 대비 : 수확기까지 같은 토양수분 유지** ▶ **초생재배용 목초종자 파종 : 10월 상순**

월별	항목	핵심 실천사항
10월	수확 후 관리	▶ **수확 요령** ● 성숙이 빠른 수관 상부나 햇빛이 잘 드는 외부부터 숙기 및 용도별(저장 기간별) 나누어 수확 ● 과경부 분리나 상처과가 생기지 않도록 수확 ▶ **예냉실시** ● 예냉시설이 있는 농가는 0~3℃로 예냉, 미설치 농가는 수확 후 바로 저장고에 입고하여 과실의 호흡을 억제 ▶ **저장 전처리** ● 저장고 및 사과상자는 미리 소독 ● 수확 후 1-MCP 처리 - 1-MCP 처리는 장기저장용 과실에 처리 - 밀 증상 과실은 가급적 즉시 출하하고, 1-MCP 처리 지양 ▶ **저장고 관리** ● 저장고 입고가 늦을수록 과실의 감모율 증가 - 입고시기가 10일 정도 지연되면 급격한 감모 발생
	병해충 관리	▶ **수확 과실 역병 방지 대책** ● 강우 중 수확 및 지면 방치 금지 ▶ **방제기(SS) 사용 후 손질 및 보관, 재고농약 정리 및 목록 작성** ▶ **나방류 종별 성페로몬트랩 유살수 정리, 트랩 제거 및 방제결과 기록** ▶ **재고농약 구입처 반납** ▶ **만생종 수확 과실의 병해충 피해관찰 및 기록**

월별	항목	핵심 실천사항
11~ 12월	수체관리	▶ **과실 특성 조사** ● 과중, 착색도, 정형과율, 경도, 당도, 산도 등 ● 종자 수 및 꽃받침 부위 응애류 부착상태 조사 등 ▶ **동해예방 대책** ● 대목과 주간부 백색 수성페인트 도포 또는 신문지, 반사필름 등으로 피복(11월 하순~12월 상순) ● 가뭄 시 충분한 관수 ● 적정 수세유지 및 토양 물리성 개량(배수불량)
	시비 및 토양관리	▶ **기비 : 가축부산물 및 유기질 비료가 효과적임** ● 결빙 전에 시용 : 특히 질소가 과비되지 않도록 주의 ● 질소 : 50~70% 인산 : 100% 칼리 : 50~60% ▶ **수관 하부 반사시트 및 부직시트 제거** ● 수관 아래에 설치한 PP필름, 부초재료 제거
	수확 후 관리	▶ **적정 온습도 유지 및 환기 실시** ● 저장고 입고가 끝나면 빠른 시간 내 온도를 낮춤 ● 정기적으로 습도 확인하여 적정 온습도 유지 ● 저장고 온도 : 평균 0℃로 유지(0.0 ~ 0.5℃) - 저장고 온도가 균일한지 수시 관찰 - 쿨러(냉각기)에 서리가 많이 끼면 냉각효과 떨어짐 ● 저장고 습도 : 90~95% - 저장할 때 가장 손실을 많이 가져오는 것이 과실의 수분 감모임 ● 저장고 내 이산화탄소의 과다 축적은 사과 내부 갈변의 원인이 됨 ● 주기적인 환기로 에틸렌을 제거 ▶ 주기적 과실품질 조사(당도, 산도, 내부갈변 등)
	병해충 관리	▶ **병해충관리** ● 병해충 관련 장단점 분석 및 개선대책 수립 ● 말매미 피해 가지 제거 ▶ **해충을 포식하는 새를 위한 새집 달아주기(11월 중순)**

사과

■ 위험요인 : 적과, 수확, 운반 (허리, 목, 어깨, 손/손목)

작업단계	전지·전정	기비	적화·수정·적과	병해충 방제	제초	수확·포장·운반
작업시기	1~3월	12~3월	4~5월	4~9월	5~9월	9~11월
주요 유해요인	중량물, 작업자세	중량물, 작업자세	작업자세	소음, 농약, 온열, 작업자세	작업자세, 소음, 온열, 유해가스, 진동	중량물, 작업자세

작업구분		문제점	주요 개선 방안
인간공학적 요인	전정, 수정, 적과, 봉지씌우기, 수확 등 (작업자세)	■ 여름철 고온에 노출되면서 사다리를 오르내리고 위를 보는 자세로 위팔을 90도 이상 들어올리며, 목과 허리를 젖힌 자세 ■ 전정 작업 시 손가락과 손목에 부담 많음 ■ 수확 시 사과 잡고 돌릴 때 손목 비틀림 ■ 사다리 위에서 불안전한 자세(다리, 허리 긴장)로 작업 시 추락 위험에 노출	■ 왜성사과 재배로 수고를 낮춤 ■ 이동형 리프트 차량 활용(평지에서 활용) ■ 동력 전정가위 활용, 손 및 손목 보호대 사용 ■ 가볍고 발판이 넓은 개량형 사다리 활용(일반 사다리 사용 시 바닥에 추락대비용 안전매트 설치) ■ 목, 어깨, 허리 등 스트레칭 실시 ■ 가벼운 일이라도 계속하지 않으며 적절한 휴식 실시
	병해충 방제 (작업자세)	■ 산비탈 농약 살포 작업 시 농약 줄 당길 때 노동력 많이 소요 ■ 산비탈 지형 농기계 운전 시 전복사고 위험에 노출	■ 농약 자동 호스 방제릴 활용 ■ 농기계 운전 시 저단기어로 안전 운행
	운반 (중량물)	■ 중량물 운반 시 과도한 힘 사용으로 어깨, 허리 부담	■ 이동형 리프트 겸용 동력 운반차 사용 ■ 이동과 상차기능까지 가능한 이동식 컨베이어 활용
화학적 요인	병충해 방제 (농약)	■ 농약방제 시 안전보호구 착용 인식이 부족하여 미착용 또는 일부 착용하더라도 전용 보호구가 아니어서 고농도 농약에 노출될 우려 큼	■ 안전보호구 착용, 덮개가 없는 스피드 스프레이(SS기)에 저비용으로 보조 덮개를 설치하여 농약 노출 최소화 ■ 농약 중독 예방, 안전사고 예방 등 교육 실시 ■ 바람 등지고 후진하면서 방제 ■ 농약 방제 횟수 최소화(친환경 재배로 전환)
물리적 요인	반사필름 깔기 (온열)	■ 필름에 의한 복사열 노출 및 허리를 숙이는 자세 지속	■ 필름 걸이대 활용 및 복사열 차단을 위한 안면 보호구 착용
	병충해 방제, 제초 (온열)	■ 고온에 노출되어 육체적인 피로와 열사병, 일사병 등 위험	■ 차광시설(그늘막, 파라솔 등), 냉음료 섭취, 얼음조끼 활용 ■ 온도 높을 때 병해충 방제 작업 삼가 ■ 뜨거운 한낮엔 작업 자제
	제초작업 (소음, 진동)	■ SS기, 예취기 등 장기간 노출 시 청력 피로, 국소진동 노출	■ 귀마개(대화가 가능할 정도로 되어야 함), 방진장갑, 발목 보호대, 보호장화 등 보호구 착용

- 출처 : 농촌진흥청, 「농작업 유해요인 개선 방안」, 2013.

사과재배

1판 1쇄 인쇄 2024년 01월 05일
1판 1쇄 발행 2024년 01월 10일
저 자 국립원예특작과학원
발 행 인 이범만
발 행 처 **21세기사** (제406-2004-00015호)
경기도 파주시 산남로 72-16 (10882)
Tel. 031-942-7861 Fax. 031-942-7864
E-mail : 21cbook@naver.com
Home-page : www.21cbook.co.kr
ISBN 979-11-6833-094-8

정가 29,000원